海派建筑

室内空间设计及细部图集

许一凡　李建中　编著

中国建筑工业出版社

图书在版编目（CIP）数据

海派建筑室内空间设计及细部图集 / 许一凡, 李建中编著. —北京：中国建筑工业出版社, 2020.5
ISBN 978-7-112-24980-0

I. ①海… Ⅱ. ①许… ②李… Ⅲ. ①室内装饰设计—细部设计—图集 Ⅳ. ①TU238.2-64

中国版本图书馆CIP数据核字(2020)第045945号

责任编辑：滕云飞　徐　纺
责任校对：王　烨

海派建筑室内空间设计及细部图集
许一凡　李建中　编著

*

中国建筑工业出版社出版、发行（北京海淀三里河路9号）
各地新华书店、建筑书店经销
北京富诚彩色印刷有限公司印刷

*

开本：880毫米×1230毫米　1/16　印张：23½　字数：947千字
2020年10月第一版　2020年10月第一次印刷
定价：198.00元
ISBN 978-7-112-24980-0
（35736）

前言

2018年5月中旬的一天，中国建筑工业出版社华东分社的徐纺老师打电话给我，说她在审阅我们编撰的华建集团历史建筑保护工程实录——《共同的遗产二》时，发现上海历史建筑中有许多室内细部非常精美，建议我是否有可能编写一本有关海派建筑室内细部设计的资料图集。我主要从事的是上海历史建筑保护修缮设计，平时关注的是建筑整体及建筑的细部，对室内细部关注不多。但建筑室内细部往往都是历史建筑的重点保护部位，无论在考证、调研、设计、评审、施工和验收等阶段，都会受到格外的重视。在修缮设计过程中，这些室内细部是否按原样式、原工艺、原材质及原色彩进行修复，在很大程度上决定了是否符合保护要求及修缮设计和施工的水平，所以平时我也收集了不少这方面的资料，以备今后的修缮设计参考，但从没想过是否能编写成资料图集，对此我没有把握，但答应可以考虑一下。于是，我便开始了在已有的相关资料和照片中整理和收集建筑室内细部的工作，同时也利用业余时间在经典的海派建筑中，重点去拍摄这些细部的照片。结果一发不可收拾，没想到海派建筑的室内细部，无论是样式、数量、风格之众多，还是设计、工艺、图案之精美，都超乎想象，有些细部美轮美奂，令人叹为观止。在徐纺老师和编辑滕云飞老师的启发、帮助和鼓励下，我们开始了本书的编写工作，直到今天，终于看到了这本书的出版，甚感欣慰。

本书的目的不是为了阐述海派建筑风格，而是为了尽可能多地把海派建筑的室内细部，同时也包括部分建筑室外的细部（如门、窗、柱式等），分门别类地呈现出来，让读者从中了解和领略海派建筑的细部之美，也可供建筑师或者室内设计师作为参考图集，在工程设计中借鉴使用。

我们知道，建筑风格是设计师通过艺术手法和形式表现出的特色和格调，呈现其内在的精神和品格。而这些风格由于理念和形式相近或相同，引起同行的共鸣，被业界认同并追随而形成流派并流传于世。所以，建筑风格有一定的特征，但也有其不确定性，尤其是室内空间的风格，远不如建筑风格那么具有鲜明的特征，有时也往往会与建筑外观不一致，形成折中或变异的形式。早期的建筑师一般都负责建筑整体及室内设计，有些建筑师甚至还设计家具及软装，这有利于建筑整体风格的统一及内外的协调和一致。（但也有例外，如中山东一路2号的上海总会，建筑由英国建筑师塔兰特和布雷设计，室内则由日本建筑师下田菊太郎设计。）随着建筑规模逐渐扩大，逐渐涌现出专业的室内设计师，导致建筑设计和室内设计演变成两个不同的专业，许多建筑往往都是在建筑的结构封顶后，再考虑建筑室内的二次装修，这就导致建筑室内的风格和建筑整体的风格脱节甚至背离。此外，室内空间往往会因功能更改、设备更新及材料老化等原因而多次重复装修，有些会修旧如故，但也有些会因焕然一新而面目全非，造成室内风格与建筑整体风格不统一。因此，由于室内风格的多变，对其判断可能会存在一定的偏差，敬请各位读者谅解并自行甄别。

本书主要内容包括门、窗、楼梯、地坪、墙饰面、顶棚、灯具、家具、壁炉、阳台、柱式、卫生间、标识牌、雕塑和五金配件等 15 项大类以及附属的 36 项小类的建筑室内外构件细部，内容丰富、精彩纷呈。这些精美绝伦的细部，是“海派建筑”非常重要的组成部分，甚至有些成为“海派建筑”的象征和符号。很多建筑师做不出原有“海派建筑”的韵味，很大程度是缺乏对建筑细部设计的学习、锻炼和重视，现代建筑偏重于空间和形体设计，崇尚“少就是多”的理念，往往忽视了建筑构件的细部之美。尤其在大干快上的大建设时代，建筑细部设计费时费力，得不到业主和设计师的重视和青睐；此外，精美的细部对施工工艺也有很高的要求，早期“海派建筑”施工工艺含有很多东西方古典建筑的要素和技术，至今有些已经被“淘汰”或者失传，更多的是考虑到时间和人工成本，有些工艺便慢慢地被边缘化，会做的工匠越来越少，这就更需要我们抓紧总结和传承，这也是本书的编写目的之一。

本书在展示各部位构件细部实例的同时，试图阐明这些细部的设计要点和立面图，由于不是原始设计，无论是设计概述还是具体图纸与实例都可能存在不同程度的偏差，也仅供读者参考。

本书“前言”由许一凡撰写，“绪论”由许一凡、李建中撰写，每章中的“概述”由李建中撰写；照片中除图 0-34、图 0-35 和图 0-36 由上海建筑装饰（集团）设计院有限公司提供外，其余所有照片均由许一凡拍摄；CAD 图纸中约有 45% 由许一凡绘制，其余 55% 由上海景复信息科技有限公司绘制并将所有图纸最终编辑和输出。

本书编写过程中，得到了陈中伟、沈三新两位专家的专业指导，也得到了朱志荣、张振亚、李宜宏、傅勤、周俊慈、沈晓明、罗超君、卓刚峰、宿新宝、邹勋、郑宁、凌颖松、林沄、吴公保、杨明、周利峰、李永强、张朝等专家和同仁的无私帮助，他们提供了许多有益的信息和建议，没有他们的帮助，难以想象本书的编写应如何完成。在摄影方面，得到了我以前同事刘文毅的专业指导，帮助我解决了几乎所有摄影及后期处理方面的难题。在此，对他们的无私帮助和付出一并表示最诚挚的感谢。

许一凡

2019 年 10 月

数字资源配套使用方法

本书提供书中所有照片及CAD图块的下载资源，方便读者使用。具体数字资源获取办法如下：

一、网页端绑定方法：

1. 使用电脑访问 http://jzsj.cabplink.com 网站，注册账号并登录，然后进入“个人中心”，在“交易管理”中，点击“兑换资源服务包”的页面，将书上封底网上增值服务标涂层下的ID及SN输入对应位置，每一组号码只能绑定一次，校验手机号的验证码后即可绑定。

2. 绑定成功后，在“个人中心”——“知识服务”中的“我的增值服务包”中查看及下载相应资源。

3. 在网站首页“室内设计”板块下的“海派建筑图库”中也单独购买本资源。

二、手机端绑定方法：

1. 使用手机进入微信，搜索“建知云荟”小程序并进入，注册账号并登录，然后进入“我的”，点击“资源兑换”的页面，将书上封底网上增值服务标涂层下的ID及SN输入对应位置，每一组号码只能绑定一次，校验手机号的验证码后即可绑定。

2. 绑定成功后，在“我的”——“我的增值服务包”中，查看相应资源。

3. 手机端仅提供绑定，资源下载请前往网页端登录同一账号。

如输入ID及SN号后无法通过验证，请及时与我社联系：

联系电话：010-68862083（周一至周五工作时间）。

目录

00

绪论

上海自1843年11月17日正式开埠至1949年5月27日解放的一百多年间，城市建设以公共租界（英美租界）和法租界的逐步扩充和迅猛发展为主线，上海的城市发展几乎是从荒地滩涂开始，经历了从荒芜到繁荣，再到辉煌的历史性巨变。上海从中国东海之滨一座默默无闻的普通城市嬗变成当时亚洲最大的国际性都市，这样的城市巨变在中国以往历史上是绝无仅有的，在世界城市发展的历史中也是空前的。在这一百多年之间，众多才华横溢的中外建筑师在上海的“十里洋场”上各显神通，精彩纷呈，创作出许许多多不朽的经典建筑作品，在上海地区逐渐形成了以“多样性”“包容性”“时尚性”和“创新性”为鲜明特征的“海派建筑”。

到20世纪30年代，上海已然成为远东最繁华最发达的城市，城市建设已逐步赶上了世界建筑发展的步伐，甚至达到了当时世界建筑技术的先进水平，许多当时世界上先进的设计理念（如刚刚兴起的Art Deco设计风格、现代主义建筑风格等）、建筑技术（如以钢筋混凝土和钢结构为主体的框架结构和高层建筑技术等）、建筑设备（如电梯、空调等）在上海已经遍地开花，以“海派建筑”著称的上海成了世界建筑界中一颗璀璨夺目的东方明珠。

“海派建筑”从严格意义来说，并不是某一种具体的建筑风格，而是在近代城市发展过程中，在上海市区范围内众多风格迥异的建筑的统称，具有明显的区域特征，某些“海派建筑”如果脱离了上海这个区域，往往纯粹就是某种特定风格的建筑，如一些典型的新古典主义和装饰艺术派风格的建筑，完全源自于西方的建筑风格和形式，若建于其他城市，则与“海派建筑”没有任何关系。但也有一些是在上海地区内独创的，最著名的就是“石库门”里弄建筑，这种兼有中国江南民居形式和西方联排别墅布局的住宅，被称为最具“海派建筑”特色的民居建筑，甚至被比喻为上海近代城市的特征和符号之一。

对当时尚处于闭塞状态的中国来说，西方建筑形式和技术都是新颖和先进的，是属于“舶来品”，这些“光怪陆离”的新型建筑在上海陆续出现和大规模地兴建，中国人自然就刮目相看，觉得上海的建筑特别“洋气”和“摩登”，虽别具一格，但缺乏统一风格，难以冠名。而上海的名称中含有“海”字，为了区别于中国内地传统及其他建筑形式，久而久之，便把上海地区内以西方建筑形式为主体的建筑统称为“海派建筑”。但也有一种说法是为了区别北京的“京派京剧”，把上海的京剧称为“海派京剧”，以此类推把上海的艺术称为“海派艺术”，把上海的建筑也就称为“海派建筑”。

“海派建筑”的崛起对中国接受西方现代文明及建筑技术起到了积极作用，许多西方建筑界先进的设计理念、建筑技术、建筑材料和设备都是通过上海这块“试验田”逐步向中国内地推广的，这样的作用随着新时期的改革开放，至今仍在持续影响。而作为该时期城市发展见证的“海派建筑”，已成为极其宝贵的建筑遗产，这不仅是上海的标志，更是中国乃至世界建筑界的精神和文化财富。

一、海派建筑风格的基本特征

1. 海纳百川，兼容并蓄

海派建筑最显著的特征是“海纳百川、兼容并蓄”，具体表现为中西建筑风格的相互影响、结合并共生共存。上海在近代发展过程中始终秉承开放和包容的传统，在文化交流中体现出很大的宽容性和可容性。有容乃大，上海以“海纳百川”的姿态兼容了世界各种不同风格的流派，这也成为海派建筑最显著的标志。海派建筑同时也使上海近代建筑文化呈现了广泛的多元化格局，凡是引进的国际性、地域性和独创性风格的建筑，在这里都被不加排斥地接纳，都受到一定的保护，并鼓励其相互交融共同发展，从而使上海在近代成了一个名副其实的国际性的建筑博览大都会。

海派建筑中几乎可找到世界上西方主流社会中任何一种建筑风格和形式。有古希腊和古罗马柱式，如外滩13号海关大楼门廊多立克柱式（图0-001）是典型的古希腊柱式、香港路89号爱建公司大楼门廊科林斯柱式（图0-002）是典型的古罗马柱式；俄罗斯东正教建筑，如新乐路东正圣母大堂（图0-003）；哥特式建筑，如徐家汇浦西路158号徐家汇天主教堂（图0-004）、九江路201号圣三一基督教堂等；文艺复兴风格建筑，如汾阳路79号现上海工艺美术博物馆（图0-005）、外滩19号现和平饭店南楼等；巴洛克风格建筑，

0-001

图0-001 海关大楼门廊多立克柱式
图0-002 爱建公司大楼入口门廊科林斯柱式
图0-003 新乐路东正圣母大堂
图0-004 徐家汇天主教堂
图0-005 上海工艺美术博物馆

0-002

0-004

0-003

0-005

图 0-006 外滩华尔道夫酒店
图 0-007 天津银行
图 0-008 浦东发展银行大楼
图 0-009 和平饭店
图 0-010 大光明电影院
图 0-011 上海体育学院办公楼
图 0-012 外滩中国银行大楼

如外滩 2 号现外滩华尔道夫酒店（图 0-006）、外滩 29 号现光大银行等；古典主义和新古典主义式建筑，如汉口路 110 号现天津银行(图 0-007)、外滩 12 号现浦东发展银行大楼(图 0-008）、江西中路 200 号现交通银行上海分行等；装饰艺术派风格建筑，如外滩 20 号和平饭店（图 0-009）、北苏州河 2 号现上海大厦等；现代主义风格建筑，如南京西路 216 号大光明电影院（图 0-010）、铜仁路 333 原吴同文住宅等；还有中国传统宫殿式建筑，如清源环路 650 号现上海体育学院办公楼（图 0-011）、黑山路 181 号原上海市图书馆等；带有中国民族传统式的建筑，如外滩 23 号中国银行大楼（图 0-012）、国和路 346 号现江湾体育场，以及大量石库门住宅(图 0-013）等。

0-009

0-010

0-011

0-012

0-013

0-014

0-015

海派建筑还有世界多国样式的建筑，英国式建筑，如虹桥路 2310 号现沙钢集团上海公司（图 0-014）、瑞金二路 18 号现瑞金宾馆一号楼（图 0-015）等；德国式建筑，如汾阳路 20 号住宅、复兴中路 1195 号现上海理工大学图书馆等；法国式建筑，如南昌路 47 号现科学会堂一号楼（图 0-016）、东平路 9 号现上海音乐学院附中教学楼等；美国式建筑，如福州路 209 号现金融法院、衡山路 10 号原美童公学等；印度式建筑，如现乍浦路 439 号宅院等；日本式建筑，如虹口区乍浦路 471 号西本愿寺、多伦路 85 号日本式小洋房等；俄国式建筑，如延安中路 1000 号上海展览中心（图 0-017）等；西班牙式，

0-016

如汾阳路 45 号现上海海关招待所（图 0-018）、淮海中路 1610 弄逸村 2 号等；北欧风格建筑，如陕西南路 30 号马勒别墅（图 0-019）等；伊斯兰教建筑，如小桃园清真寺、多伦路 250 号原孔祥熙住宅等。

2. 折中调和，局部变异

随着上海的公共租界和法租界的快速扩充（至 1899 年，公共租界面积达 33503 亩；至 1914 年，法租界面积达 15150 亩），人口剧增和经济发展，上海的租界迅速成为中外建筑师各显身手，施展才华的大舞台和试验地。在学习和模仿移植西方建筑的过程中，有些建筑师完全照搬西方的样式，但有些建筑师由于对西方建筑文化演变缺乏完整的认识，往往受到自身文化环境、教育背景、鉴赏能力及业主要求等因素的制约，最终使移植过来的

0-017

0-018

图 013 石库门住宅
图 014 沙钢集团上海公司
图 015 瑞金宾馆一号楼
图 016 科学会堂一号楼
图 017 上海展览中心
图 018 上海海关招待所

图 0-019 马勒别墅
图 0-020 邬达克设计的孙科别墅
图 0-021 黄浦江西岸的外滩

西方建筑产生不少变异，造成建筑本身带有明显的折中主义色彩，虽然其中有许多精品，但也有不少是拼贴和模仿。如在延安西路 1262 号现上生新所园区内，由邬达克设计的原孙科别墅（图 0-020），建筑外观属于西班牙风格花园洋房，但从正立面门窗轴对称、局部采用巴洛克弧线装饰、底层并列三樘尖拱券门，以及壁炉顶上的烟囱形式等细部来看，又像意大利文艺复兴时期的形式，其外墙饰面简洁明快，又似美国近代建筑风格，并有中国传统庭院建筑特色的内院布局。对于这幢住宅，一般只说它是西班牙与意大利文艺复兴时期的混合式建筑。

3. 中西合璧，着意创新

近代上海的中外建筑师，在模仿移植西方建筑风格的同时，并没有丢弃或排斥中国的建筑传统，加上在建筑营造过程必须得到某些中国官员和业主认可，必须通过中国的建筑工匠建造，必须采用中国当地的建筑材料等因素影响，必然会或多或少地受到中国传统建筑的影响，所有建筑都会多多少少留下中国传统文化的元素。尤其是留洋归来的中国建筑师，他们尽力对中国传统建筑取其精华，弃其糟粕，扬长避短，努力实现中西结合。

如上海的石库门住宅是从中国传统的院落式住宅及江南民居演变而来的，在原有传统民居布局形式上进行改造创新，在总体布局上采用欧洲联列式，进一步提高了土地的利用率，比较适合当时国情；建筑空间领域感强，生活气息浓厚；既节约用地，又满足各住户相对独立、安静的需求；符合穿堂风组织、日照时间等生态要求；通过对坡屋顶、平台、过街楼门处理，使其整体形象更加鲜明。于是，近代石库门住宅就成了比较典型的融合中西文化的海派建筑。又如在当时“海归”建筑师中出现了“中国传统古典复兴”思潮，试图将现代高层建筑

与中国固有的传统古典形式结合在一起。代表作有：旧上海特别市政府大楼（图 0-011，1931-1933，董大酉设计）、旧上海市立博物馆（1934-1935，董大酉设计）、旧上海市立图书馆(1934-1935，董大酉设计）、原中华基督教青年会大楼（1929-1931，李锦沛、范文照、赵深设计）、原中国银行大楼（图 0-012，1936-1937，公和洋行和陆谦受设计）等。

4. 和谐共存，相得益彰

海派建筑风格可以由单体建筑反映，亦可以从群体建筑中得到体现。在海派群体建筑中，由于多种风格和谐共存，使得整个群体建筑显得丰富多彩，又协调统一。外滩建筑群是海派建筑风格最集中的体现，位于黄浦江西岸的外滩全长 1.5km，南起延安东路，北至苏州河上的外白渡桥，沿路矗立着 25 幢风格迥异的建筑（图 0-021），其中有古典主义、新古典主义、巴洛克、哥特复兴、文艺复兴、折中主义、装饰艺术派及中国传统古典复兴等不同风格的建筑。这些不同类型、不同风格的建筑组合在一起，不但没有违和感，反而觉得丰富多彩。原因在于能够“求同存异”，强化共性，淡出个性，在形态上，所有建筑都是挺拔向上，色彩大都呈灰白色，显得淡雅而可亲；在材质上，都采用花岗石或钢筋混凝土，简约而朴实；在高度上，都有一定的起点和限制；体量上，大小适度；外观上，端庄、华丽。每一幢建筑都能融合在整体中，而不是哗众取宠，自我突出，这样就使整群外滩建筑形成一个连续的形式链，有统一的格调，其轮廓天际线上又能高低起伏，产生韵律。外滩建筑群在细部又明显“存异”，鼓励创新，允许不同建筑有不同的构建形式，从而使外滩整体显得丰富多彩、灿烂夺目。这种统一和谐、共生共存的建筑形态也成了海派建筑的基本特征之一。

现在我们来梳理和总结海派建筑及室内风格的意义，旨在进一步发扬海派文化的创新精神，汲取海派建筑的人文内涵及细部设计素养。在建筑及室内空间的设计创作中，继承传统文化精髓的同时，吸收当今世界新的建筑技术和设计理念，设计出富有创意、细部精美、注重人性化与适用性相结合、符合新时代潮流的新海派建筑及室内空间作品，实现设计让生活更美好的崇高愿望。

二、海派建筑室内风格

如上所述，海派建筑几乎涵盖了世界上 1500 年间的主要建筑风格，包罗万象、丰富多彩。由于当时的建筑设计和室内装饰设计很多是由同一个建筑师完成，建筑室内设计追随建筑风格，完整地表达了建筑师的创作思想和风格定位，室内外细节协调呼应、风格统一、相得益彰。可以说是有多少经典海派建筑，就有多少经典的海派室内设计作品，海派室内设计同样以创新多元、海纳百川、兼收并蓄、精致优雅的海派风格呈现在世人面前，影响至深至远。

1. 哥特式风格

哥特式建筑是一种兴盛于欧洲中世纪中晚期的建筑风格，它由罗曼式建筑发展而来，为文艺复兴建筑所继承，发源于 12 世纪的法国，持续至 16 世纪。哥特式建筑的特点是尖塔高耸、尖形拱门、大窗户及绘有圣经故事的花窗玻璃，在设计中利用尖肋拱顶、飞扶壁、修长的束柱，营造出轻盈修长的飞天感，新的框架结构以增加支撑顶部的力量，予以整个建筑直升线条、雄伟的外观和教堂内空阔空间，常结合镶着彩色玻璃的长窗，使教堂内产生一种浓厚的宗教气氛，它以卓越的建筑技艺表现了神秘、哀婉、崇高的强烈情感，对后世其他艺术均有重大影响。

哥特教堂十字平面继承于罗曼式建筑，但扩大了祭坛的面

0-021

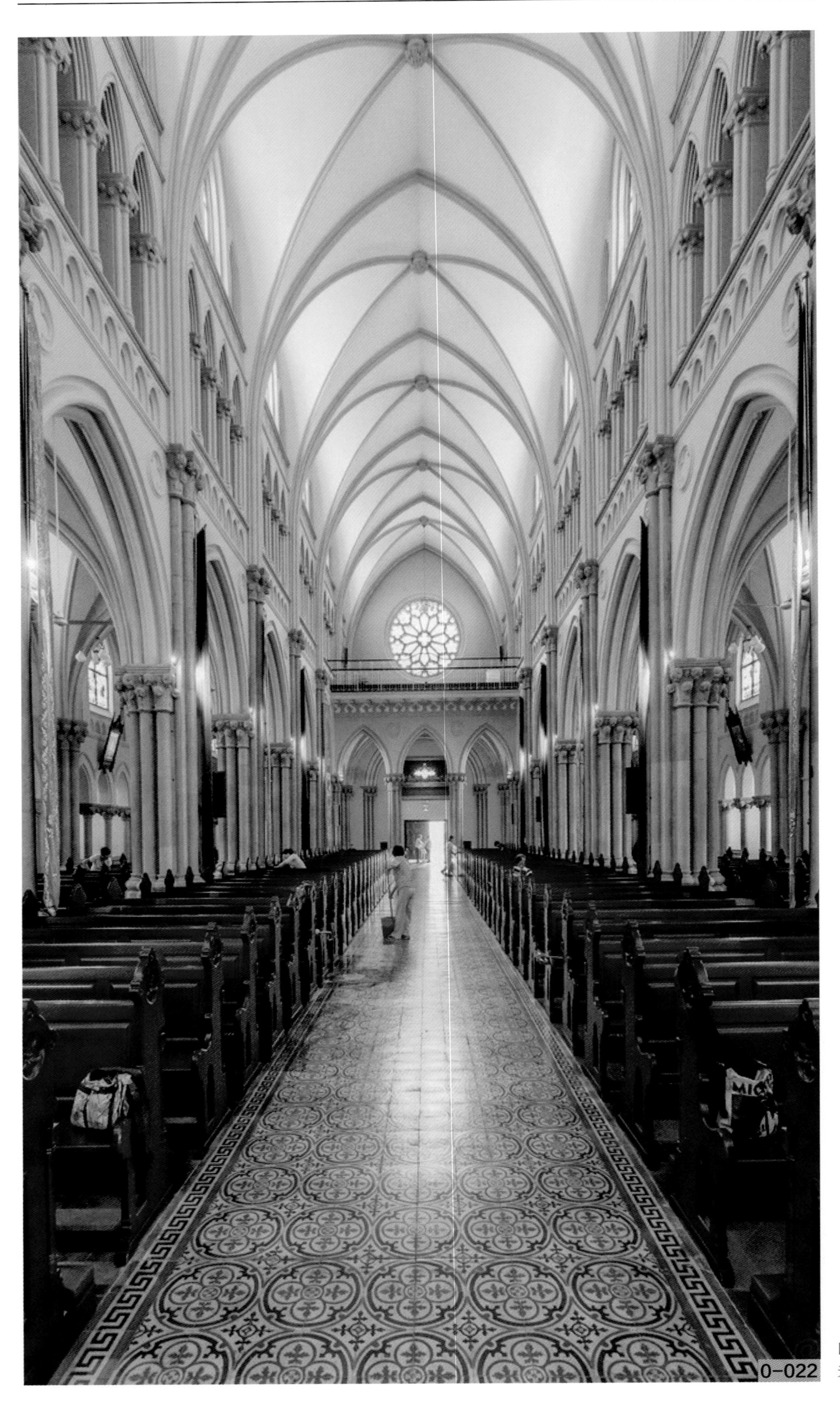

0-022

图 0-022 至 0-024 徐家汇天主教堂

0-023

0-024

积。入口大门层层往内推进，并有大量浮雕，对于即将走入大门的人，仿佛有着很强烈的吸引力。建筑室内束柱不再是简单的圆形，多根柱子合在一起，强调了垂直的线条，更加衬托了空间的高耸峻峭。

哥特式教堂的内部空间高旷、单纯、统一，装饰细部如华盖、壁龛等也都用尖券作主题，建筑风格与结构手法形成一个有机的整体。整个建筑看上去线条简洁、外观宏伟，而内部又十分开阔明亮。当花窗形式由罗曼式半圆拱改为哥特式尖拱时，其感觉比圆拱更具有向上的方向感。据视觉形象分析，尖拱相当于在圆拱的顶点受了一个向上的力而形成的，所以它更带有基督教寓意，另外这种尖拱也具有造型美，尖拱圆弧的圆心正好位于对方的圆弧线的底脚，左右两弧线对应，所以具有和谐感。

海派哥特式室内装饰风格主要运用于哥特式教堂建筑，内部强调横向的延伸，空间特点表现为高和狭长，外部强调纵向的生长，外形的细节几乎都是尖的，有着向上的动势。如徐家汇天主教堂（图 0-022、图 0-023、图 0-024）和圣三一基督教堂（图 0-025、图 0-026、图 0-027、图 0-028）的平面是拉丁十字式的，立面有着哥特式固有的向上的冲劲，内部空间高耸且狭窄并导向圣坛，彩色玻璃窗及玫瑰花窗不仅装点了教堂的内部空间，同时上面拼镶的有圣经故事内容的画面也起到了传播教义的作用，很好地渲染了宗教的神秘气氛，表现出了人们对于宗教精神的追求。也有一些海派哥特式室内装饰不再体现之前较为明晰的结构，朝着表现主义或折中主义方向发展，

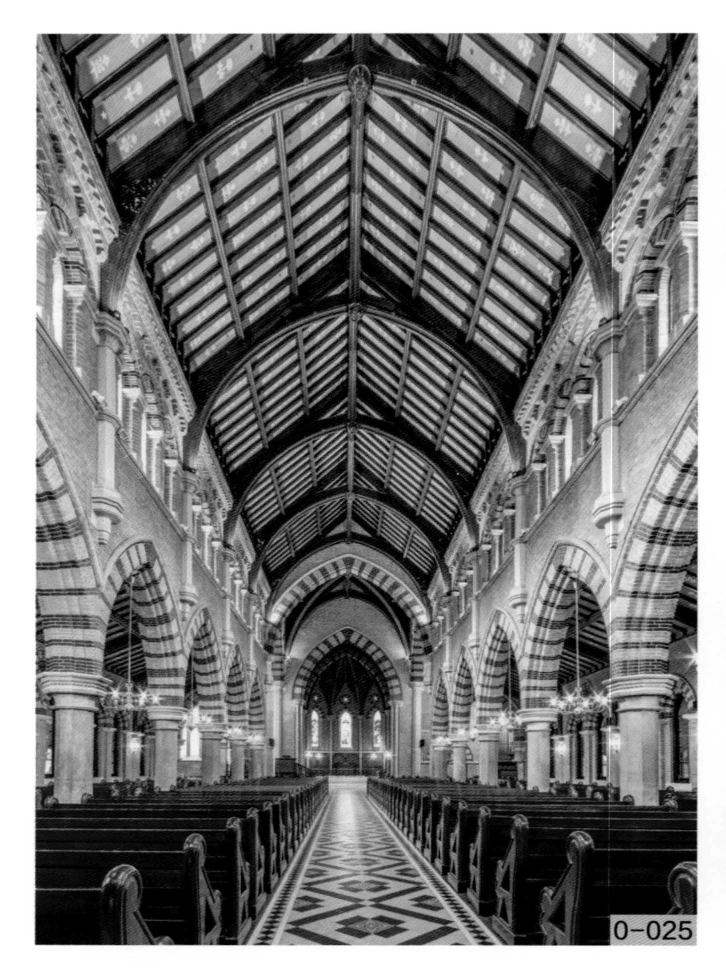
0-025

0-026

0-027

0-028

向世俗文化转变，如现外滩 6 号大楼及现上海理工大学的哥特式建筑群，室内空间的很多细部只是融入了哥特元素的装饰。

2. 文艺复兴风格

文艺复兴建筑是欧洲建筑史上继哥特式建筑之后出现的一种建筑风格，15-19 世纪流行于欧洲，起源于意大利佛罗伦萨，在意大利随着文艺复兴这个文化运动而诞生。在理论上以文艺复兴思潮为基础；在造型上排斥象征神权至上的哥特建筑风格，提倡复兴古罗马时期的建筑形式，特别是古典柱式比例，半圆形拱券，以穹隆为中心的建筑形体等。建筑师希望借助古典的比例来重新塑造理想中古典社会的协调秩序，所以一般而言文艺复兴的建筑是讲究秩序和比例的，拥有严谨的立面和平面构图以及从古典建筑中继承下来的柱式系统。文艺复兴建筑最明显的特征是扬弃了中世纪时期的哥特式建筑风格，而在宗教和世俗建筑上重新采用古希腊罗马时期的柱式构图要素。

文艺复兴时期的建筑师和艺术家们认为，哥特式建筑是基督教神权统治的象征，而古代希腊和罗马的建筑是非基督教的。他们认为这种古典建筑，特别是古典柱式构图体现着和谐与理性，并同人体美有相通之处，这些正符合文艺复兴运动的人文主义观念。但是意大利文艺复兴时代的建筑师绝不是食古不化的人，虽然有人（如帕拉第奥和维尼奥拉）在著作中为古典柱式制定出严格的规范，不过当时的建筑师，包括帕拉第奥和维尼奥拉本人在内并没有受规范的束缚，他们一方面采用古典柱式，一方面又灵活变通，大胆创新，甚至将各个地区的建筑风格同古典柱式融合一起，他们还将文艺复兴时期的许多科学技术上的成果，如力学上的成就、绘画中的透视规律、新的施工技术等，运用到建筑创作实践中去。

海派文艺复兴装饰风格是在室内追求古典文化和人文主义的表达，将古希腊和古罗马具有结构意义的柱子改为装饰性的圆形或方形壁柱，使室内元素更加多元化，室内空间分割为门廊、走廊、复式格局以及共享空间，设置壁炉这种既可以用于装饰又能采暖的构件，壁龛装饰多用柱式和山花组合，并且贴有大理石饰面，室内门窗同样采用这种装饰手法。如汾阳路 79 号现工艺美术博物馆（图 0-029、图 0-030）、外滩 15 号现上海外汇交易中心大楼（图 0-031、图 0-032、图 0-033）、现上

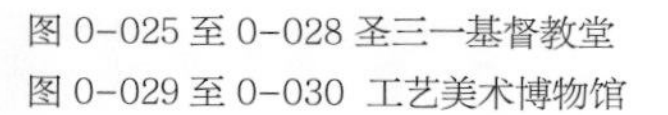
图 0-025 至 0-028 圣三一基督教堂
图 0-029 至 0-030 工艺美术博物馆

0-029

0-030

海市少年宫（图 0-034、图 0-035、图 0-036）等建筑室内空间装饰是文艺复兴风格的经典作品。

0-031

0-032

3. 巴洛克风格

巴洛克建筑是 17-18 世纪在意大利文艺复兴建筑基础上发展起来的一种建筑和装饰风格。在意大利语中，巴洛克意指“畸

0-033

0-034

0-035

0-036

形珍珠”，这种建筑的特点是重内部的装饰，其形体多取曲线，常常穿插曲面与椭圆空间，企图以丰富多变的风格炫耀人们的视觉，并常用夸张的纹样形式。其特点是外形自由，追求动态，喜好富丽的装饰和雕刻、强烈的色彩，常用穿插的曲面和椭圆形空间。巴洛克一词的原意是奇异古怪，古典主义者用它来称呼这种被认为是离经叛道的建筑风格。

这种风格在反对僵化的古典形式，追求自由奔放的格调和表达世俗情趣等方面起了重要作用，对城市广场、园林艺术以至文学艺术领域都产生影响，一度在欧洲广泛流行。巴洛克风格打破了对古罗马建筑理论家维特鲁威的盲目崇拜，也冲破了文艺复兴晚期古典主义者制定的种种清规戒律，反映了向往自由的世俗思想。另一方面，巴洛克风格的教堂富丽堂皇，而且能造成相当强烈的神秘气氛，也符合天主教会炫耀财富和追求神秘感的要求。因此，巴洛克建筑从罗马发端后，不久即传遍欧洲包括俄罗斯，以至远达美洲。有些巴洛克建筑过分追求华贵气魄，甚至到了繁琐堆砌的地步。

巴洛克室内风格往往多变、动感、豪华，集绘画、雕塑、工艺装饰及陈设艺术于一体，壁画和雕刻被用来装饰室内空间。海派巴洛克室内风格则是将浪漫主义色彩、运动感和空间层次感的设计手法融于一体并发挥到极致，追求跃动型装饰样式，以烘托宏大、生动、热情、奔放的艺术效果。外滩华尔道夫酒店(原上海总会，图 0-037、图 0-038)、上海邮政总局(图 0-039、图 0-040)等室内装饰是上海近代巴洛克风格的典型代表。

4. 新古典主义风格

新古典主义运动开始于 18 世纪下半叶，这一运动试图建立理性的古典法则，创造理性的原型和理想的建筑。这种理性的古典建筑原型追求结构和审美在哲学上的真实性，是一种理性与考古学相互结合并对古典法则最忠诚的实践。新古典主义信奉的是纯净的原始主义，追求简洁的原始形式，推崇古希腊的多立克柱式和古罗马塔司干柱式，并创造出单纯的几何形体，形式的简洁被看作是原始高贵性的一个方面。新古典主义建筑具有古希腊建筑在观念上的整体性和严谨性，有节制地应用装饰构件，柱式的应用与其说是起装饰作用，还不如说主要是结构构件，建筑强调体量和简洁的几何轮廓，在建筑形式上刻意

0-037

图 0-031 至 0-033 上海外汇交易中心大楼
图 0-034 至 0-036 上海市少年宫
图 0-037 外滩华尔道夫酒店(原上海总会)

0-038

0-039

0-040

表现纯正的细部。

19 世纪的新古典主义改变了以前古典式建筑的简洁和整体感，而更注重审美与构图的完美性，并融入了大量的历史风格。其中有两种倾向值得重视，其一是表述历史主义的倾向，在建筑中融入历史风格，不是简单地回到古希腊和古罗马，而是回到古代建筑发展的每一个成功的阶段，无论是早期基督教建筑、罗马风式、哥特式、文艺复兴式、巴洛克风格，还是洛可可式，都将曾经辉煌的历史看作是设计思想的源泉。其二是表述折中主义的倾向，折中主义与历史主义密切相关，这种倾向通常将两种或两种以上的历史建筑风格拼贴在一起，从而被称作折中主义。由此表明了新古典主义建筑师可以借鉴历史上的范例，用不同的方式去组合，去创造出新的建筑。这样一种新古典主义一直延伸到 20 世纪初，并且当新古典主义在欧洲本土已经逐渐被现代运动所取代的时候，却依然在美国流行不衰。

在中国，从 19 世纪末至 20 世纪初，新古典主义风格建筑随着西方殖民主义所强加的文化输入出现于早期的开埠城市，在 20 世纪 30 年代达到鼎盛，在上海近代建筑中的表现尤为突出，诸多新古典主义风格建筑成为海派建筑的重要组成部分。

新古典主义建筑风格之所以成为这一时期海派建筑风格的主流，主要有四方面的原因。首先是经济的繁荣，尤其是金融业的发展，对建筑形象及规模提出了前所未有的要求，原有的建筑风格已无法适应新的功能。其次是地价的快速上涨，导致对建筑的形象要求上升到首要地位。第三是由于建筑业的兴旺发达，老上海城市结构正在迅速解体，需要有不同于传统守旧、且能耳目一新的建筑形式更替迭代。第四是受过建筑教育的专业建筑师陆续登上建筑舞台，而专业建筑师所接受的建筑教育在当时是完全以古典主义建筑语言为基础的。

海派新古典主义风格室内装饰一方面传承西方古典形式，运用古希腊和古罗马柱式作为装饰元素，主张室内空间规整稳重；另一方面融入现代思想，展现多样的形态。具体而言，是采用现代手法、材质和加工技术还原古典气质，细节部分引用古希腊古罗马元素，并经适当改良后，更多地采用直线或几何形式，不是单纯的复古，而是追求古典式风韵的神似，具有古典与现代的双重审美效果，呈现出来的艺术特点是庄重、理性、简洁。如外滩 12 号现浦东发展银行大楼（图 0-041、图 0-042、图 0-043）、江西中路 200 号现交通银行（图 0-044、图 0-045）、外滩 27 号现罗斯福大楼、北京东路 2 号现中国人民银行间清算所等室内装饰是上海新古典主义风格的典型代表。

0-041

0-042

图 0-038 外滩华尔道夫酒店（原上海总会）
图 0-039 至 0-040 上海邮政总局
图 0-041 至 0-042 浦东发展银行大楼

5. 装饰艺术派风格

1925 年，巴黎为纪念现代应用艺术诞生 100 周年，举办了一次名为“装饰艺术与现代工业”的大型国际博览会，以宣传现代工业对现代艺术的依赖，“装饰艺术派”(Art Deco）一词由此产生。这次博览会使得“装饰艺术派”风格的工业产品在此之后相当长的一段时间里占据了欧美相当大的市场，也使得“装饰艺术派”风格的建筑从此成为新潮建筑中重要的组成部分。但“装饰艺术派”建筑在建筑史上的真正影响，是它在美国的大普及，而上海“装饰艺术派”建筑的流行，则几乎与美国完全同步。在欧洲越来越多的先锋派建筑师把装饰看作是与现代建筑的设计原则格格不入的多余物时，美国的许多城市却欣然接受了“装饰艺术派”这样一种既符合美国传统的对建筑的“装饰艺术性”的要求，同时又非常“现代”的建筑新风格，特别是在纽约，“装饰艺术派”风格在那些遍地开花的高层摩天楼中竟然找到了一个极佳的结合点，取代了早先在纽约流行的“商业古典主义”摩天楼，使得整个 20 世纪 30 年代的纽约几乎成为建筑的大博览。一批高层或超高层的“装饰艺术派”摩天楼随着纽约在西方资本主义世界无可比拟的地位而成为其他国家纷纷效仿的对象。

图 0-043 浦东发展银行大楼
图 0-044 交通银行
图 0-045 交通银行
图 0-046 至 0-048 和平饭店

0-043

0-044

“装饰艺术派”风格在上海的出现最早可追溯到 1923 年建成的汇丰银行大堂内的吊灯，尽管这是一座颇为地道的新古典主义建筑，但在建成之时它还是赶上了一次时髦。次年由赉安洋行在设计法国总会时，虽然建筑外观仍采用新古典主义风格，但它大量的室内装饰，如舞厅内的彩色玻璃天花、侧面入口的楼梯、人像雕刻等处理手法却显示出强烈的“装饰艺术派”风格，而此时即使是在巴黎，“装饰艺术派”风格的建筑也是刚兴起的时尚。

“装饰艺术派”风格在建筑外观上得到反映是从 1927 年建成的海关大楼开始的，尽管它有着一个非常地道的希腊多立克式门廊，有时被称为“希腊式”建筑，它的内部也有大量的古典细部，但它顶部钟塔层层收进的立方体构图所表现出来的体积感和高耸感，却明显地流露出装饰艺术派的格调。外滩 20 号原沙逊大厦（现和平饭店，图 0-009），于 1929 年 9 月 5 日落成。这是上海第一幢真正 10 层以上具有里程碑意义的装饰艺术派风格大楼，仅它的高度就足以使之成为其他建筑的效仿对象。

海派装饰艺术派风格室内装饰强调空间造型的秩序感和几何感，讲究线条、色彩的表现力，传达充满动感和积极向上的情绪。装饰纹样大量运用几何形、直线形、阶梯形、放射形、圆弧形、V 字形、植物、花卉、怪兽等元素构成的图案，采用镶嵌、彩绘、浮雕、深雕、透雕和圆雕等处理方法，着重表现材料本身的质感和色彩，凸显机器美学和时代感。如和平饭店（图 0-046、图 0-047、图 0-048、图 0-049、图 0-050、图 0-051）、南京西路 170 号现国际饭店（图 0-052）、四川中路 261 号现上海银行（图 0-053、图 0-054）、铜仁路 333 号现市规划设计院（图 0-055）等建筑的室内装饰是海派装饰艺术派风格的

0-045

0-047

0-046

0-048

典型代表。

图 0-049 至 0-051 和平饭店
图 0-052 国际饭店
图 0-053 至 0-054 上海银行
图 0-055 市规划设计院
图 0-056 徐家汇天主教堂

三、建筑室内细部的美学意义

值得庆幸的是，迄今为止，大部分海派建筑中具有特色的

0-049

0-051

0-050

0-052

0-053

0-055

0-054

0-056

室内空间及装饰细部受到了严格的保护，完整地被保留了下来，为我们研究海派建筑室内设计和装饰风格及工艺做法提供了借鉴。通过这些室内细部，可以解读浏览到不同建筑营建年代的诸多信息，包括当时社会流行的风俗习惯、价值观、文化传统及审美情趣。试想，如果哥特式的徐家汇天主教堂剔除了所有的细部装饰，只剩下光秃秃的结构化的塔楼和尖拱，那么，不仅当时的人不能接受，对现代人来说也是不可理解的。然而，加上了玫瑰窗、线脚和雕塑（图 0-056）等就使人们乐于接受，感受其浓烈的宗教文化氛围。由此也可见，室内空间细部与建筑的宏观形态同样具有历史文化信息的记忆承载作用，使建筑内外呈现出深厚的历史文化和艺术美学价值。

需要关注的是，海派建筑室内外细部构造由于被赋予了典雅精致的审美情趣而具有很强的表现力，建筑的风格及隐喻的文化内涵借助于细部构造而凸显出来，由其构成了诸多视觉上的趣味显著点，使得建筑室内空间产生了深刻的文化艺术感染力。海派建筑室内的细部主要是针对门窗、楼梯、墙面、顶棚、地坪、阳台，以及入口、门廊、大门等构件要素，进行精细的加工处理和精致的装饰处理，使室内空间达到细节丰富、比例协调、尺度宜人的视觉效果。对于办公写字楼建筑通常是加大其入口尺度、抬高入口标高和增设踏步来增强其办公空间应有的庄严感，如现在的上投大厦（图 0-057）入口处理手法；商业建筑的入口则必须充分考虑人流和购物的功能需求，压低室内外地坪高差，营造亲切宜人的商业氛围，如现在的上海时装公司（图 0-058）。同样，海派建筑非常讲究室内空间的门高与门宽的比例，门与其所在墙面宽度的比例，柱式高度与基座的比例等等细部对于室内空间形态往往具有决定性的作用。

建筑室内细部因功能和审美需求而产生，在一定程度上要与被装饰的构件共同工作，来满足围护、交通、采光、通风、保温、防热、防噪等诸多方面的功能性需求。墙体作为围护构件，必须为建筑提供适宜的内部使用环境；窗户解决了建筑室内所需要的采光和通风功能，并且阻止了风霜雨雪对室内

图 0-057 上投大厦
图 0-058 上海时装公司
图 0-059 建筑阳台
图 0-060 室内楼梯

环境的干扰和侵蚀；阳台使人有了亲近自然的机会（图0-059）等。由于构造和位置的差异，在海派建筑中，这些构件或部位会被设计成不同的形式，对其进行精细周到的装饰处理，满足使用功能和审美的要求。例如楼梯在满足上下楼层的交通功能的前提下，不同的室内装饰风格定位就会有不同的设计形式（图0-060）。从构造出发，结合室内装饰艺术定位和特定的审美情趣进行并完善设计，不仅可以合理解决使用功能及技术方面的要求，而且还可获得优美的细部形式及丰富完美的艺术效果。

0-059

建筑空间是以三维形式存在的一种度量，由墙面、地坪及顶棚界定的室内空间其本质代表的是一种功能的满足，为人们提供可以进行居住、工作、学习、娱乐等活动的场所。室内空间三维尺度包括两方面的内容，一是空间中的客观尺度，主要是满足人的生理行为的自然尺度；二是人的心理尺度，主要是指人对于室内空间尺度的主观感受，主要体现在与人行为心理相关的空间设计细节上[1]。在一个长和宽较大，高度相对较小的扁平空间内，会使身在其中的使用者产生压抑感。反之，高宽比较大的高耸空间，则让使用者有庄严不亲切的感觉。人对空间的感知是通过心理尺度的度量来完成的，是一个包括领域感的主观行为。海派建筑内的公共性空间和私密性空间，所提供的领域感是不同的，当你身临其境，就能充分地感受到前者的开敞流动，后者的私密安静的特点。这样的领域感的营造是通过空间形状、合适的尺度及恰当的细部操作来完成的。我们可以看到，也有一些海派建筑的尺度并不完全是由使用功能来决定的，而是更多地考虑了人的精神需求。如现沐恩堂室内空间（图0-061），其异常高大的空间体现了人们对精神世界的一种向往，表达了人们强烈的心理感受，强调竖向线条的装饰细部，强化了高尚庄严的艺术感染力。

0-060

图 0-061 沐恩堂
图 0-062 体育大厦门厅
图 0-063 扬子饭店大堂

在海派建筑中，材料作为设计语言主要涉及表达材质特征的色彩、质感和纹理等因素。如果将材料的质感称之为“肌”，纹理的起伏编排被称为“理”，材料的美学特征集中表现在色彩和肌理两方面[2]，而这两方面也正是海派建筑室内空间细部传达材料语境语素语感的重点所在。海派建筑室内空间环境的构建与实际材料的操作达到了近乎完美的结合，从材料角度出发完善细部形式及构造成为海派建筑室内空间细部设计的重要内容。设计师们遵循不同材料所独有的设计语言，合理选材，真实表达材料性能的基本原则，以达到完善的功能和优美的视觉效果。比如现体育大厦门厅地坪铺装，不同色彩的大理石被磨制为镜面状态并被镶拼成具有强烈美感的图案样式，虽然材质并无变化，但肌理和色彩形态却获得了完美的呈现（图 0-062）。

在海派建筑室内装饰艺术中，色彩控制是室内空间最重要的设计手法之一，同时也作为最能创造气氛和传达情感的设计要素。如扬子饭店大堂（图 0-063）的室内界面中，巧妙地处理了色彩与空间形体的构成关系，使两者理性有机地融为一体，创造了与建筑外观统一而精美的装饰艺术派造型效果。

设计呼唤人性空间，呼唤精致，呼唤细部。建筑室内细部与宏观的建筑形态一样，也是在社会、文化、经济、功能、技术、材料、工艺等若干因素的影响下不断演变的，海派建筑为我们留下了风格多元、丰富多彩的室内空间装饰细部设计手法及构造工艺，值得我们学习和借鉴。完美的建筑室内空间需要完美的细部，室内细部的构成要素是多样性的，建筑室内设计是创造性的工作，在这方面需要设计师具有广泛的艺术修养及扎实的设计功力，只有这样才能根据不同的空间环境，不同的使用对象、不同的使用功能，运用科学艺术的设计手法创造出有个性的、风格鲜明的室内细部，从而赋予整个建筑室内空间以文化和艺术的灵魂。作为当代中国设计师，认认真真学习借鉴汲取前辈所留下的成果和经验，踏踏实实地深入进行细部设计，完美地表达设计创意，呈现设计师独有的个性魅力，充分彰显时代精神。我们有责任强化对细部的执着，提升设计质量，在对功能布局、空间形态深入考量的同时，重视对室内的细节、表皮、肌理及构造工艺的关注，从大处着眼、小处着手，精雕细琢、精益求精，特别是从细节设计上下苦功夫，创作出更多的建筑室内空间设计精品。

参考资料

［1］周圆成. 室内空间形态的尺度研究［D］. 长沙：湖南师范大学，2013.

［2］同济大学建筑系建筑设计基础教研室. 建筑形态设计基础［M］. 北京：中国建筑工业出版社，1991.

01

第一章

门是在建筑墙体上连通室内和室外或室内和室内的开口部构件。门的主要作用是供出入交通，门还起到调节控制阳光、气流，以及隔声、防火、防盗等方面的作用。对于建筑内外立面而言，如何设计门的位置、大小、外观造型及其细节是非常重要的。门的构造材料、五金配件的质地式样对于室内装饰起着非常重要的作用[1]。门作为建筑的重要组成构件，随着建筑技术的进步，其功能、造型、用材及细部构造不断改变，适应时代发展和人们使用以及审美提升的要求。

1. 中式建筑门

中式建筑门有着悠久的历史。如大家所知，我国境内已知的最早的人类住所是天然岩洞，“上古穴居而野处”，无数奇异深幽的洞穴为人类提供了最原始的家，洞穴口的草盖便是最早的门。

进入奴隶社会后，我国出现了最早的规模较大的木架夯土建筑和庭院，从而出现了具体定义的门，木制门就成了“家”的象征，制造方法和工艺也逐渐成熟起来。

秦朝建立后，不仅对度量衡和货币进行了统一，对于房屋建筑形制也有严格的规定，对于门的大小、形制等有了严格的等级划分，门的主要形式是版门。版门又分两种，一种是棋盘版门，以边梃与上、下抹头组成边框，框内置穿带若干条，并在框的一侧面钉板，四面平齐不起线脚，高级的再加上门钉和铺首。另一种是镜面版门，门扇不用门框，完全用厚木板拼合，背面再用横木联系。这种门的形式一直延续至汉代。

到了唐代，门的造型、结构与制造工工艺方法基本定型，形成了真正意义的中国古代木门形制。宋代木门是唐代木门的继承和发展。北宋年间的《营造法式》规定每扇门的宽高比为1：2，最小不得小于2：5。门的设计和制作日趋精致，格子门开始出现，门钉铺首和门环使用逐渐增多。

明、清时门式样基本承袭宋代做法，在建筑中融入了更多的文化内涵，制作也更加精美细腻。在这个时期的建筑中，常见的有板门、格扇、风门等形式，中国传统木门在工艺装饰等方面日臻成熟。

民国年代，西风东渐，受到欧美文化的影响，木门体量普遍增大，细部做法大多模仿欧美样式，并且形成了“西式中做”的新型木门风格。

中式木门的演进历程表明，无论是一座城池的城门还是守家护院的院门，作为建筑空间的分隔与出入的内外门，门在建筑中一直作为重点存在。

我国近现代建筑的诸多形制的门是在20世纪发展起来的，以钢质外门为代表的金属门在我国已经有近百年的历史。1911年钢质金属外门传入中国，主要是来自英国、比利时、日本的产品，集中在上海、广州、天津、大连等沿海口岸城市的“租借地”。1925年我国上海民族工业开始小批量生产钢质金属门，到新中国成立前，也只有20多间作坊式手工业小厂。新中国成立后，上海、北京、西安等地钢质门企业建起了较大规模的生产基地，在建筑工程中得到了广泛的应用。

20世纪70年代后期，铝合金门制作技术进入中国。由于铝合金外门具有比钢质门更好的保温性、隔声性、气密性和水密性，成为当今金属外门的主流产品。

现代建筑中使用的门，依据实际使用功能的不同，按开启形式分类，主要有平开门、弹簧门、推拉门、旋转门、卷帘门、上翻门、折叠门、升降门、自动门等。从材料上区分，有木门、金属门、玻璃门及塑料门。

综上所述，作为建筑的一个重要组成构件，门的价值所在是它的实用性和艺术性。自古以来，作为房屋内外空间联系的门，更是建筑形式美的注目元素。门形美之中展示着造门者的智慧，也反映出不同时代的审美情趣、理想追求，并且始终是代表时代文化的承载体。建筑的门艺术经历了开启、材质、构造、装饰等方面的不断变迁后，在现代建筑中仍然是设计的点睛之笔、重中之重。

2. 欧美式建筑门[2]

早期的欧洲建筑大多为砖石结构形制，建筑多用木门，造型比较简洁。例如，英国都铎时期的建筑外门采用橡木厚板拼接，单扇门宽达66cm，门背面由水平横向板条固定，也有用与一组木板垂直的另一组木板相互固定形式，将固定的钉子头部暴露磨光作为类似于中国木门的门钉装饰，大多配以简易的铁制长臂铰链，其余五金附件都是最基本的；内门采用长板条固定，形式比较简单实用，只有规格比较高的木门才采用边框加嵌板的形式。随着时代的进步，文艺复兴以后至维多利亚时期，木门的造型设计越来越讲究艺术细节，矩形、方形、几何式的嵌板木门大行其道，嵌板的设计非常富有想象力，而且非常精致，门线脚也越来越精美，大量设计感非常强的铜制五金配件得到广泛的应用。欧洲大陆其他国家木门的发展轨迹与英国大致相同。

美式门源自欧洲，但对于欧式门做了一些改进，形成了具有独特风格的木门系统。室外和室内木门一般采用松木制作，也有一些是采用枫木、白杨和柏木等地方性木材。室内木门通常暴露木纹，显得更为朴实厚重，欧式风格的嵌板门和殖民风

图 1-001 圣三一基督教堂
图 1-002 徐家汇天主堂
图 1-003 银行公会大楼
图 1-004 上海市邮政局

格的嵌板门比较多见，鹰饰及贝壳纹样的五金附件比较流行。

19 世纪 60 年代，钢制外门开始出现于欧美建材供应商的商品目录中，1890 年之后开始流行起来。由于钢质门优美的轮廓促进了装饰艺术、现代艺术，以及国际主义风格外观设计的发展。钢制外门的广泛应用一直持续到第二次世界大战结束后。此后性能更好的、防锈耐用的铝合金外门得到使用并变得更为流行。

3. 海派建筑门

海派建筑是在特定历史条件下形成的一种产物，具有海纳百川、不拘一格、形式各异、百花齐放的特色，始终保持包容、含蓄、大度、创新和整合的特质，作为海派文化的重要载体，呈现出上海大都市风貌的独特品格。海派建筑门的形制充分吸纳了西方外来文化的精髓，又不失民族文化的内涵和气质。在海派建筑中，门形式多样，精彩纷呈，常见的有巴洛克风格、乔治亚风格、新古典主义风格、维多利亚风格、新艺术运动风格、装饰艺术派风格、现代主义建筑风格等样式，其外观形式、制作工艺及构造技术等诠释了海派建筑门的细部特质。

(1) 哥特式风格门

海派哥特式门多见于一些教堂建筑，门洞及门扇的尺寸及位置取决于出入通道和它的构造，其门头造型多为四心拱（即以一个浅拱向中心点升起），呈现出哥特式尖形拱券的特点，拱肩或有装饰性的细节，门侧壁常设有凹凸装饰线脚形成透视感的外框，对门框起着保护和装饰作用，门前多有门罩或是伸出式的檐口。门扇造型及构造比较简洁（图 1-001，图 1-002）。

(2) 巴洛克风格门

海派巴洛克风格门看起来有像舞台背景一样的喜庆气氛，同时又有类似军营大门般的威严。其侧面有柱廊或者壁柱，柱子有可能是简洁的多立克柱式，但看上去布满装饰或过分奢华。若有装饰，可能用凹槽、扭曲或者装饰华丽的嵌板来加以丰富。门被置于台阶的最高部分，有雨篷或者门廊覆盖，上面有山花或有题字。山花可以比较简单，以卷涡作为收头，或者用双重雕刻和鹅颈样式卷涡。门有单扇和双扇，门扇形式一般有方形和矩形嵌板，嵌板线条非常精致（图 1-003，图 1-004）。

1-005

1-006

1-007

1-008

图 1-005 外滩源益丰大楼
图 1-006 太阳公寓
图 1-007 光大银行
图 1-008 历史博物馆
图 1-009 瑞金宾馆
图 1-010 瑞金宾馆
图 1-011 徐汇区历史建筑
图 1-012 荣氏老宅
图 1-013 百乐门舞厅
图 1-014 和平饭店
图 1-015 市总工会大楼
图 1-016 交通银行

1-009

1-010

1-011

1-012

⑶ 乔治亚风格门

乔治亚风格门侧面设壁柱或质朴的门框，室外门头有多种山花形式悬挑门罩，用托架来支撑门罩，托架用小天使或动物或植物作为装饰图案，或者设计成传统的卷涡式托石，壁柱遵循准确的比例规则。门扇本身采用嵌板，在垂直方向上设置两排平行嵌板。室内门按照同样的模式演变，平门框样式带有框缘装饰，以及与室内环境相适应的其他节点细部（图 1-005，图 1-006）。

⑷ 新古典主义风格门

海派新古典主义风格门采用浅门廊，并以精致的门框塑造比较朴素的入口，门罩用卷涡托架支撑，额枋上有古典细部，上部扇形窗或横档采光窗比较朴实，门扇本身讲究烦琐和奢华，通过带凹槽的线脚来划分和限定几何式门扇嵌板，嵌板模仿古希腊或古罗马形式。室内门扇划分成四块或六块嵌板，带有皱褶卷曲，细薄的嵌板线脚，周围部分宽而浅，门框有新希腊风格和细部的门头（图 1-007，图 1-008）。

⑸ 维多利亚风格门

海派维多利亚风格门有凸出的门廊，也有哥特式拱廊或凹门廊，凹门廊两侧墙上镶嵌彩色瓷砖，嵌板式门扇，上部镶嵌玻璃或扇形窗以利于更多光线进入室内，有的是镶嵌彩绘玻璃，门上的五金和彩绘玻璃有唯美主义倾向。室内门采用传统的门框和嵌板组合方式制作，豪华的室内门的门头上有檐口和山花，强调维多利亚的风格特征（图 1-009，图 1-010）。

⑹ 新艺术运动风格门

海派新艺术运动风格门的形式是入口由向外展开的线条或简明的壁柱代替了规制的门壁柱，将框架中的垂直构件与柱上

1-013

1-014

1-015

1-016

楣联系起来。在户外入口处，半圆形的侧墙是一种有机曲线的形式，从立柱向外延伸，形成雨罩。彩色玻璃是户外门的重要组成部分。玻璃的装饰和门廊中的彩色瓷砖相呼应，这些瓷砖创造出一种韵律，或一个图案，甚至是一幅生动的风景画（图1-011，图1-012）。

(7) 装饰艺术派风格门

海派装饰艺术派风格门设有简洁的门廊，有的门廊直接用二层楼板悬挑而出，受现代主义影响，门没有了固定形式，重点是装饰性元素的运用，大部分形式是在梯级状的外框中嵌套一个窗户或雕有纹样的门板，有的门扇大面积是玻璃，用铁艺或铜艺加固成不同风格的自然或抽象的样式，有的是阳光四射的图案，门上的构件数量大为减少。有的木门设置装饰艺术派的小窗户，外形像钻石或心形。有的是用深色木质嵌板雕有花纹或用金属构件点缀形成装饰艺术派风格特征（图1-013，图1-014）。

(8) 现代主义建筑风格门

海派现代主义建筑风格门摒弃了多余的装饰，达到了广泛统一的外观。胶合板开始使用，并代替实木嵌板。胶合板既被用于外门，也被用来做内门。玻璃门也开始流行，装有大块玻璃的硬木边框门十分时髦，门上的装置被保持在最低限度。钢制玻璃外门开始供应市场，成为现代新型建筑的新宠(图1-015，图1-016）。

参考资料

[1] 韩建新，刘广洁. 建筑装饰构造(第二版)[M]. 北京：中国建筑工业出版社，2004.

[2] U.S.department of the interior.preserving historic architecture. the offical guidelines [M]. New York:SkyHorse Publishing.2004.

1

2

3

4

5

6

7

8

9

10

图1、图A 中共二大会址｜原南成都路辅德里625号｜老成都北路7弄30号｜铸铁

图2、图B 上海邮政总局｜北苏州河路250号｜木、玻璃

图3、图C 徐汇区某住宅｜安福路｜铁

图4、图D 光大银行｜原东方汇理银行｜中山东一路29号｜铜

图5、图E 中国外汇交易中心｜原南华俄道胜银行｜中山东一路15号｜铜、铸铁

图6、图F 外滩3号｜原有利银行｜中山东一路4号｜铜、玻璃

图7、图G 工商银行｜原横滨正金银行｜中山东一路24号｜铜、铸铁

图8、图H 中国银行｜中山东一路23号｜铜

图9 新康花园｜原淮海中路1285弄46-77号｜淮海中路1273号｜钢、玻璃

图10 上海外滩美术馆｜博物院大楼/亚洲文会｜虎丘路20号｜铸铁、铜、玻璃

1

2

3

4

5

6

7

8

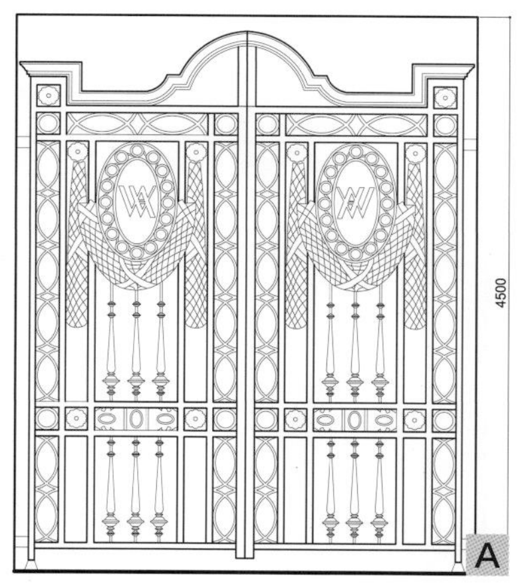

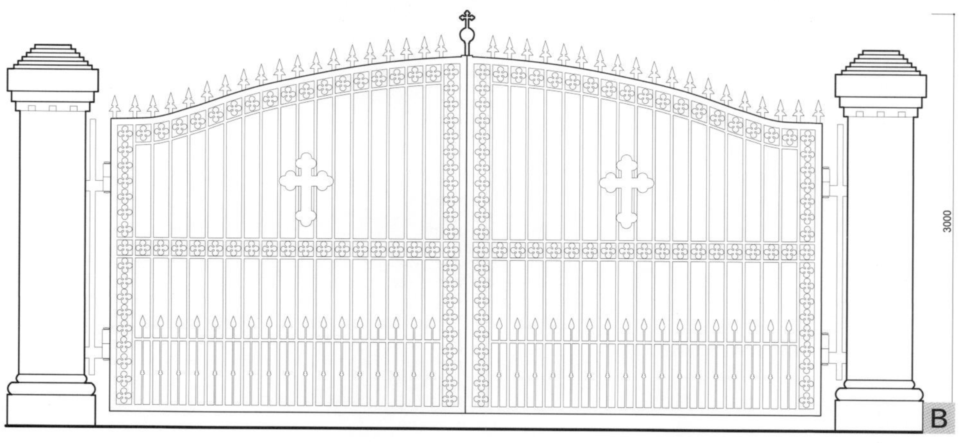

图 1 沐恩堂 | 原基督教慕尔堂 | 西藏中路 316 号 | 铸铁

图 2 徐汇区某住宅 | 安福路 | 铸铁

图 3、图 A 外滩华尔道夫酒店 | 原上海总会 | 中山东一路 2 号 | 铜、铸铁

图 4 上海电气进出口公司 | 北京西路 1394 弄 | 铜、铸铁

图 5、12 市三女中 | 原中西女中 | 江苏路 155 号 | 铸铁

图 6、图 B 圣三一基督教堂 | 九江路 201 号 | 铸铁

图 7、图 C 国际饭店 | 原四行储蓄会大楼 | 南京西路 170 号 | 铸铁

图 8 徐家汇天主堂 | 徐家汇浦西路 158 号 | 木

图 9 花园饭店 | 原法国总会 | 茂名南路 58 号 | 铸铁

图 10 少儿图书馆 | 原切尔西住宅 | 南京西路 962 号 | 铸铁

图 11 天津银行 | 原中南银行 | 汉口路 110 号 | 铸铁

图 13 马勒别墅酒店 | 原马勒住宅 | 陕西南路 30 号 | 铸铁

1

2

3

4

5

6

7

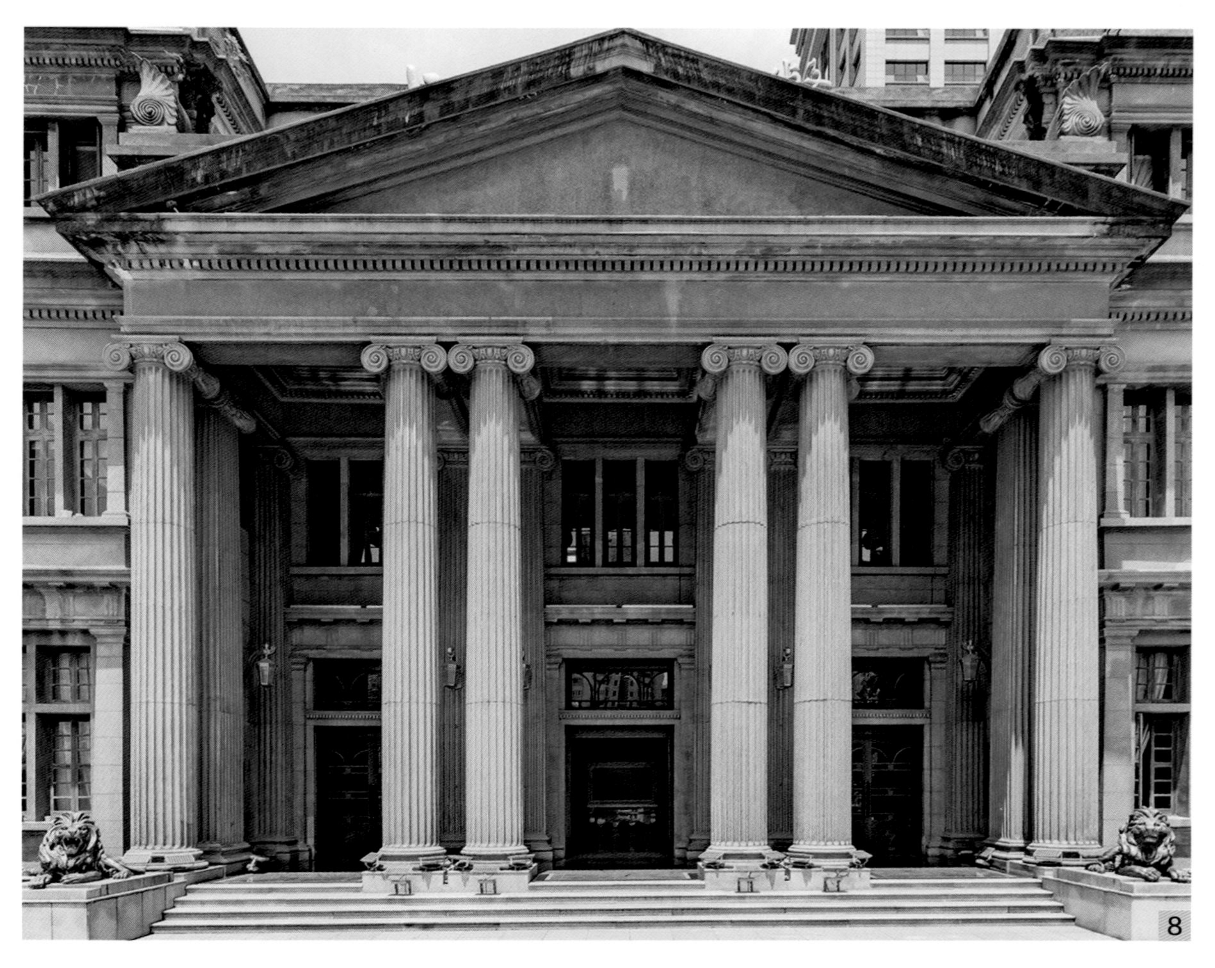

8

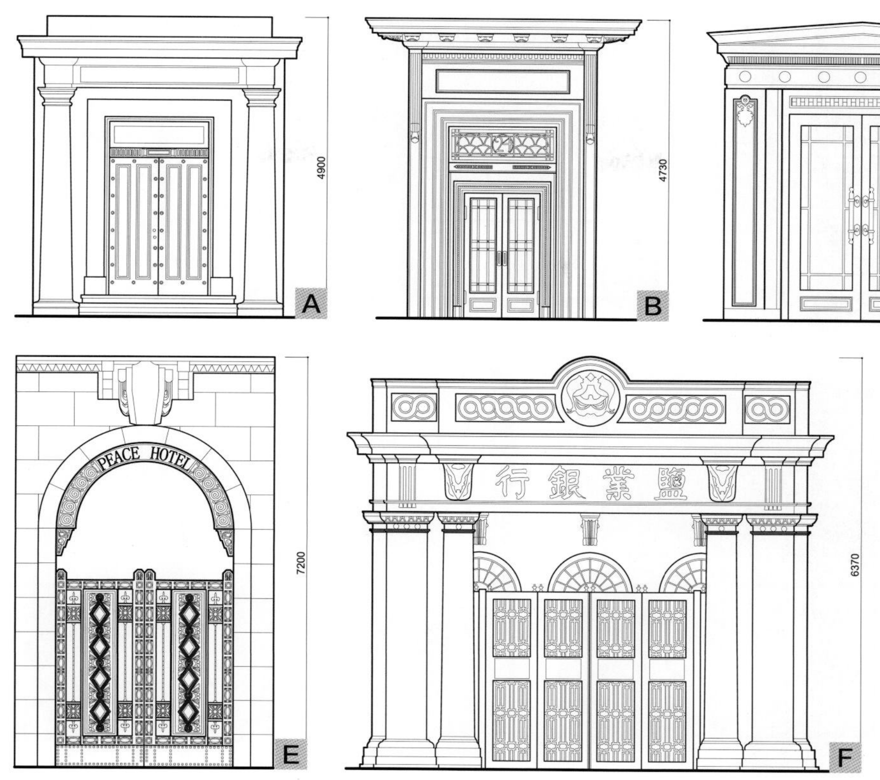

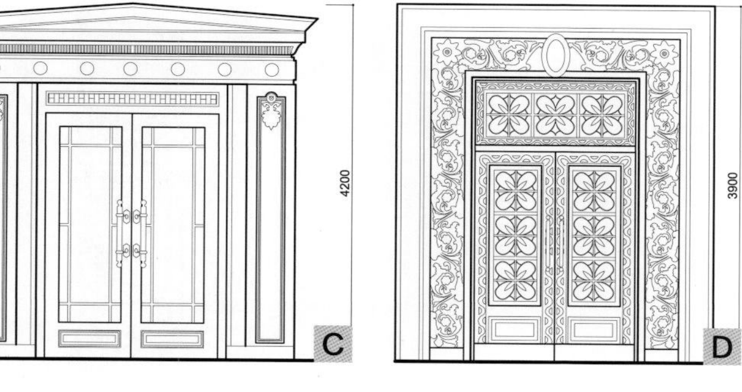

图 1、图 A 上海邮政总局 | 北苏州河路 250 号 | 木、玻璃

图 2、图 B 兰心大楼 | 圆明园路 185 号 | 铸铁、木、玻璃

图 3、图 C 招商银行 | 原台湾银行 | 中山东一路 16 号 | 铸铁、玻璃

图 4、图 D 体育大厦 | 原西桥青年会 | 南京西路 150 号 | 铜、玻璃

图 5、图 E 和平饭店北楼 | 原沙逊大厦 | 中山东一路 20 号 | 铜

图 6、图 F 盐业银行 | 北京东路 280 号 | 铜

图 7 外滩 18 号 | 原麦加利银行 | 中山东一路 18 号 | 铜、玻璃

图 8、图 G 上海造币厂 | 光复西路 17 号 | 铜、玻璃

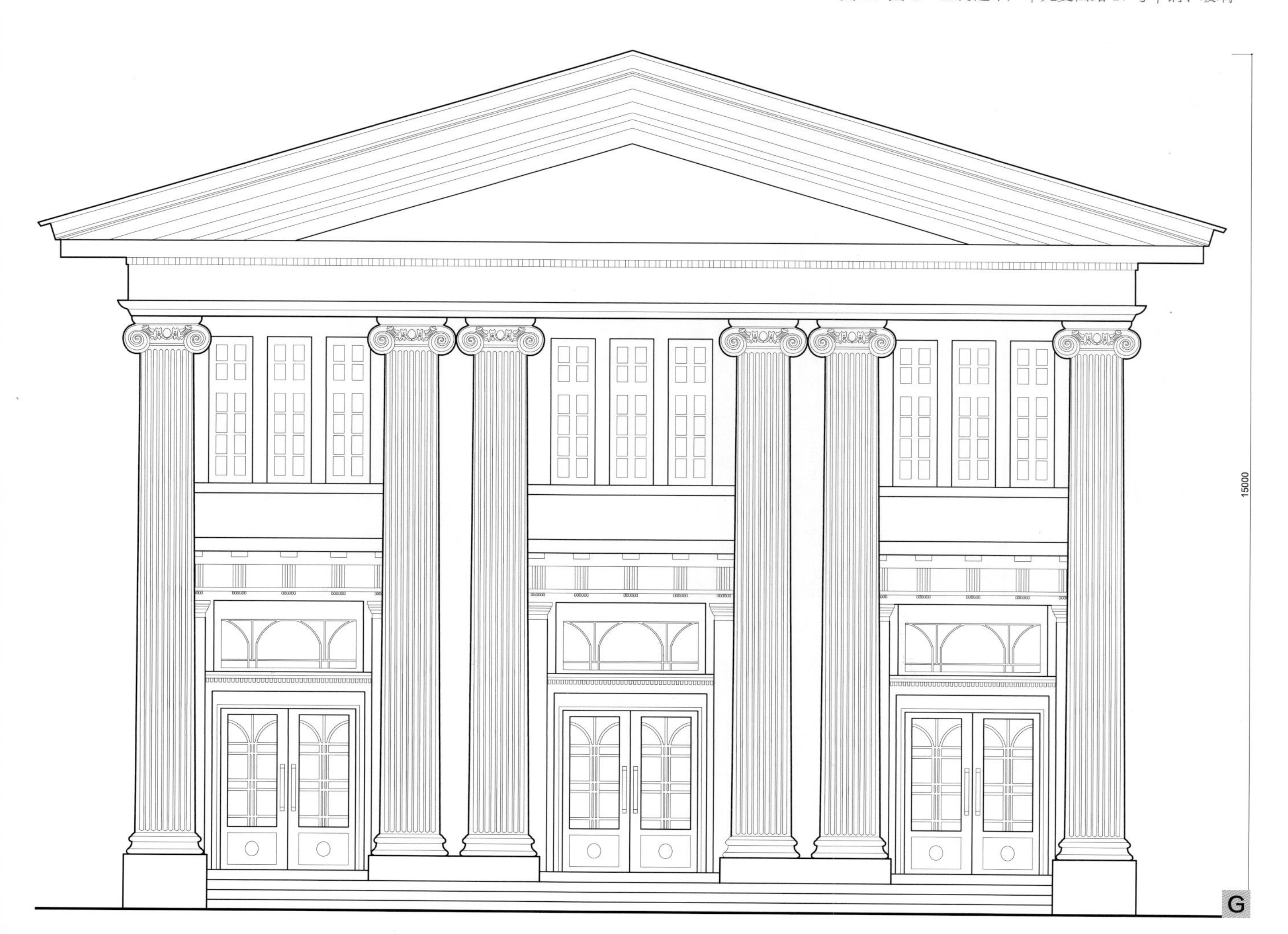

图 1 上海工艺美术博物馆｜原法租界公董局总董官邸｜汾阳路 79 号｜铜、铁

图 2 徐家汇天主堂｜徐家汇浦西路 158 号｜铸铁

图 3 华业大楼｜原华业公寓｜陕西北路 175 号｜铸铁

图 4 徐汇区某住宅｜安福路｜铸铁

图 5 徐汇区某住宅｜安福路｜铸铁

图 6 浦东发展银行｜原汇丰银行大楼｜中山东一路 10 号｜铸铁

图 7 PRADA 展示中心｜原荣氏花园住宅｜陕西北路 186 号｜铜、铸铁

图 8 上海信托投资公司｜原大陆银行｜九江路 111 号｜铜

图 9 友邦大厦｜原字林西报大楼｜中山东一路 17 号｜铜、铸铁

图 10 锦江宾馆｜原华懋公寓｜长乐路 109 号｜铸铁

图 11 邬达克纪念馆｜原邬达克住宅｜番禺路 135 号｜铸铁

图 12 涌泉坊 | 愚园路 395 弄 1-24 号 | 铸铁

图 13 马勒别墅酒店 | 原马勒住宅 | 陕西南路 30 号 | 砖、瓷砖、琉璃

图 14 圣三一基督教堂 | 九江路 201 号 | 木

图 15 建业里嘉佩乐酒店 | 原建业里 | 建国西路 440 弄 | 铜、铸铁

图 16 市三女中 | 原中西女中 | 江苏路 155 号 | 木、玻璃

图 17 贝轩大公馆 | 原贝宅 | 北京西路 1301 号 | 铜、铸铁

图 18 东亚银行 | 四川中路 299 号 | 铜

1

2

3

4

5

6

7

8

9

10

11

12

13

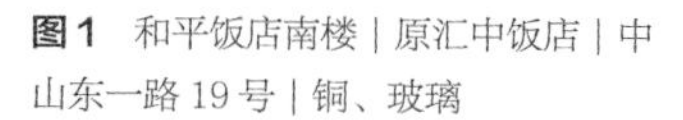

图1 和平饭店南楼 | 原汇中饭店 | 中山东一路 19 号 | 铜、玻璃

图2 永年人寿保险公司 | 广东路 93 号 | 铜

图3 益丰外滩源 | 原益丰洋行 | 北京东路 31-91 号 | 铸铁

图4 浦东发展银行 | 原汇丰银行大楼 | 中山东一路 10-12 号 | 铜、玻璃

图5 罗斯福大楼 | 原怡和洋行 | 中山东一路 27 号 | 铜、玻璃

图6 基督教青年会宾馆 | 原八仙桥基督教青年会 | 西藏南路 123 号 | 木、玻璃

图7 招商局大楼 | 原轮船招商总局 | 中山东一路 9 号 | 铜、玻璃

图8 和平饭店南楼 | 原汇中饭店 | 中山东一路 19 号 | 铜

图9 亚细亚大楼 | 中山东一路 1 号 | 铜

图10 外滩华尔道夫酒店 | 原上海总会 | 中山东一路 2 号 | 铸铁、玻璃

图11 中国银行办公楼 | 原大清银行 | 汉口路 50 号 | 铸铁

图12 中国外汇交易中心 | 原华俄道胜银行 | 中山东一路 15 号 | 铸铁、玻璃

图13 交通银行 | 原金城银行 | 江西中路 200 号 | 铜、玻璃

图14 市三女中五四楼 | 原中西女中 | 江苏路 155 号 | 木、铜、玻璃

图15 外滩 3 号 | 原有利银行 | 中山东一路 4 号 | 铜、玻璃

图16 上海市总工会 | 原交通银行 | 中山东一路 14 号 | 铜、玻璃

图17 中国农业银行 | 原扬子水火保险公司 | 中山东一路 26 号 | 铜

图18 外滩源 1 号 | 原英国领事馆 | 中山东一路 33 号 | 木、玻璃

图19 招商银行 | 原台湾银行 | 中山东一路 16 号 | 铜

图20 时装公司 | 原先施公司 | 南京东路 690 号

图21 上海信托投资公司 | 原大陆银行 | 九江路 111 号 | 铜、玻璃

图22 时装公司 | 原先施公司 | 南京东路 690 号

1

2

3

4

5

6

7

8

9

10

11

12

图 1 华东医院南楼｜原宏恩医院｜延安西路 221 号｜铜、玻璃

图 2 东亚银行｜原东亚大楼｜四川中路 299 号｜木、玻璃

图 3 九江路邮电局｜原中华邮政储金汇业局｜九江路 36 号｜铜

图 4 友邦大厦｜原字林西报大楼｜中山东一路 17 号｜铜、铸铁

图 5 上海市口腔医院｜原国华银行大楼｜北京东路 342 号｜铜、玻璃

图 6 浦东发展银行｜原汇丰银行大楼｜中山东一路 10-12 号｜铜

图 7 招商银行｜原台湾银行｜中山东一路 16 号｜铜

图 8 静安区茂名南路某住宅｜木、玻璃

图 9 浦东发展银行｜原汇丰银行大楼｜中山东一路 10-12 号｜铜、铸铁

图 10 上海信托投资公司｜原大陆银行｜九江路 111 号｜铜、玻璃

图 11 上海金融法院｜原美国花旗银行｜福州路 209 号｜铸铁

图 12 工务局大楼｜原公共租界工部局｜江西中路 215 号｜铜、玻璃

图 13 上海市少年宫｜原嘉道理爵士住宅｜延安西路 64 号｜木、玻璃

图 14 上海养云安缦酒店别墅｜元江路 6161 号｜砖、石材、木

图 15 静安区茂名南路某住宅｜木、玻璃

图 16 瑞金宾馆某楼｜原瑞金二路住宅｜瑞金二路 18 号｜木、玻璃

图 17 益丰外滩源｜原益丰洋行｜北京东路 31-91 号｜铜、玻璃

图 18 外滩源 1 号｜原英国领事馆｜中山东一路 33 号｜木、玻璃

图 19 张爱玲旧居｜康定东路 85 号｜木、玻璃

图 20 马勒别墅酒店｜原马勒住宅｜陕西南路 30 号｜木、玻璃

1

2

3

4

5

6

7

8

9

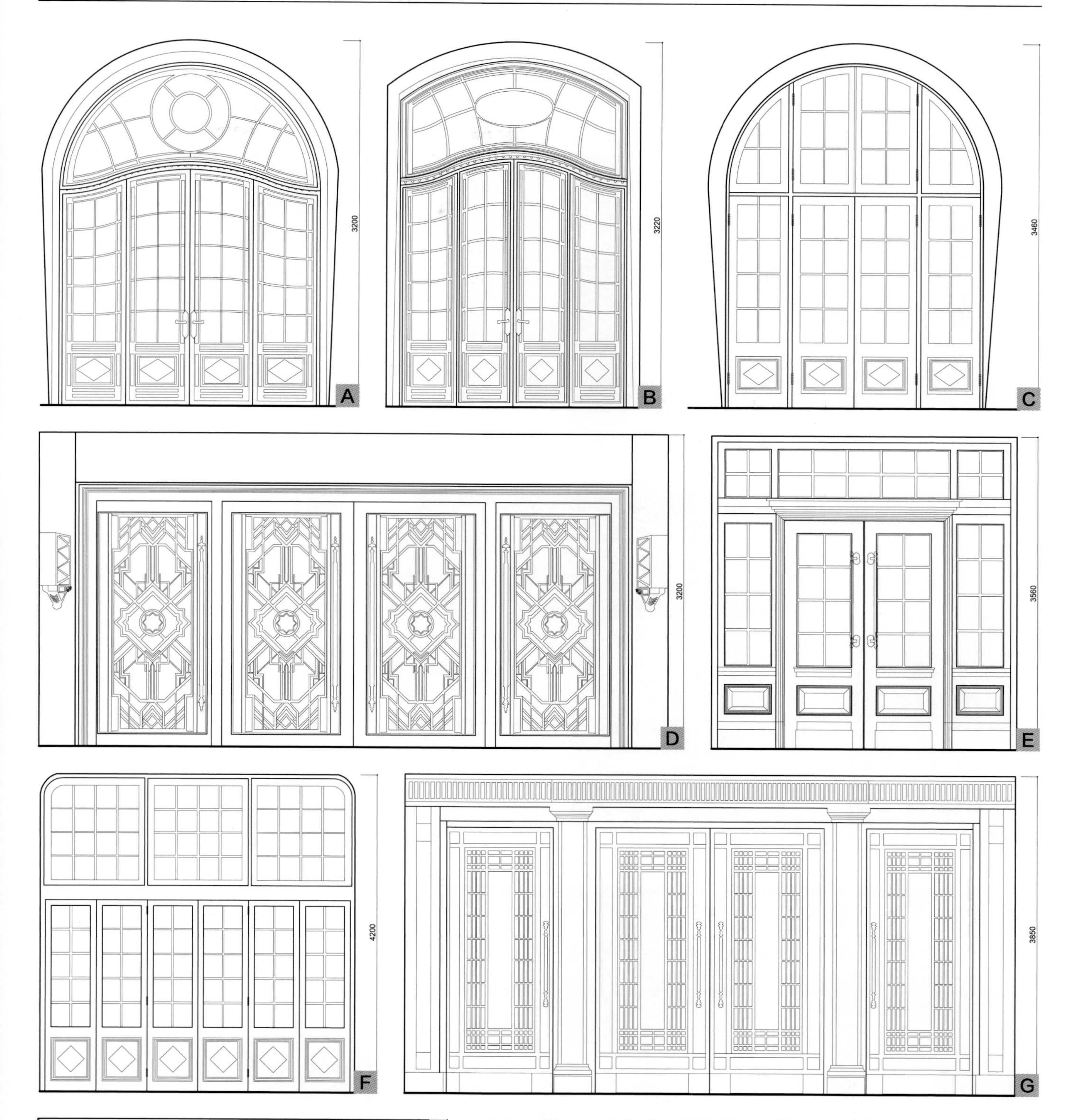

图 1–3、图 A–C 科学会堂｜原老法国总会｜南昌路 47 号｜木、玻璃

图 4、图 D 百乐门舞厅｜愚园路 218 号｜铜、玻璃

图 5、图 E 中国银行办公楼｜原大清银行｜汉口路 50 号｜木、玻璃

图 6、图 F 科学会堂｜原老法国总会｜南昌路 47 号｜木、玻璃

图 7、图 G 上海清算所｜原格林邮船大楼｜北京东路 2 号｜铜、玻璃

图 8、图 H 瑞金宾馆某楼｜原瑞金二路住宅｜瑞金二路 18 号｜铝合金、玻璃

图 9 市三女中｜原中西女中｜江苏路 155 号｜木

1

2

3

4

5

6

7

8

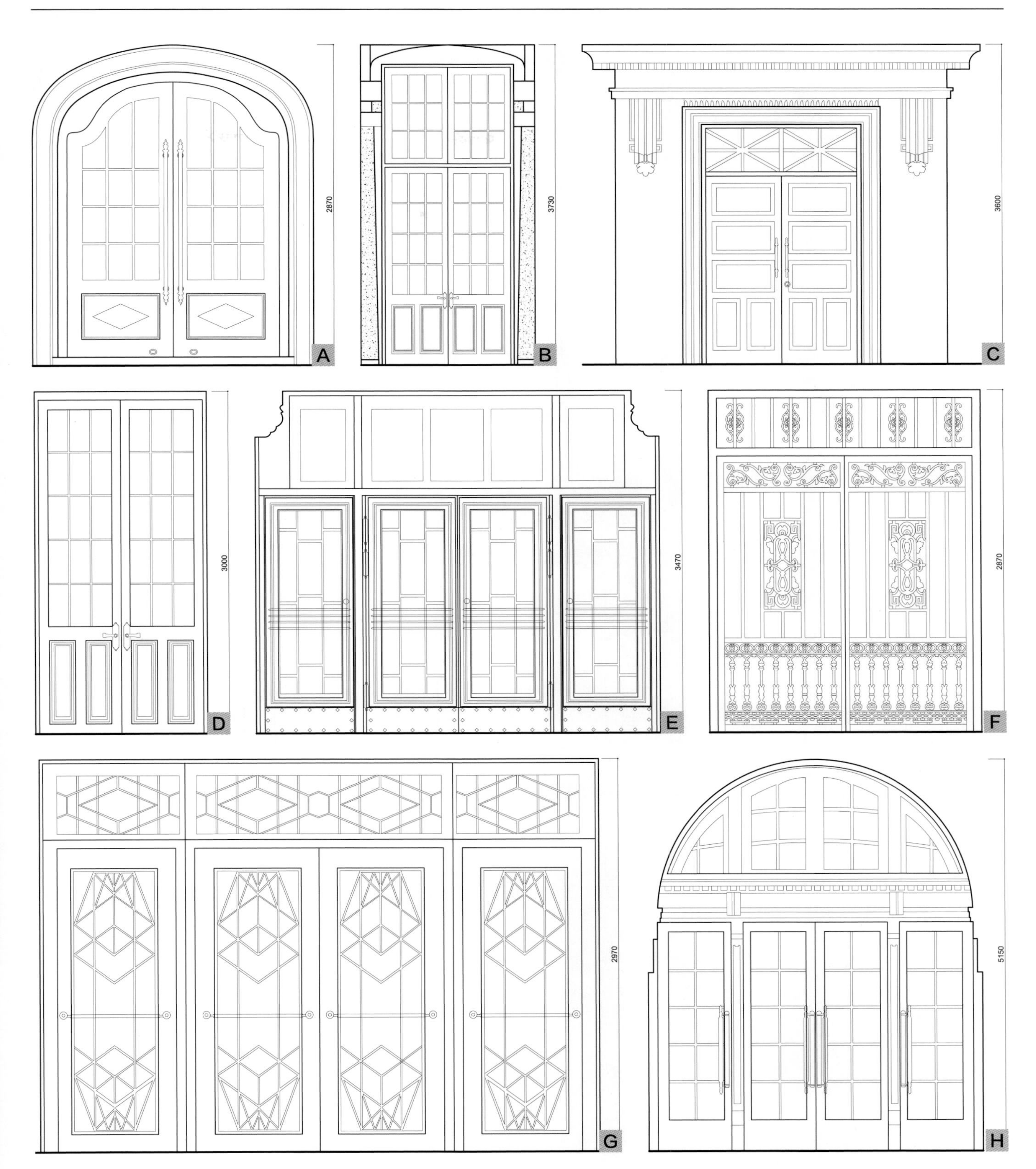

图1、4、图A、D 科学会堂｜原老法国总会｜南昌路 47 号｜木、玻璃

图2、图B 科学会堂｜原老法国总会｜南昌路 47 号｜铜、玻璃

图3、图C 上海市教育发展基金会｜原花园住宅｜陕西北路 80 号｜木、玻璃

图5、图E 基督教青年会宾馆｜原八仙桥基督教青年会｜西藏南路 123 号｜木、玻璃

图6、图F 金门大酒店｜原华安人寿保险公司｜南京西路 104 号｜铸铁

图7、图G 上海信托投资公司｜原大陆银行｜九江路 111 号｜铜、玻璃

图8、图H 外滩华尔道夫酒店｜原上海总会｜中山东一路 2 号｜木、玻璃

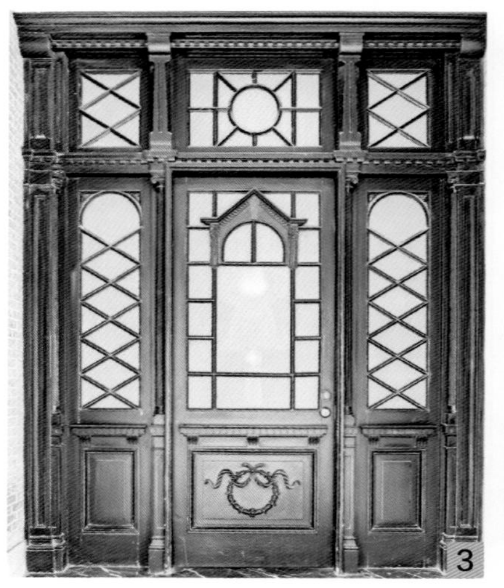

图1、2、图A、B 瑞金宾馆某楼｜原瑞金二路住宅｜瑞金二路 18 号｜铜、玻璃

图3、图C 瑞金宾馆某楼｜原瑞金二路住宅｜瑞金二路 18 号｜木、玻璃

图4、图D 瑞金宾馆某楼｜原瑞金二路住宅｜瑞金二路 18 号｜铝合金、玻璃

图5、图E 上海银行｜原四行储蓄会大楼｜四川中路 261 号｜铜、玻璃

图6、图F 广学大楼｜虎丘路 128 号｜铜、玻璃

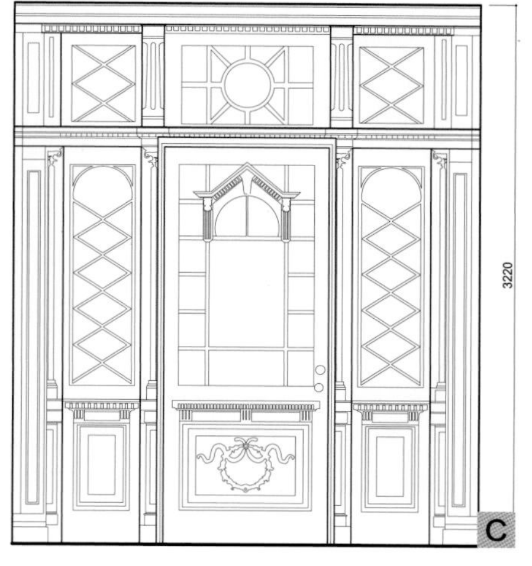

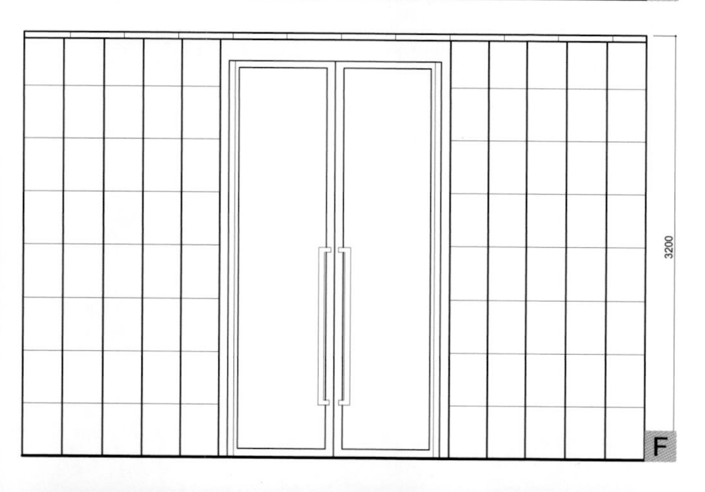

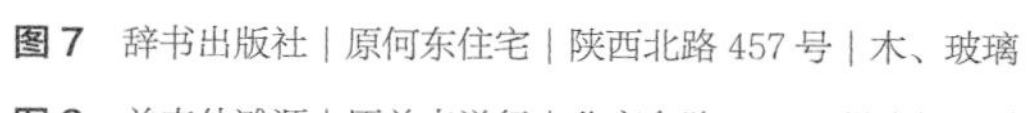

图 7 辞书出版社｜原何东住宅｜陕西北路 457 号｜木、玻璃

图 8 益丰外滩源｜原益丰洋行｜北京东路 31-91 号｜铜、玻璃

图 9 张爱玲旧居｜康定东路 85 号｜木、玻璃

图 10 马勒别墅酒店｜原马勒住宅｜陕西南路 30 号｜木、玻璃

1

2

3

4

5

6

7

8

9

10

11

12

13

14

图1、图A 体育大厦｜原西桥青年会｜南京西路 150 号｜铜、玻璃

图2、图B 天津银行｜原中南银行｜汉口路 110 号｜铜、玻璃

图3、图C 上海昆剧团｜原警察总会与海陆军人之家｜绍兴路 9 号｜铜、玻璃

图4、图D 外滩 18 号｜原麦加利银行｜铜、玻璃

图5、图E 友邦大厦｜原字林西报大楼｜中山东一路 17 号｜木、玻璃

图6、图F 中国外汇交易中心｜原华俄道胜银行｜中山东一路 15 号｜铜、玻璃

图7、图G 和平饭店北楼｜原沙逊大厦｜中山东一路 20 号｜铜、玻璃

图8、图H 东亚银行｜原东亚大楼｜四川中路 299 号｜铜、玻璃

图9、图I 渣打银行上海分行｜原兰心大楼｜圆明园路 185 号｜木、玻璃

图10、图J 中垦大楼｜原中国垦业银行｜北京东路 239 号｜铜、玻璃

图11、12、图K、L 上生新所｜原哥伦比亚总会｜延安西路 1262 号｜木、玻璃

图13、图M 上生新所｜原哥伦比亚总会｜延安西路 1262 号｜铜、玻璃

图14 和平饭店南楼｜原汇中饭店｜中山东一路 19 号｜铜、玻璃

图1、图A 外滩3号｜原有利银行｜中山东一路4号｜铜、玻璃

图2、3、图B、C 上海历史博物馆｜原跑马总会｜南京西路325号｜钢、玻璃

图4、图D 上海海关｜原江海关｜中山东一路13号｜铜、玻璃

图5、6、图E、F 外滩源1号｜原英国领事馆｜中山东一路33号｜木、玻璃

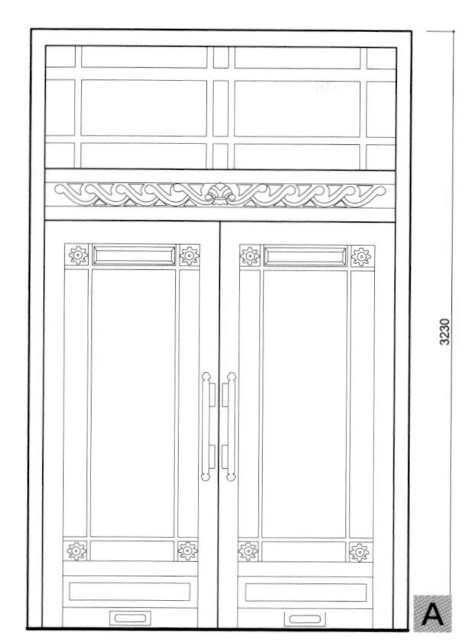

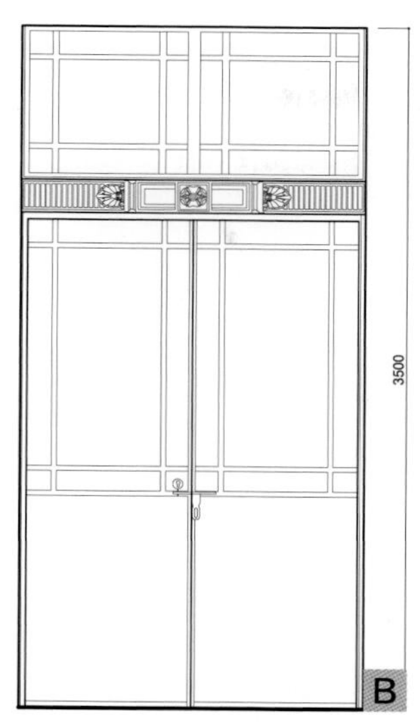

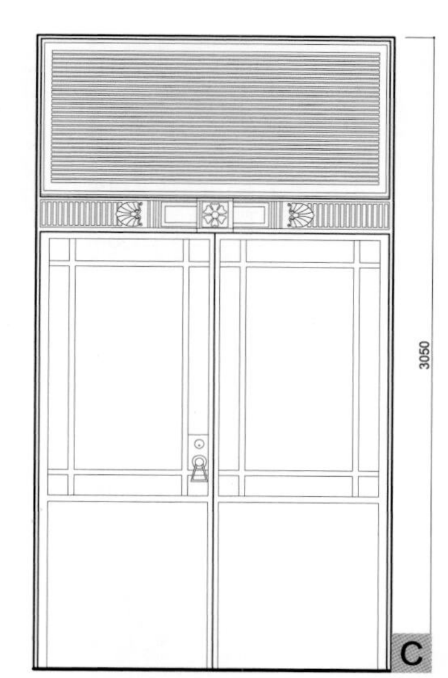

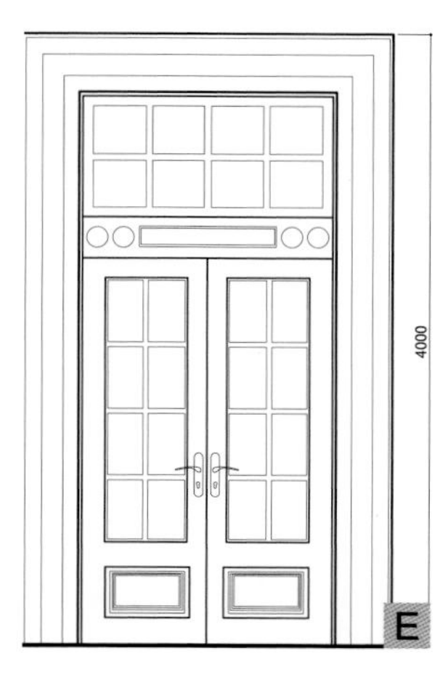

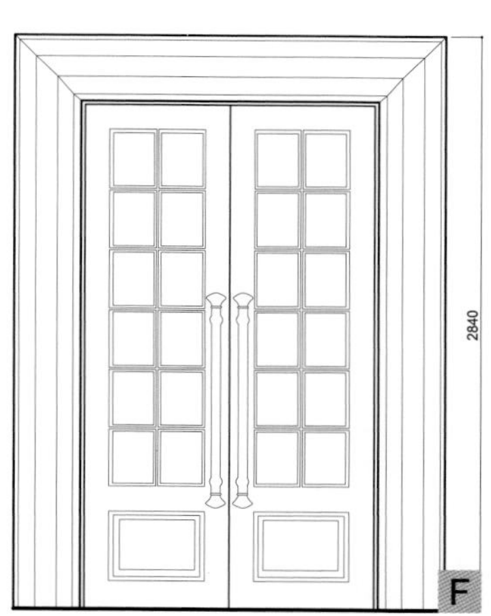

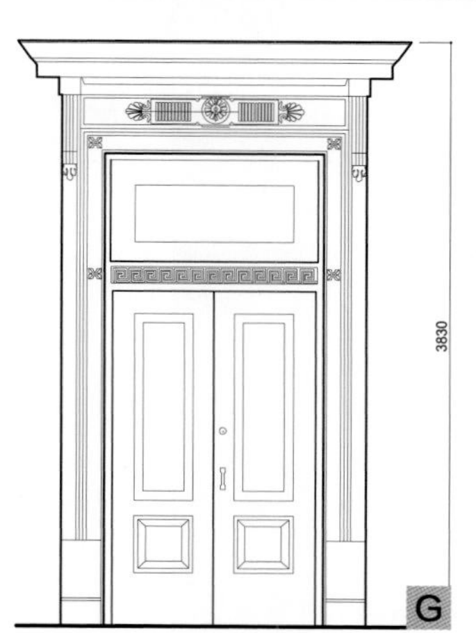

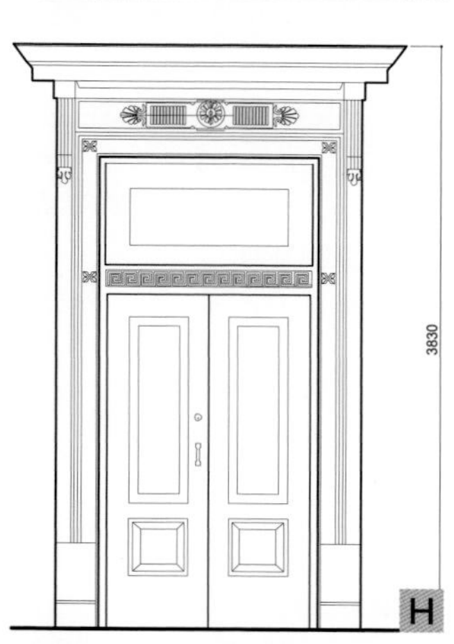

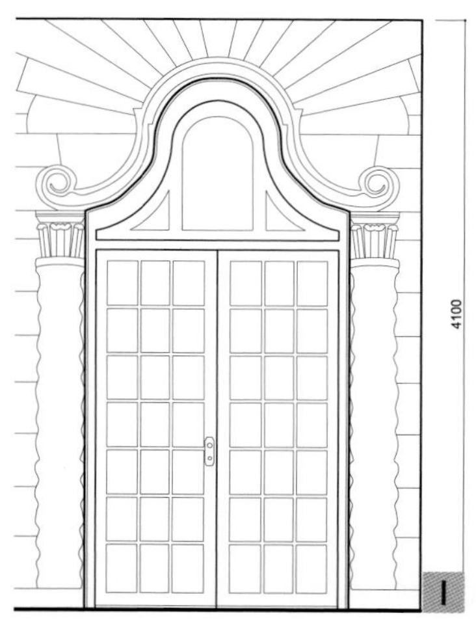

图7、8、图G、H 太阳公寓 | 威海路 651、665 弄 | 木、玻璃

图9、图I 上生新所 | 原哥伦比亚总会 | 延安西路 1262 号 | 木、玻璃

图10、图J 爱建公司 | 原银行公会大楼 | 香港路 59 号 | 木、玻璃

图11 安培洋行 | 圆明园路 97 号 | 木、玻璃

图12 外滩史陈列室 | 原外滩信号台 | 中山东二路 1 号甲 | 铜、木、玻璃

图13 外滩华尔道夫酒店 | 原上海总会 | 中山东一路 2 号 | 木、玻璃

1

2

3

4

5

6

7

8

9

图1、图A 上海历史博物馆 | 原跑马总会 | 南京西路 325 号 | 钢、玻璃

图2、3、图B、C 上海历史博物馆 | 原跑马总会 | 南京西路 325 号 | 木、玻璃

图4、图D 光大银行 | 原东方汇理银行 | 中山东一路 29 号 | 木、玻璃

图5、图E 花园饭店 | 原法国总会馆 | 茂名南路 58 号 | 铜、玻璃

图6、图F 花园饭店 | 原法国总会馆 | 茂名南路 58 号 | 木、玻璃

图7、图G 交通银行 | 原金城银行 | 江西中路 200 号 | 铜、玻璃

图8、9、图H、I 上海邮政总局 | 北苏州河路 250 号 | 木、玻璃

图10 太阳公寓 | 威海路 651、665 弄 | 木、玻璃

1

2

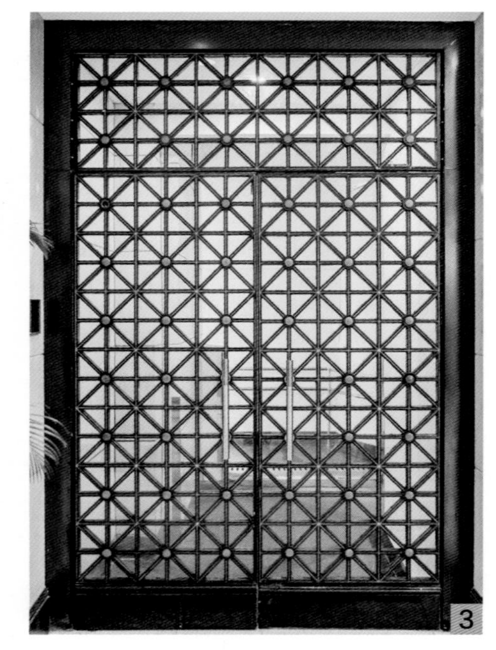
3

4

5

6

7

8

图1、图A 马勒别墅酒店｜原马勒住宅｜陕西南路 30 号｜钢、玻璃

图2、图B 瑞金宾馆某楼｜原瑞金二路住宅｜瑞金二路 18 号｜木、玻璃

图3、图C 锦江宾馆北楼｜原华懋公寓｜长乐路 109 号｜铜、玻璃

图4、图D 建业里嘉佩乐酒店｜原建业里｜建国西路 440 弄｜木、玻璃

图5、图E 邬达克纪念馆｜原邬达克住宅｜番禺路 135 号｜木、玻璃

图6、图F PRADA 展示中心｜原荣氏花园住宅｜陕西北路 186 号｜木、玻璃

图7、图G 少儿图书馆｜原切尔西住宅｜南京西路 962 号｜钢、玻璃

图8、图H 中一大楼｜原中一信托公司｜北京东路 270 号｜铜、玻璃

1

2

3

4

5

6

7

8

9

10

11

12

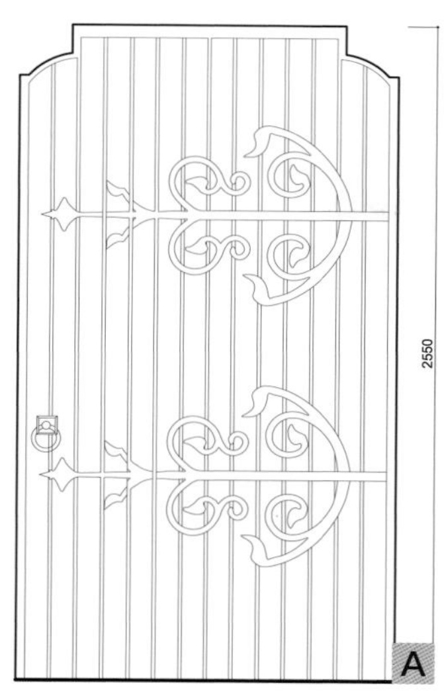

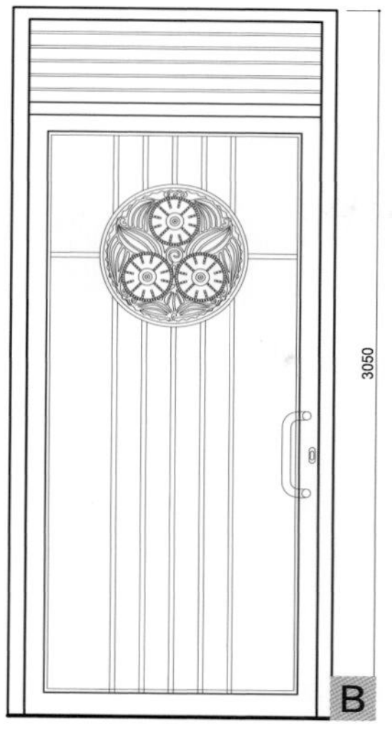

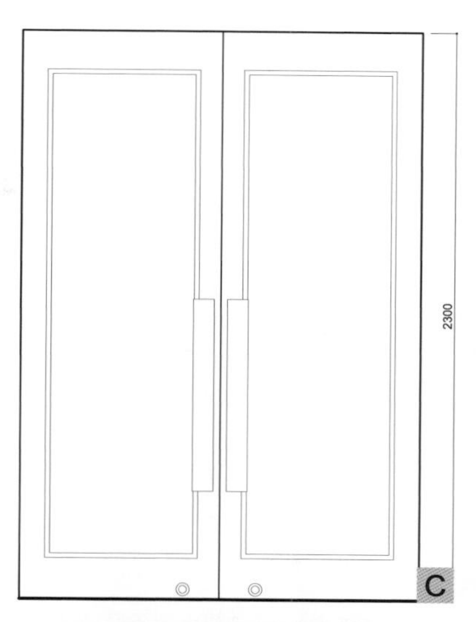

图 1、图 A 徐家汇天主堂 | 徐家汇浦西路 158 号 | 木

图 2、图 B 茂名公寓 | 原峻岭公寓 | 茂名南路 65-125 号 | 铜、玻璃

图 3、5、图 C、E 益丰外滩源 | 原益丰洋行 | 北京东路 31-91 号 | 铜、玻璃

图 4、图 D 自由公寓 | 五原路 258 号 | 木、玻璃

图 6、图 F 贝轩大公馆 | 原贝宅 | 北京西路 1301 号 | 木、玻璃

图 7 马勒别墅酒店 | 原马勒住宅 | 陕西南路 30 号 | 木、玻璃

图 8 马勒别墅酒店 | 原马勒住宅 | 陕西南路 30 号 | 钢、玻璃

图 9 外滩史陈列室 | 原外滩信号台 | 中山东二路 | 木、玻璃

图 10 PRADA 展示中心 | 原荣氏花园住宅 | 陕西北路 186 号 | 木、玻璃

图 11 PRADA 展示中心 | 原荣氏花园住宅 | 陕西北路 186 号 | 木、玻璃

图 12 广学大楼 | 虎丘路 128 号 | 铜、玻璃

图 13 安福路某住宅 | 木、玻璃砖

图 14 外滩源 1 号 | 原英国领事馆 | 中山东一路 33 号 | 木、玻璃

图 15 上海邮政总局 | 北苏州河路 250 号 | 木

图 16 瑞金宾馆某楼 | 原瑞金二路住宅 | 瑞金二路 18 号 | 木、玻璃

图 17 上海工艺美术博物馆 | 原法租界公董局总董官邸 | 汾阳路 79 号 | 钢、玻璃

图 18 中共二大会址纪念馆 | 原辅德里 625 号 | 老成都北路 7 弄 30 号 | 木

1

2

3

4

5

6

7

8

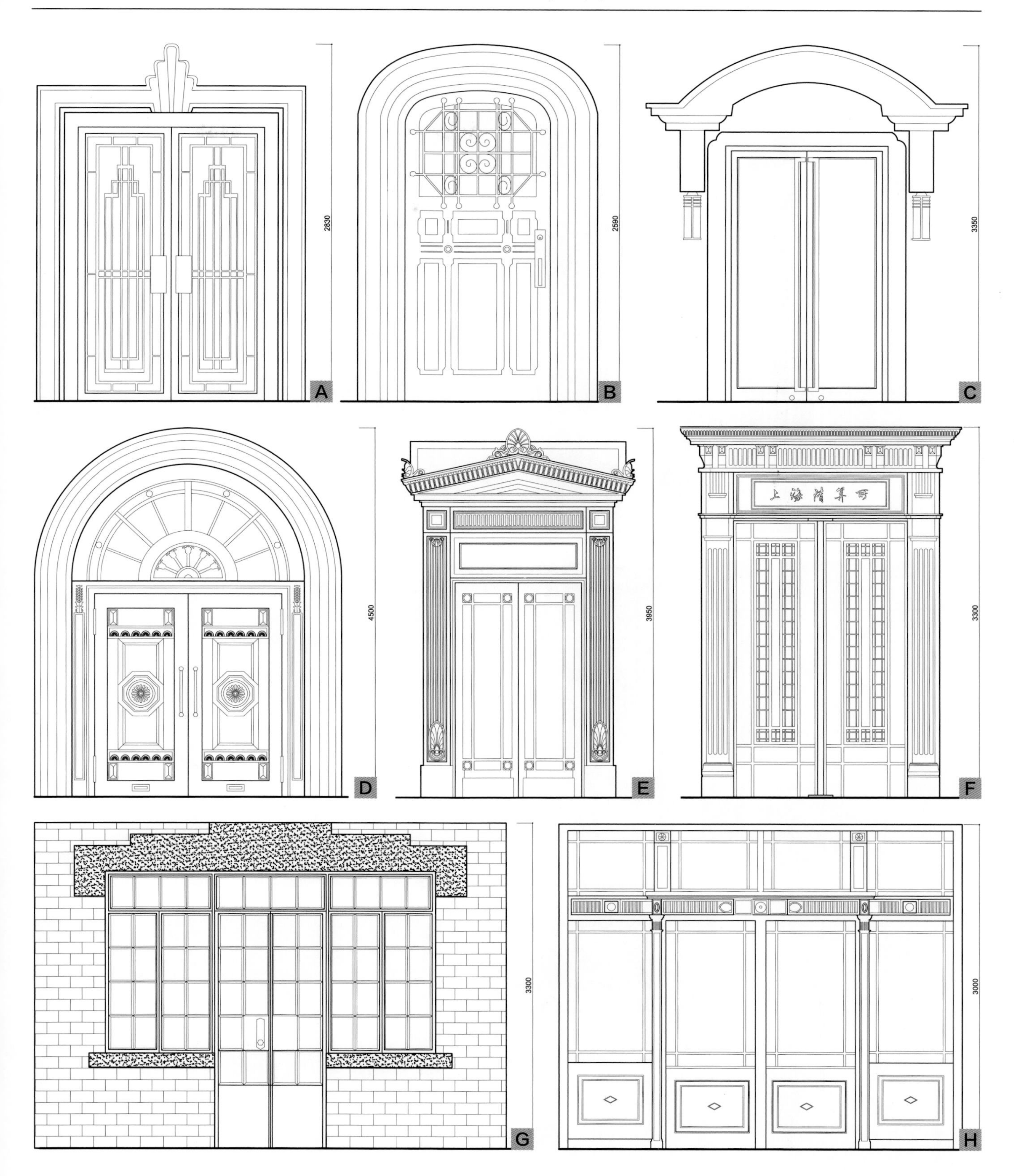

图 1、3、图 A、C 安福路某住宅｜铝合金、玻璃

图 2、图 B 延庆路某住宅｜木、玻璃

图 4、图 D 工务局大楼｜原公共租界工部局｜江西中路 215 号｜铜、玻璃

图 5、图 E 上海海关｜原江海关｜中山东一路 13 号｜铜、玻璃

图 6、图 F 上海清算所｜原格林邮船大楼｜北京东路 2 号｜铜、玻璃

图 7、图 G 浦东洲际酒店别墅｜原中国酒精厂｜世博村 A 地块｜钢、玻璃

图 8、图 H 上海历史博物馆｜原跑马总会｜南京西路 325 号｜钢、玻璃

1

2

3

4

5

6

7

8

9

图1、图A 辞书出版社｜原何东住宅｜陕西北路 457 号｜木、玻璃

图2、图B 金门大酒店｜原华安人寿保险公司｜南京西路 104 号｜铜、玻璃

图3、图C 和平饭店北楼｜原沙逊大厦｜中山东一路 20 号｜铜、玻璃

图4、图D 上海历史博物馆｜原跑马总会｜南京西路 325 号｜木、玻璃

图5、图E 罗斯福大楼｜原怡和洋行｜中山东一路 27 号｜木、玻璃

图6、图F 浦东发展银行｜原汇丰银行大楼｜中山东一路 10 号｜铸铁

图7、图G 浦东发展银行｜原汇丰银行大楼｜中山东一路 10 号｜铜、玻璃

图8、图H 招商局大楼｜中山东一路 9 号｜铜、玻璃

图9、图I PRADA 展示中心｜原荣氏花园住宅｜陕西北路 186 号｜木、玻璃

1

2

3

4

5

6

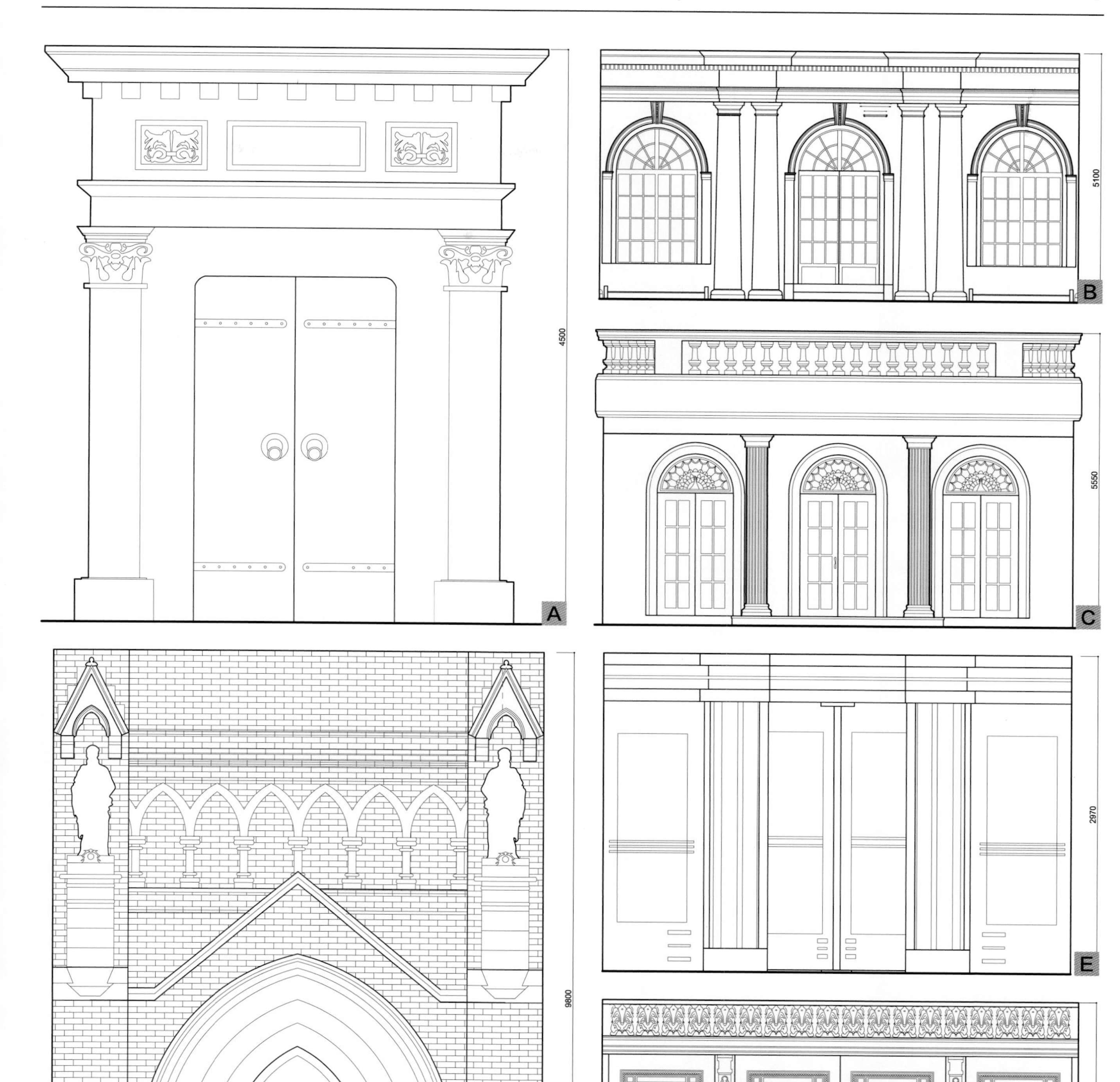

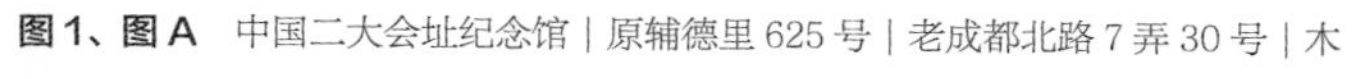

图 1、图 A 中国二大会址纪念馆 | 原辅德里 625 号 | 老成都北路 7 弄 30 号 | 木

图 2、图 B 华东医院南楼 | 原宏恩医院 | 延安西路 221 号 | 钢、玻璃

图 3、图 C 瑞金宾馆某楼 | 原瑞金二路住宅 | 瑞金二路 18 号 | 塑钢、玻璃

图 4、图 D 徐家汇天主堂 | 徐家汇浦西路 158 号 | 木、铸铁

图 5、图 E 上海市总工会 | 原交通银行 | 中山东一路 14 号 | 铜、玻璃

图 6、图 F 上海银行 | 原四行储蓄会大楼 | 四川中路 261 号 | 铜、玻璃

1

2

3

4

5

6

7

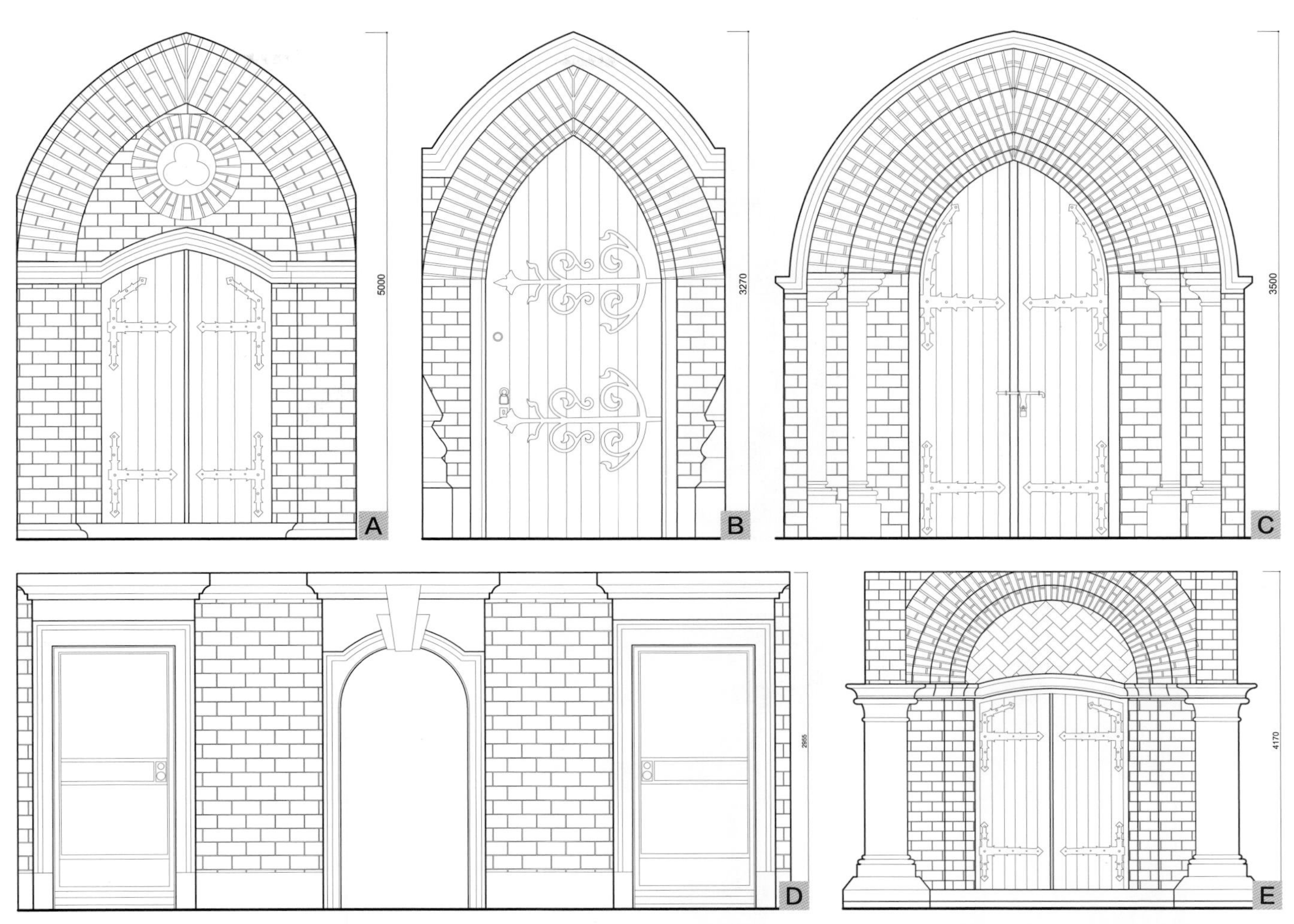

图1、3、5、图A、C、E 圣三一基督教堂 | 九江路 201 号 | 木

图2、图B 徐家汇天主堂 | 徐家汇浦西路 158 号 | 木、铸铁

图4、图D 瑞金宾馆一号楼 | 原瑞金二路住宅 | 瑞金二路 18 号 | 木、玻璃

图6 沐恩堂 | 原基督教慕尔堂 | 西藏中路 316 号 | 木、铸铁

图7 瑞金宾馆一号楼 | 原瑞金二路住宅 | 瑞金二路 18 号 | 钢、玻璃

图8 外滩源 1 号 | 原英国领事馆 | 中山东一路 33 号 | 木、玻璃

图9 马勒别墅酒店 | 原马勒住宅 | 陕西南路 30 号 | 木、玻璃

1

2

3

4

5

6

7

8

图1 交通银行｜原金城银行｜江西中路200号｜铜、玻璃

图2 中国银行办公楼｜原大清银行｜汉口路50号｜铜、玻璃

图3 花园饭店｜原法国总会｜茂名南路58号｜铜、玻璃

图4 交通银行｜原金城银行｜江西中路200号｜铜、玻璃

图5 都城饭店｜江西中路180号｜铜、铸铁

图6 花园饭店｜原法国总会｜茂名南路58号｜木、玻璃

图7 科学会堂｜原老法国总会｜南昌路47号｜木、玻璃

图8、图13、图15 PRADA展示中心｜原荣氏花园住宅｜陕西北路186号｜木、玻璃

图9、11 邬达克纪念馆｜原邬达克住宅｜番禺路135号｜木、玻璃

图10 太阳公寓｜威海路651、665弄｜木、玻璃

图12 上生新所｜原哥伦比亚总会｜延安西路1262号｜木、玻璃

图14 上海工艺美术博物馆｜原法租界公董局总董官邸｜汾阳路79号｜木、玻璃

图16-18 上海交响乐博物馆｜原花园别墅｜宝庆路3号｜木、玻璃

图19 外滩源1号｜原英国领事馆｜中山东一路33号｜木

图20 基督教青年会宾馆｜原八仙桥基督教青年会｜西藏南路123号｜木、玻璃

图1、7 圣三一基督教堂 | 九江路 201 号 | 木

图2 建业里嘉佩乐酒店 | 原建业里 | 建国西路 440 弄 | 木、玻璃

图3 安福路某住宅 | 木、玻璃

图4 浦东洲际酒店别墅 | 原中国酒精厂 | 世博村 A 地块 | 钢、玻璃

图5 中国二大会址纪念馆石库门 | 原辅德里 625 号 | 老成都北路 7 弄 30 号 | 木

图6 邬达克纪念馆 | 原邬达克住宅 | 番禺路 135 号 | 木、玻璃

图8 益丰外滩源 | 原益丰洋行 | 北京东路 31-91 号 | 铜、玻璃

图9 马勒别墅酒店 | 原马勒住宅 | 陕西南路 30 号 | 木、玻璃

图10 市三女中 | 原中西女中 | 江苏路 155 号 | 木、玻璃

图11 兰心大戏院 | 茂名南路 57 号 | 铜、玻璃

图 12 锦江宾馆北楼 | 原华懋公寓 | 长乐路 109 号 | 铜、玻璃

图 13 中国银行 | 中山东一路 23 号 | 木、玻璃

图 14 上海邮政总局 | 北苏州河路 250 号 | 木、玻璃

图 15 金门大酒店 | 原华安人寿保险公司 | 南京西路 104 号 | 铜、玻璃

图 16 上海交响乐博物馆 | 原花园别墅 | 宝庆路 3 号 | 木、玻璃

图1、5、图A、E　金门大酒店｜原华安人寿保险公司｜南京西路104号｜木、玻璃

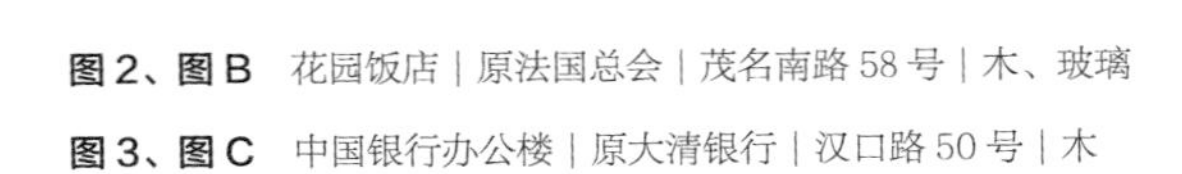

图2、图B　花园饭店｜原法国总会｜茂名南路58号｜木、玻璃

图3、图C　中国银行办公楼｜原大清银行｜汉口路50号｜木

图4、15、图D、O 科学会堂｜原老法国总会｜南昌路47号｜木、玻璃

图6-8、图F-H 上海历史博物馆｜原跑马总会｜南京西路325号｜木、玻璃

图9、图I 马勒别墅酒店｜原马勒住宅｜陕西南路30号｜木、玻璃

图10、图J PRADA展示中心｜原荣氏花园住宅｜陕西北路186号｜木、玻璃

图11、13、图K、M 罗斯福大楼｜原怡和洋行｜中山东一路27号｜木、玻璃

图12、图L 罗斯福大楼｜原怡和洋行｜中山东一路27号｜木

图14、图N 罗斯福大楼｜原怡和洋行｜中山东一路27号｜木、石材

图16、图P 中国银行办公楼｜原大清银行｜汉口路50号｜木

1

2

3

4

5

6

7

8

9

10

11

12

13

14

15

16

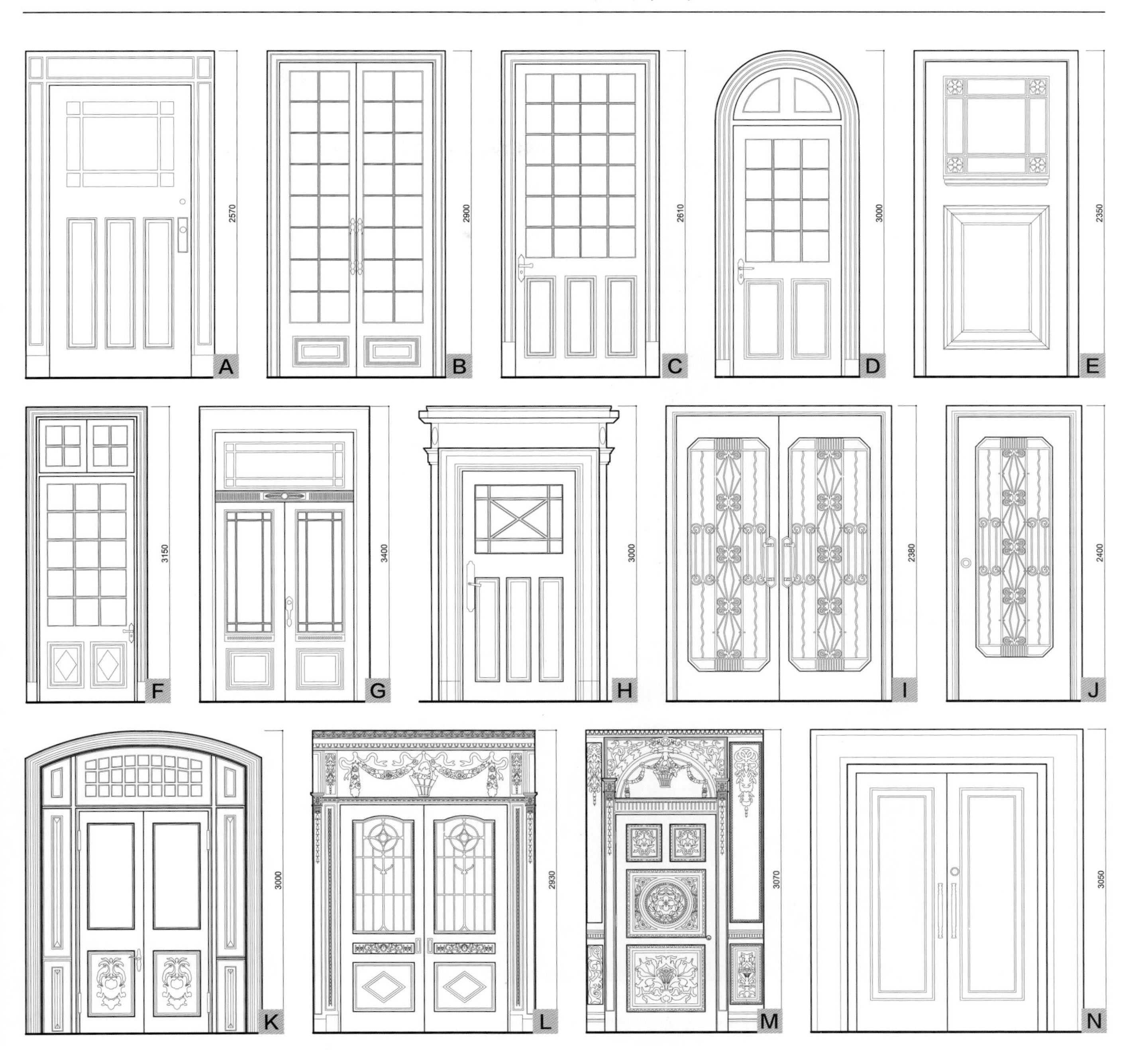

图1、图A 罗斯福大楼｜原怡和洋行｜中山东一路27号｜木、玻璃

图2-4、图B-D 科学会堂｜原老法国总会｜南昌路47号｜木、玻璃

图5、7、图E、G 上海历史博物馆｜原跑马总会｜南京西路325号｜木、玻璃

图6、图F 科学会堂｜原老法国总会｜南昌路47号｜木、玻璃

图8、图H 罗斯福大楼｜原怡和洋行｜中山东一路27号｜木、玻璃

图9、10、图I、J 和平饭店北楼｜原沙逊大厦｜中山东一路20号｜木、玻璃

图11、12、图K、L PRADA展示中心｜原荣氏花园住宅｜陕西北路186号｜木、玻璃

图13、图M PRADA展示中心｜原荣氏花园住宅｜陕西北路186号｜木

图14、图N 上海清算所｜原格林邮船大楼｜北京东路2号｜木、玻璃

图15 市三女中｜原中西女中｜江苏路155号｜木

图16 上海清算所｜原格林邮船大楼｜北京东路2号｜木、玻璃

1

2

3

4

5

6

7

8

9

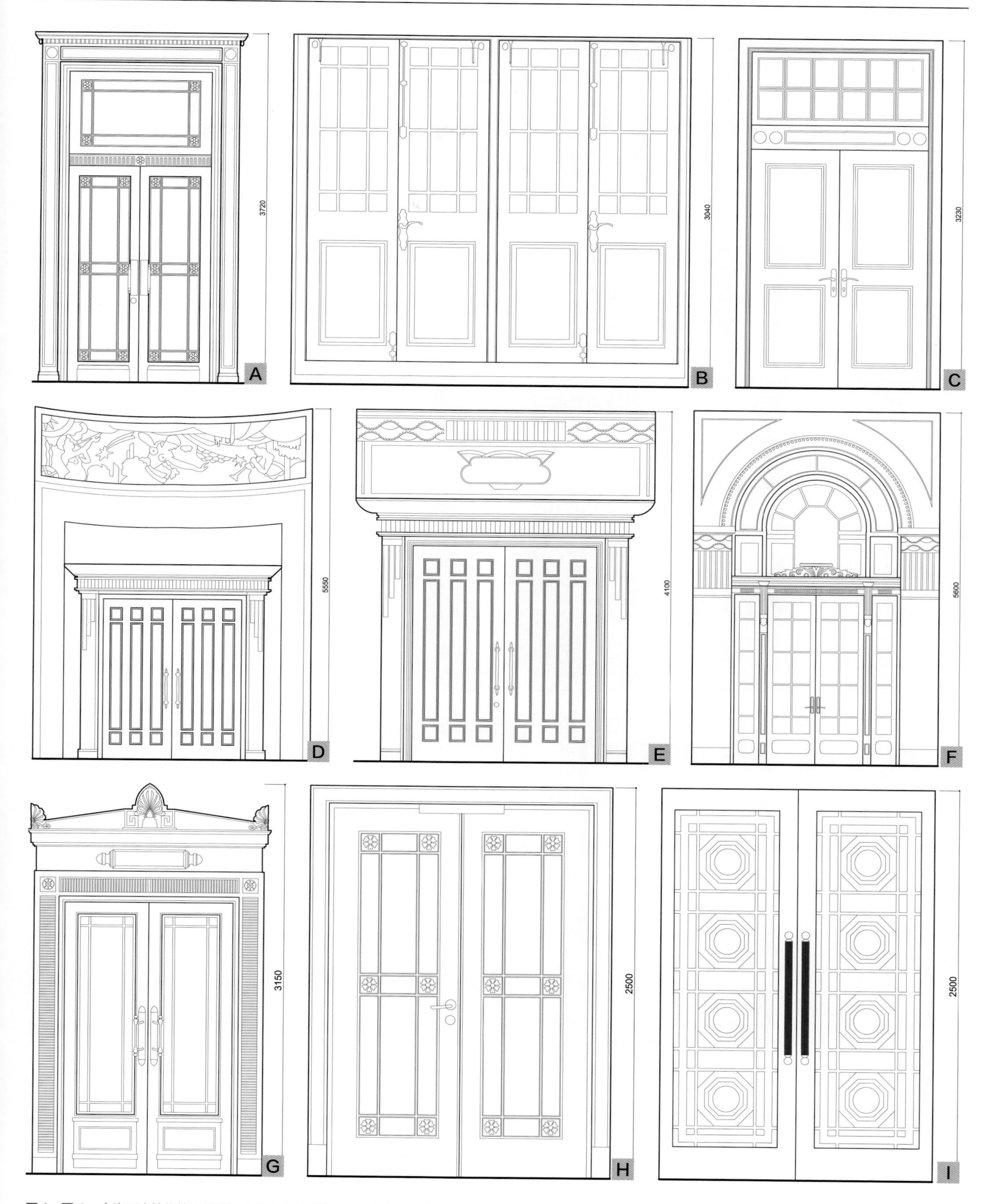

图1、图A 上海历史博物馆｜原跑马总会｜南京西路 325 号｜木、玻璃

图2、图B PRADA 展示中心｜原荣氏花园住宅｜陕西北路 186 号｜木、玻璃

图3、图C 外滩源 1 号｜原英国领事馆｜中山东一路 33 号｜木、玻璃

图4-6、图D-F 花园饭店｜原法国总会｜茂名南路 58 号｜木、玻璃

图7、图G 浦东发展银行｜原汇丰银行大楼｜中山东一路 10 号｜铜、玻璃

图8、图H 上海历史博物馆｜原跑马总会｜南京西路 325 号｜铜、玻璃

图9、图I 上海清算所｜原格林邮船大楼｜北京东路 2 号｜铜

1

2

3

4

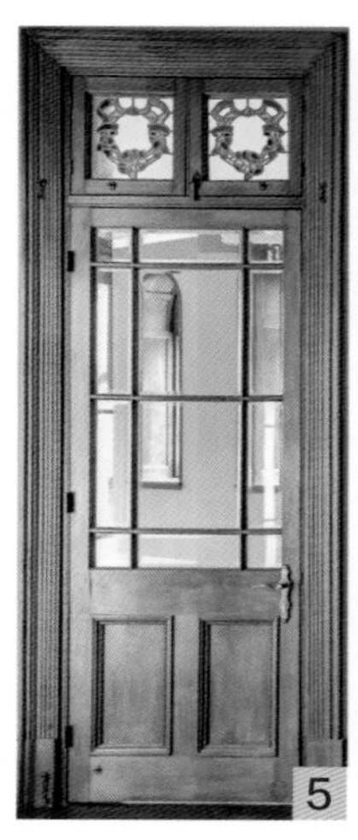
5

6

7

8

9

10

11

12

13

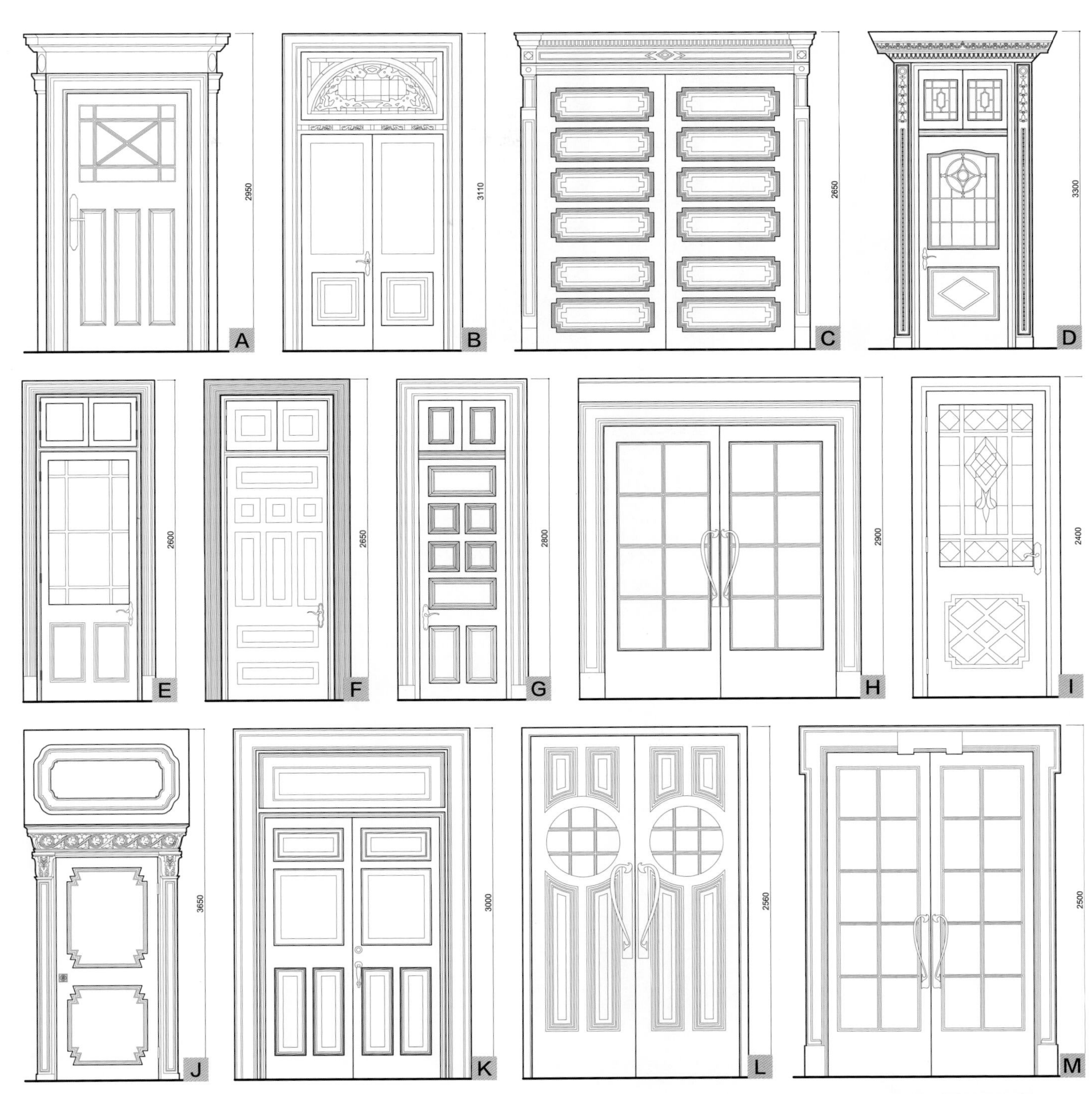

图1、图A 罗斯福大楼｜原怡和洋行｜中山东一路27号｜木、玻璃

图2、4、5、7、图B、D、E、G PRADA展示中心｜原荣氏花园住宅｜陕西北路186号｜木、玻璃

图3、6、图C、F PRADA展示中心｜原荣氏花园住宅｜陕西北路186号｜木

图8、12、13、图H、L、M 外滩华尔道夫酒店｜原上海总会｜中山东一路2号｜木、玻璃

图9、图I 马勒别墅酒店｜原马勒住宅｜陕西南路30号｜木、玻璃

图10、图J 上海银行｜原四行储蓄会大楼｜四川中路261号｜木

图11、图K 瑞金宾馆某楼｜原瑞金二路住宅｜瑞金二路18号｜木

图14、图N 外滩源1号｜原英国领事馆｜中山东一路33号｜木

图1、图A 中国银行 | 中山东一路 23 号 | 铜、玻璃

图2、图B 中国银行 | 中山东一路 23 号 | 木、玻璃

图3、8、图C、H 马勒别墅酒店 | 原马勒住宅 | 陕西南路 30 号 | 木、玻璃

图4、图D 扬子饭店 | 汉口路 740 号 | 木

图5、图E 和平饭店南楼 | 原汇中饭店 | 中山东一路 19 号 | 木

图6、图F 邬达克纪念馆 | 原邬达克住宅 | 番禺路 135 号 | 木

图7、图G 长宁区少年宫 | 原王伯群住宅 | 愚园路 1136 弄 31 号 | 木、玻璃

图9、图I 马勒别墅酒店 | 原马勒住宅 | 陕西南路 30 号 | 钢、玻璃

图10、图J 宋家老宅 | 陕西北路 369 号 | 木、玻璃

图11、图K 上海昆剧团 | 原警察总会与海陆军人之家 | 绍兴路 9 号 | 木

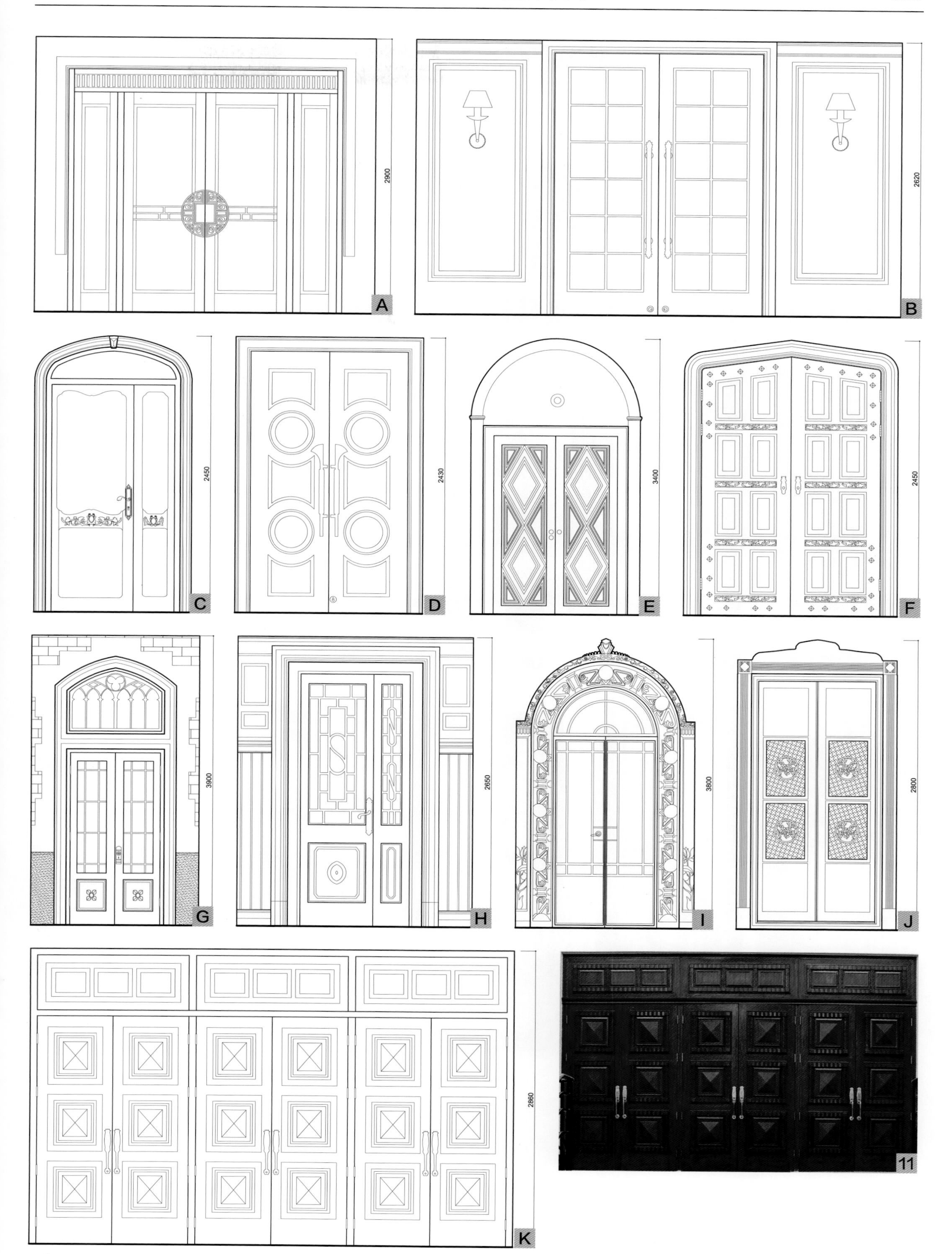
2900
A
2620
B
2450
C
2430
D
3400
E
2450
F
3900
G
2650
H
3800
I
2800
J
2860
K
11

1

2

3

4

5

6

7

8

9

10

11

12

13

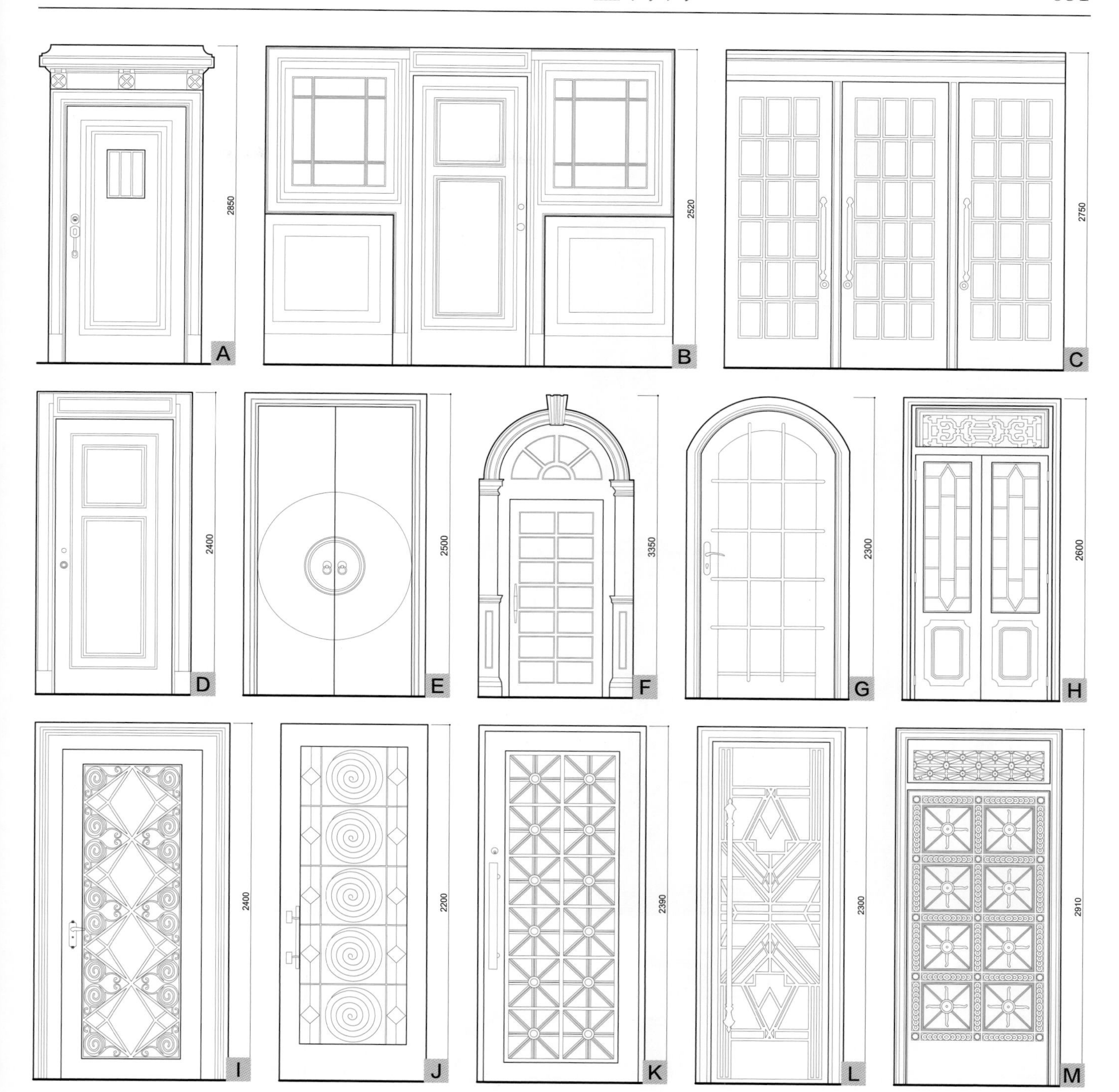

图1、图A 上海清算所｜原格林邮船大楼｜北京东路 2 号｜木、玻璃

图2、4、图B、D 上海市医学会｜原共济会堂｜北京西路 1623 号｜木、玻璃

图3、图C 体育大厦｜原西桥青年会｜南京西路 150 号｜木、玻璃

图5、图E 外滩华尔道夫酒店｜原上海总会｜中山东一路 2 号｜木、玻璃

图6、图F 少儿图书馆｜原切尔西住宅｜南京西路 962 号｜木、玻璃

图7、图G 邬达克纪念馆｜原邬达克住宅｜番禺路 135 号｜木、玻璃

图8、图H 贝轩大公馆｜原贝宅｜北京西路 1301 号｜木、玻璃

图9、10、图I、J 和平饭店北楼｜原沙逊大厦｜中山东一路 20 号｜铜、玻璃

图11、图K 锦江宾馆｜原华懋公寓｜长乐路 109 号｜木、玻璃

图12、图L 百乐门舞厅｜愚园路 218 号｜铜、石材

图13、图M 金门大酒店｜原华安人寿保险公司｜南京西路 104 号｜木、玻璃

1

Coca-Cola
FILM SALON
2

3

4

5

6

7

8

9

10

11

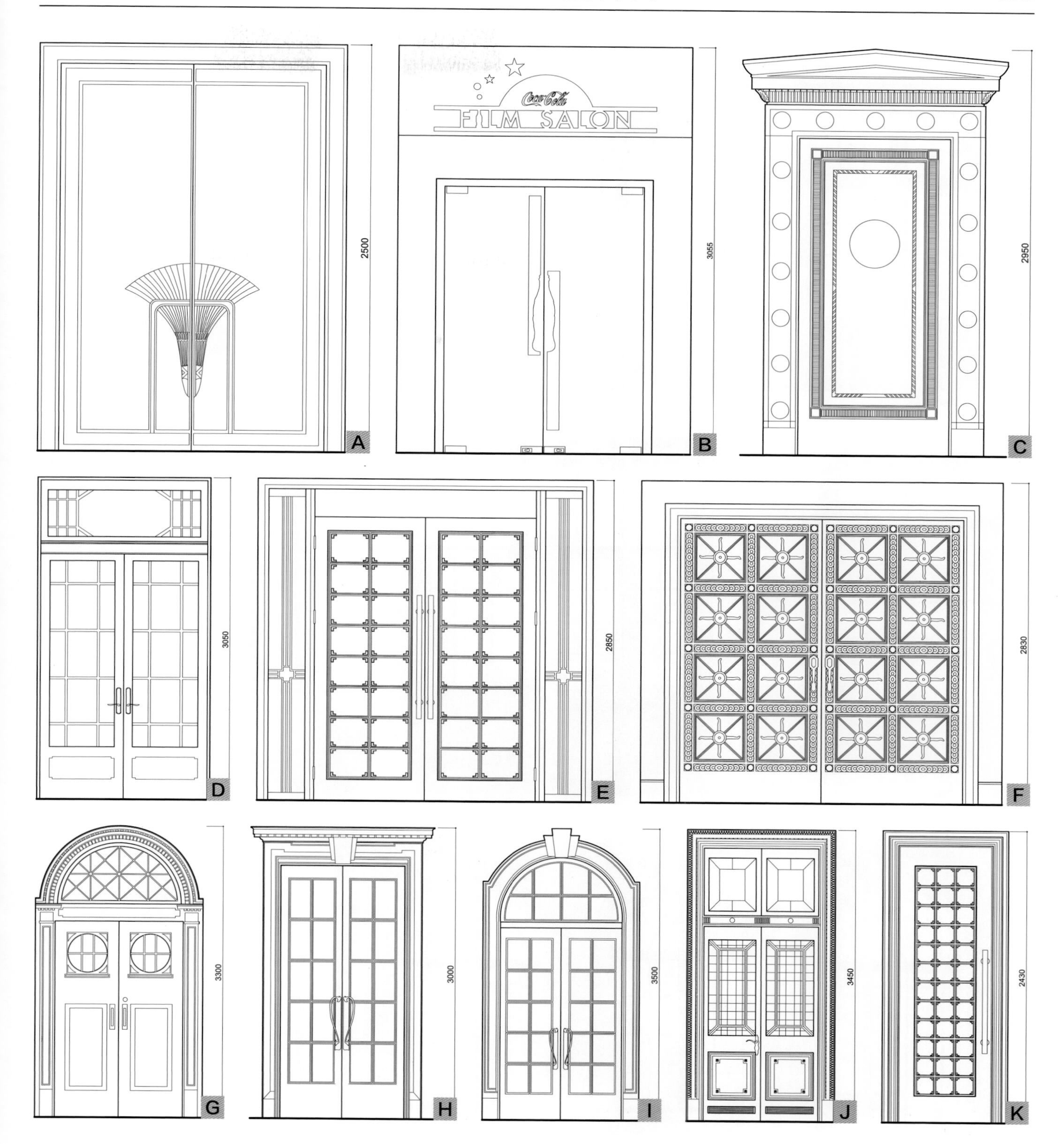

图1、图A 瑞金宾馆某楼｜原瑞金二路住宅｜瑞金二路 18 号｜木

图2、图B 大光明电影院｜原大光明大戏院｜南京西路 216 号｜铜、玻璃

图3、图C 招商银行｜原台湾银行｜中山东一路 16 号｜木、石材

图4、图D 花园饭店｜原法国总会｜茂名南路 58 号｜木、玻璃

图5、图E 中国银行｜中山东一路 23 号｜木、玻璃

图6、图F 金门大酒店｜原华安人寿保险公司｜南京西路 104 号｜木、玻璃

图7、图G 市教育局礼堂｜原西摩会堂｜陕西北路 500 号｜木、玻璃

图8、9、图H、I 外滩华尔道夫酒店｜原上海总会｜中山东一路 2 号｜木、玻璃

图10、图J PRADA 展示中心｜原荣氏花园住宅｜陕西北路 186 号｜木、玻璃

图11、图K 中国银行办公楼｜原大清银行｜汉口路 50 号｜木、玻璃

1

2

3

4

5

6

7

8

图1、2、4、5、图A、B、D、E 科学会堂 | 原老法国总会 | 南昌路 47 号 | 木、玻璃

图7、图G 马勒别墅酒店 | 原马勒住宅 | 陕西南路 30 号 | 钢、玻璃

图3、图C 和平饭店北楼 | 原沙逊大厦 | 中山东一路 20 号 | 木、玻璃

图6、8、图F、H 马勒别墅酒店 | 原马勒住宅 | 陕西南路 30 号 | 木、玻璃

1

2

3

4

5

6

7

8

9

图1、图A 科学会堂｜原老法国总会｜南昌路47号｜木、玻璃

图2、图B 和平饭店南楼｜原汇中饭店｜中山东一路19号｜木

图3、图C 和平饭店北楼｜原沙逊大厦｜中山东一路20号｜铜、玻璃

图4、图D 基督教青年会宾馆｜原八仙桥基督教青年会｜西藏南路123号｜木、玻璃

图5、图E 上海历史博物馆｜原跑马总会｜南京西路325号｜木、玻璃

图6、图F 马勒别墅酒店｜原马勒住宅｜陕西南路30号｜木、玻璃

图7-9、图G-I 外滩华尔道夫酒店｜原上海总会｜中山东一路2号｜木、玻璃

图1、图A 东亚银行 | 原东亚大楼 | 四川中路 299 号 | 木、玻璃

图2、3、10、11、图B、C、J、K 外滩华尔道夫酒店 | 原上海总会 | 中山东一路 2 号 | 木、玻璃

图4、9、图D、I 马勒别墅酒店 | 原马勒住宅 | 陕西南路 30 号 | 木、玻璃

图5、图E 徐家汇天主堂 | 徐家汇浦西路 158 号 | 木、金属

图6、图F 宋家老宅 | 陕西北路 369 号 | 木、玻璃

图7、图G 金门大酒店 | 原华安人寿保险公司 | 南京西路 104 号 | 木、玻璃、石材

图8、图H 科学会堂 | 原老法国总会 | 南昌路 47 号 | 木、石材、玻璃

图12 外滩华尔道夫酒店 | 原上海总会 | 中山东一路 2 号 | 木、玻璃

图 13 市三女中 | 原中西女中 | 江苏路 155 号 | 木、玻璃

图 14 交通银行 | 原金城银行 | 江西中路 200 号 | 铜、玻璃

1

2

3

4

5

6

7

8

9

10

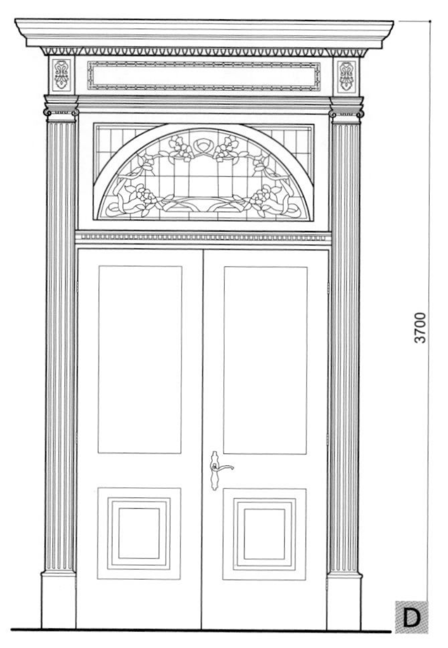

图1、2、图A、B 外滩华尔道夫酒店｜原上海总会｜中山东一路2号｜木、玻璃

图3、图C 和平饭店北楼｜原沙逊大厦｜中山东一路20号｜木、玻璃、金属

图4、图D PRADA展示中心｜原荣氏花园住宅｜陕西北路186号｜木、玻璃

图5、图E 瑞金宾馆某楼｜原瑞金二路住宅｜瑞金二路18号｜木

图6、图F 科学会堂｜原老法国总会｜南昌路47号｜木、玻璃

图7 上海交响乐博物馆｜原花园别墅｜宝庆路3号｜木、玻璃

图8 PRADA展示中心｜原荣氏花园住宅｜陕西北路186号｜木、玻璃

图9 市三女中｜原中西女中｜江苏路155号｜铜、玻璃

图10 上海历史博物馆｜原跑马总会｜南京西路325号｜木、玻璃

图11 交通银行｜原金城银行｜江西中路200号｜木、石材

图12 市三女中｜原中西女中｜江苏路155号｜木、玻璃

图 1 交通银行 | 原金城银行 | 江西中路 200 号 | 木、石材

图 2 交通银行 | 原金城银行 | 江西中路 200 号 | 木、石材、玻璃

图 3 上海交响乐博物馆 | 原花园别墅 | 宝庆路 3 号 | 木、玻璃

图 4 市三女中 | 原中西女中 | 江苏路 155 号 | 木、玻璃

图 5 PRADA 展示中心 | 原荣氏花园住宅 | 陕西北路 186 号 | 木

图 6 上海工艺美术博物馆 | 原法租界公董局总董官邸 | 汾阳路 79 号 | 木

图 7、8、9 市三女中 | 原中西女中 | 江苏路 155 号 | 木、玻璃

图 10、12 PRADA 展示中心 | 原荣氏花园住宅 | 陕西北路 186 号 | 木、玻璃

图 11 PRADA 展示中心 | 原荣氏花园住宅 | 陕西北路 186 号 | 木、玻璃

图 13 市三女中 | 原中西女中 | 江苏路 155 号 | 木

图 14 上海银行 | 原四行储蓄会大楼 | 四川中路 261 号 | 铜、玻璃

图 15 上海交响乐博物馆 | 原花园别墅 | 宝庆路 3 号 | 木、玻璃

图 16 圣三一基督教堂 | 九江路 201 号 | 木

图 1　浦东发展银行｜原汇丰银行大楼｜中山东一路 10-12 号｜石材

图 2、3、5、8　圣三一基督教堂｜九江路 201 号｜砖、石材

图 4　沐恩堂｜原基督教慕尔堂｜西藏中路 316 号｜砖、石材

图 6　安培洋行｜圆明园路 97 号｜混凝土、砖

图 7　华业大楼｜原华业公寓｜陕西北路 175 号｜铸铁

图 9　徐家汇天主堂｜徐家汇浦西路 158 号｜砖、石材

图 10、12　市三女中｜原中西女中｜江苏路 155 号｜混凝土、石材

图 11　科学会堂｜原法国总会（老）｜南昌路 47 号｜木、布

图 13　长宁区少年宫｜原王伯群住宅｜愚园路 1136 弄 31 号｜混凝土、石材

图 14、15　外滩华尔道夫酒店｜原上海总会｜中山东一路 2 号｜木

图 16　和平饭店北楼｜原沙逊大厦｜中山东一路 20 号｜石材

10

11

12

13

14

15

16

图1 马勒别墅酒店｜原马勒住宅｜陕西南路 30 号｜木

图2 交通银行｜原金城银行｜江西中路 200 号｜石材

图3 外滩 18 号｜原麦加利银行｜中山东一路 18 号｜混凝土、石材

图4 百乐门舞厅｜愚园路 218 号｜石材

图5 中国银行办公楼｜原大清银行｜汉口路 50 号｜石材、金属

图6 华东医院南楼｜原宏恩医院｜延安西路 221 号｜石材

图7 百乐门舞厅｜愚园路 218 号｜石材

图 8 锦江宾馆｜原华懋公寓｜长乐路 109 号｜金属、石材

图 9 外滩华尔道夫酒店｜原上海总会｜中山东一路 2 号｜金属、木

图 10 益丰外滩源｜原益丰洋行｜北京东路 31-91 号｜金属、石材

图 11 金门大酒店｜原华安人寿保险｜南京西路 104 号｜金属、石材

图 12 中国银行办公楼｜原大清银行｜汉口路 50 号｜金属、石材

图 13 上海信托投资公司｜原大陆银行｜九江路 111 号｜金属、玻璃

图1　九江路邮电局｜原中华邮政储金汇业局｜九江路 36 号｜金属

图2　锦江宾馆｜原华懋公寓｜长乐路 109 号｜金属、石材

图3　外滩华尔道夫酒店｜原上海总会｜中山东一路 2 号｜金属、木

图4　罗斯福大楼｜原怡和洋行｜中山东一路 27 号｜金属、石材

图5　都城饭店｜江西中路 180 号｜金属、石材

图6　基督教青年会宾馆｜原八仙桥基督教青年会｜西藏南路 123 号｜金属、玻璃

图7　市规划院｜原吴同文住宅｜铜仁路 333 号｜木、玻璃

图8　PRADA 展示中心｜原荣氏花园住宅｜陕西北路 186 号｜木、金属

图9　上海银行｜原四行储蓄会大楼｜四川中路 261 号｜金属

02

第二章

窗

窗与门相似的是同样作为建筑墙体上连通室内和室外的开口部构件，但是窗主要作为采光通风及眺望之用。同时窗还起到调节控制阳光、气流、声音以及保温、防火、防水、防盗等围护功能，具有重要的建筑造型及装饰作用。人们在室内伫立于窗旁通过透明的玻璃可以直接观赏室外的自然景色，调节情绪[1]。

窗在满足外观造型、使用功能的基础上，还必须在使用时满足开启灵活、关闭紧密，便于擦洗、保洁、维修等方面的要求。

1. 中式窗

两千多年以前，老子在《道德经》里曾说："凿户牖以为室，当其无，有室之用。故有之以为利，无之以为用。"意思是盖房建屋看得见的实体只是提供的物质条件，看不见的空间才是有用的。直到今天，这一论述依然被一些西方建筑大师视为建筑的基本思想。

牖者，窗户之意。"筑十版之墙，凿八尺之牖"（《韩非子外储说左上》）。今天我们所讲的"窗"在古时仅指天窗，"在墙曰牖，在屋曰窗"（《说文・穴部》）。在当时建筑设窗最主要的作用，还是满足采光照明之需，"开户内日之光，日光不能照幽；凿窗启牖，以助户明也"（《论衡・别通》）。

北宋时期由当时朝廷主管营造事务的将作监李诫编纂的《营造法式》一书，为中国古代最完整的建筑技术专著。《营造法式》中小木作制度部分，详细地阐述了门、窗、格扇、屏风以及其他非结构部件的设计及制作规范，具体说明了构造用料、规格尺寸并附有详细图样[2]。由此，原本偏重实用功能的窗逐渐成为建筑装饰的重点，成为表现建筑人文内涵的重要部位。

自古以来，由门发展而成的窗，随着房屋营造技术的发展，其形式从比较单一逐步走向了多样化。唐代以前以直棂窗为多，固定不能开启，因此功能和造型都受到限制。宋代起开启窗渐多，类型和外观都有很大发展，开始大量使用格子窗，除方格外还有球纹、古钱纹等形式，改进了采光条件，增加了装饰效果。格子窗由格子门演变而来，两者形式相仿，有普通的双扇窗或单扇窗，窗上多为各种形式的木棂格，窗的外形有长方、正方，也有呈圆形、多角形者，窗的造型趋于丰富多彩。

明、清时门窗式样基本承袭宋代做法，在建筑中融入了更多的文化内涵，制作也更加精致细腻，在这个时期的建筑中，属于外檐的窗常见的有槛窗、支摘窗、横披等式样。此时窗户大多是镂空的，起到透光、通风和装饰作用，其特点是此时并未出现窗户的透明面层材料，挡风避雨需要用纸糊解决。原始朴素的纸糊窗有时也能表达一些生活的意趣，清代著名画家郑板桥就是静观月色映照在纸窗上的树影而挥洒出满纸的墨竹传世之作。窗户不只是在建筑中扮演重要角色，还能作为文人墨客与艺术家创意灵感的来源。

明末清初，随着东西方贸易往来和文化交流的频繁，西欧生产的平板玻璃开始在我国出现。当然，因为价格昂贵，最初玻璃用于建筑也仅限于皇宫。乾隆皇帝在未登基之前曾写过一首称赞玻璃窗的诗："西洋奇货无不有，玻璃皎洁修且厚。"描写的是将旧的糊窗纸改换成玻璃之后的新景象和自己的愉悦心情。

由于玻璃技术的出现和发展，玻璃窗的概念可以毫不夸张地被认为是窗户的一场革命，而且随着贸易渠道的扩展延伸，作为工业产品的玻璃迅速扩散，并被广泛接受。特别是近代随着资本主义的兴起，材料科学与技术的进步日新月异，建筑材料技术及建筑营建工艺迅速发展，对窗户乃至整个建筑外立面有了不同以往甚至是全新的认识。

1910年代初期，钢窗传入中国，主要是欧美及日本的产品，集中在上海、广州、天津、大连等沿海口岸开埠较早的一些城市。1925年，上海开始小批量生产钢门窗。新中国成立前的1949年初，也只有20多间作坊式钢窗制作小厂。

中华人民共和国成立后，上海、北京、西安等地建起了较大规模的钢窗生产基地，在工业和民用建筑中得到了广泛的应用。1970年代后期，全国掀起了推广钢窗的高潮，大大推进了钢窗的发展。1980年代是传统钢窗的全盛时期，市场占有率一度(1989年)达到70%。铝合金门窗1970年代后期引入国内，起初只有驻华使馆及少数涉外工程中使用。随着国民经济的高速发展，铝合金门窗也由1980年代初的4个品种、8个系列，发展到现在40多个品种、200多个系列，形成较为完整的铝合金窗体系，确立了支柱产品地位。现代建筑中所用窗的开启形式主要取决于窗扇转动的方式和五金配件的位置。一般分为平开窗、翻窗、旋转窗、推拉窗、滑轴窗、固定窗及百叶窗等。窗的常用材料有木、钢、铝合金及塑钢等。

2. 欧美式窗

欧洲纬度偏北，冬季寒冷。早期的欧洲建筑大多为砖石结构，建筑多用木窗，立面窗洞较小，且普遍习惯使用单扇平开窗，窗造型比较简洁统一。平开窗已成为欧洲的经典设计，欧洲人注重传统与规范，窗型设计风格长期以来变化不大。

美式窗源自欧洲，但对于欧式窗做了适应性的改进。从历史上看，早先美国房屋上的窗户都是木质平开窗，也就是说，它们侧向铰接向外开启。18世纪初，引入了单悬窗和双悬窗。

图 2-001 安培洋行
图 2-002 外滩源 1 号
图 2-003 大清银行
图 2-004 上海金融法院

随后，许多样式的竖向推拉窗逐渐与特定的建筑时期或建筑风格产生了联系。

在美国，钢窗直到 1890 年以后才真正开始流行起来。当时导致木窗演变为钢窗的因素主要有两个：轧制技术的发展使钢窗的批量生产成为可能，这项技术使钢窗的成本与传统木窗相差无几；另外，在波士顿、巴尔的摩、费城和旧金山发生的一系列毁灭性火灾也给人们敲了一记警钟，众多针对工业建筑和多层商业、办公建筑的消防法规被颁布出来。新出现的钢窗价格合理，很快便受到欢迎，并不仅仅是因为它们优异的防火性能，也因为它们是标准化的，非常耐用，而且便于运输。这些品质使得钢窗能在各种类型的建筑中使用，不管是简单的工业和公共建筑还是豪华的商业建筑和公寓大楼。平开窗、提拉窗、中悬窗、外开窗、外推窗以及长条窗的开启方式和通风量各有不同。此外，钢窗清晰纤细的轮廓和优良的性能，促进了装饰艺术、现代艺术以及国际主义风格的建筑设计的进步[3]。

钢窗的广泛应用一直持续到第二次世界大战结束后。1970 年代起物美价廉的、防锈耐用的铝合金窗变得更为流行。如今铝合金窗占据统治地位，但仍然有钢窗在生产。

3. 海派建筑窗

开埠后的上海，新的建筑类型不断涌现，新的建筑材料和新的营建技术的运用，促进了上海近代建筑构造技术的快速提升，海派建筑窗的外观形式及构造技术迅速跟上了时代的步伐。在海派建筑中，多样精彩的窗形纷纷登场，常见的有巴洛克风格、乔治亚风格、新古典主义风格、维多利亚风格、新艺术运动风格、装饰艺术派风格、现代主义建筑风格等形式的窗户，其外观造型、用材特点、细部构造等真正代表了一个时代的经典。

(1) 巴洛克风格窗

海派巴洛克风格窗的窗套比较华丽，窗头有古典细部，有的设置装饰卷涡，也有设拱顶石，中间楼层中部的窗户加上特别精致的装饰，以强调整体的构图中心，大部分是高而窄的比例，大大减少了竖窗棂和横档的数量（图 2-001，图 2-002）。巴洛克风格的圆形及偏心圆形窗也是一种海派窗户的样式。

(2) 乔治亚风格窗

海派乔治亚风格窗台一般有坚固的台式托架，表现了细部朴素而粗犷的线脚（图 2-003，图 2-004）；有的窗型将三个窗户通过中央的山花连成一组，一条较细的线脚形成连续的窗台，更精致的形式是用壁柱及雕刻的栏杆连接起来组成一个整

2-005

2-006

2-007

图 2-005 罗斯福公寓
图 2-006 亚细亚大楼
图 2-007 和平饭店南楼
图 2-008 瑞金宾馆
图 2-009 科学会堂
图 2-010 上海交响乐博物馆
图 2-011 东亚银行
图 2-012 茂名公寓
图 2-013 市总工会大楼
图 2-014 上海昆剧团

2-008

体。老虎窗的形式比较活泼，细部如立面窗型比较讲究，窗头为三角山花或圆弧山花。

(3) 新古典主义风格窗

海派新古典主义风格窗形式通常是窗头设新古典山花，采用石材或木材制作，中央设有拱顶石，外侧设置百叶窗（图 2-005，图 2-006）。更考究的是由新古典壁柱和丰富的线脚雕刻构成窗框。主要楼层的窗户置于有花环和扇形窗的凹拱上。落地式窗户有希腊复兴或罗马复兴风格的线脚，壁柱上有花饰线脚。

(4) 维多利亚风格窗

凸窗是海派维多利亚风格窗户的基本元素，这样的造型允许更多的光线进入室内，给过往的客人或邻居提供一个良好的外部形象，内侧有很深的托座窗台。格子窗越来越朴素简单，窗户采用大块平板玻璃，少量的钢窗已开始使用（图 2-007，图 2-008）。还有一种比较精致平开窗形式，中央窗扇宽，两侧为窄窗扇，用托座支撑有栏杆的阳台。楼梯间和楼梯休息平台的窗户都有彩色玻璃，用来保证私密性，或遮挡不必要的光线。

(5) 新艺术运动风格窗

海派新艺术运动风格窗户除去了传统的外侧装饰框，窗户面积比其他形式窗加大了很多，凹入墙中以突出建筑的体积感。彩色的装饰玻璃比较流行，有的是在玻璃上精心绘制了风景或花鸟，有的是以植物和几何形态为基础的抽象图案（图 2-009，

2-009

图 2-010）。

(6) 装饰艺术派风格窗

海派装饰艺术派风格窗户大多已用钢窗形制，以中央为轴开启，窗扇格子内用不同尺寸的玻璃进行直线组合，窗上部有时采用阳光四射的圆弧形的亮子。同类型窗户中，既有简单的几何形式，也有复杂的装饰艺术派样式（图 2-011，图 2-012）。窗檐是装饰艺术风格中运用几何构成特色的一部分，窗檐边缘与墙壁细部的装饰连在一起，运用色彩对比凸显窗户的魅力。

(7) 现代主义建筑风格窗

海派现代主义建筑风格的大窗户和外墙形成了连续的建筑元素，钢窗已被大量采用，简洁的钢质窗框，精心划分的窗格与建筑立面细节相协调（图 2-013，图 2-014）。横向划分的窗格以及转角角窗是常见的形式，更大面积的落地式窗户成为观景窗，为观赏风景提供了框架（转 148 页继续）。

2-010

2-011

2-012

2-013

2-014

1

2

3

4

5

6

图1、图A 和平饭店北楼｜原沙逊大厦｜中山东一路20号｜铜、玻璃

图2、图B 外滩华尔道夫酒店｜原上海总会｜中山东一路2号｜铜、玻璃

图3 外滩6号｜中山东一路6号｜钢、玻璃

图4 永年人寿保险公司｜广东路93号｜金属、玻璃

图5 浦东发展银行｜原汇丰银行大楼｜中山东一路10号｜钢、玻璃

图6 交通银行｜原金城银行｜江西中路200号｜铜、玻璃

图7 罗斯福大楼｜原怡和洋行｜中山东一路27号｜铜、玻璃

图8 上海邮政总局｜北苏州河路250号｜钢、玻璃

图9 和平饭店南楼｜原汇中饭店｜中山东一路19号｜金属、玻璃

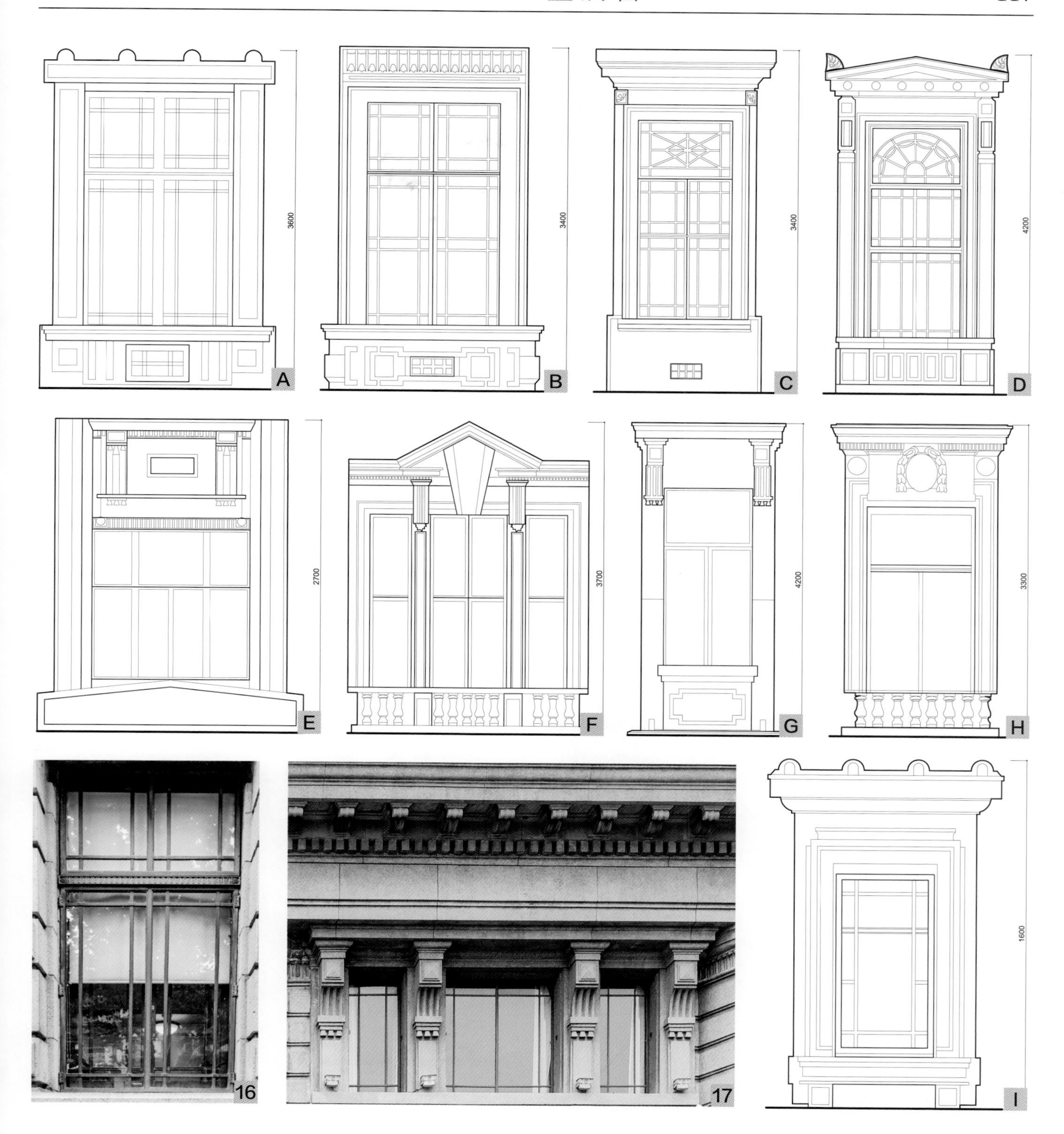

图 1–4、图 A–D 浦东发展银行 | 原汇丰银行大楼 | 中山东一路 10 号 | 钢、玻璃

图 5–8、图 E–H 罗斯福大楼 | 原怡和洋行 | 中山东一路 27 号 | 钢、玻璃

图 9 图 I 浦东发展银行 | 原汇丰银行大楼 | 中山东一路 10 号 | 钢、玻璃

图 10 瑞金宾馆某楼 | 原瑞金二路住宅 | 瑞金二路 18 号 | 塑钢、玻璃

图 11 友邦大厦 | 原字林西报大楼 | 中山东一路 17 号 | 金属、玻璃

图 12 永年人寿保险公司 | 广东路 93 号 | 金属、玻璃

图 13 华东医院南楼 | 原宏恩医院 | 延安西路 221 号 | 钢、玻璃

图 14 盐业大楼 | 原盐业银行 | 北京东路 2 号 | 金属、玻璃

图 15 外滩华尔道夫酒店 | 原上海总会 | 中山东一路 2 号 | 金属、玻璃

图 16 浦东发展银行 | 原汇丰银行大楼 | 中山东一路 10 号 | 钢、玻璃

图 17 上海邮政总局 | 北苏州河路 250 号 | 钢、玻璃

1

2

3

4

5

6

7

8

9

10

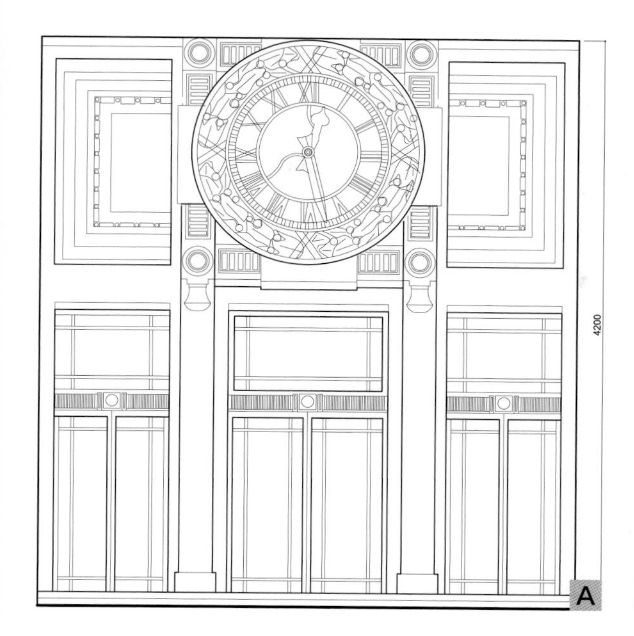

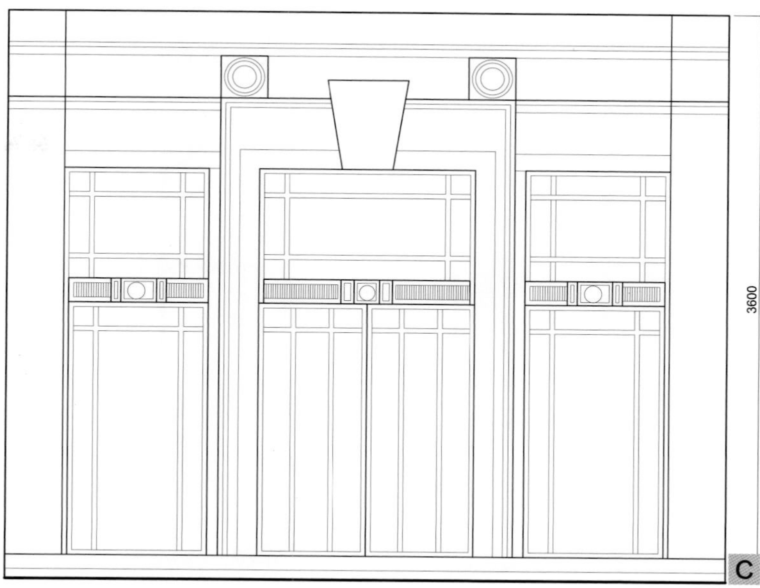

图1、图A 上海历史博物馆｜原跑马总会｜南京西路325号｜钢、玻璃

图2-4、图B-D 上海历史博物馆｜原跑马总会｜南京西路325号｜钢、玻璃

图5 外滩3号｜原有利银行｜中山东一路4号｜金属、玻璃

图6 瑞金宾馆某楼｜原瑞金二路住宅｜瑞金二路18号｜钢、玻璃

图7 和平饭店南楼｜原汇中饭店｜中山东一路19号｜铝合金、玻璃

图8 浦东洲际酒店｜原中国酒精厂｜世博村A地块｜钢、玻璃

图9 上海历史博物馆｜原跑马总会｜南京西路325号｜钢、玻璃

图10 中国银行办公楼｜原大清银行｜汉口路50号｜铝合金、玻璃

1

2

3

4

5

6

7

8

9

图 1-3、图 A-C 罗斯福大楼｜原怡和洋行｜中山东一路 27 号｜钢、玻璃

图 4、图 D 上海清算所｜原格林邮船大楼行｜北京东路 2 号｜钢、玻璃

图 5-9、图 E-I 中国外汇交易中心｜原华俄道胜银行｜中山东一路 15 号｜铸铁

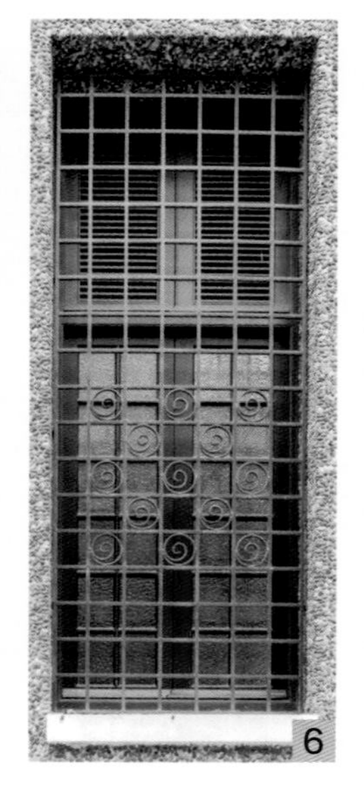

图1–3、图A–C 盘谷银行｜原大北电报局｜中山东一路7号｜铝合金、玻璃

图4、图D 招商银行室｜原台湾银行｜中山东一路16号｜铜、玻璃

图5、图E 外滩18号｜原麦加利银行｜铜、玻璃

图6 科学会堂｜原老法国总会｜南昌路47号｜铸铁

图7 上海金融法院｜原美国花旗银行｜福州路209号｜铸铁

图8–10 上海历史博物馆｜原跑马总会｜南京西路325号｜钢、玻璃

图11 东亚银行｜原东亚大楼｜四川中路299号｜铸铁、玻璃

图12 瑞金宾馆某楼｜原瑞金二路住宅｜瑞金二路18号｜塑钢、玻璃

图13 沐恩堂金｜原基督教慕尔堂楼｜西藏中路316号｜钢、玻璃

图14 上海历史博物馆｜原跑马总会｜南京西路325号｜钢、玻璃

图15 外滩6号｜原中国通商银行｜金属、玻璃

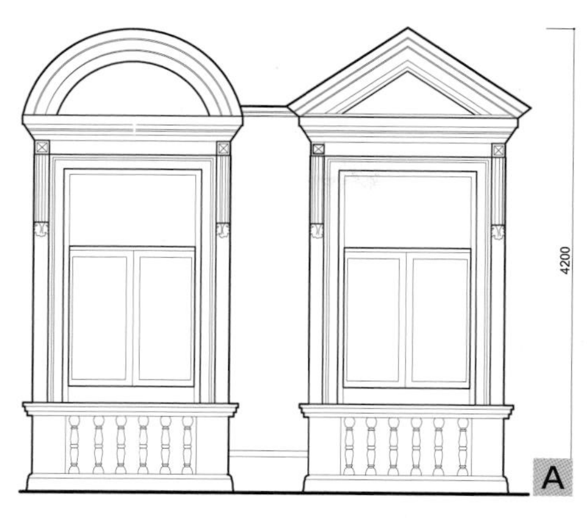
4200
A

3000
B

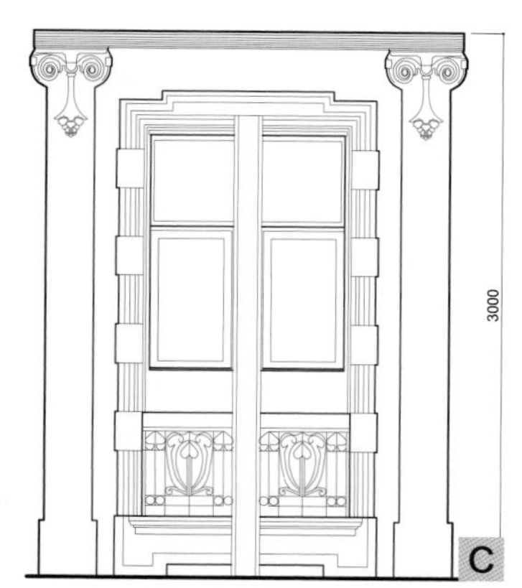
3000
C

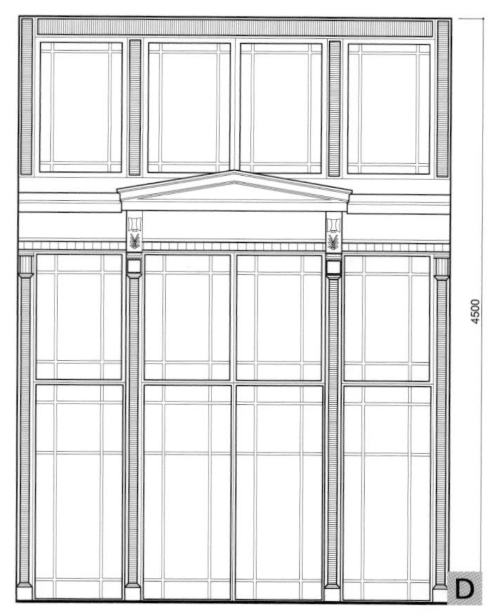
4500
D

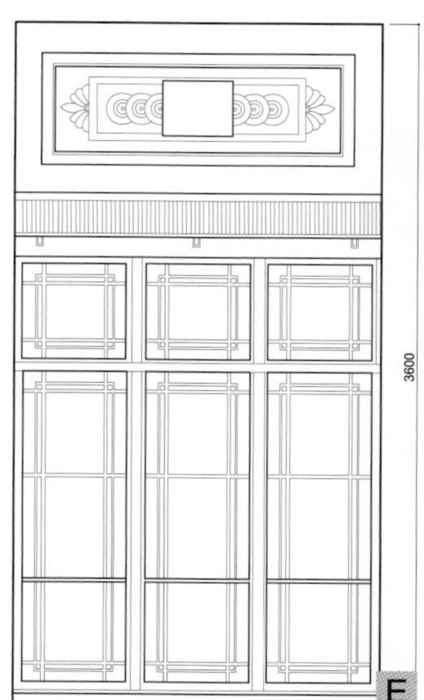
3600
E

12

13

14

15

1

2

3

4

5

6

7

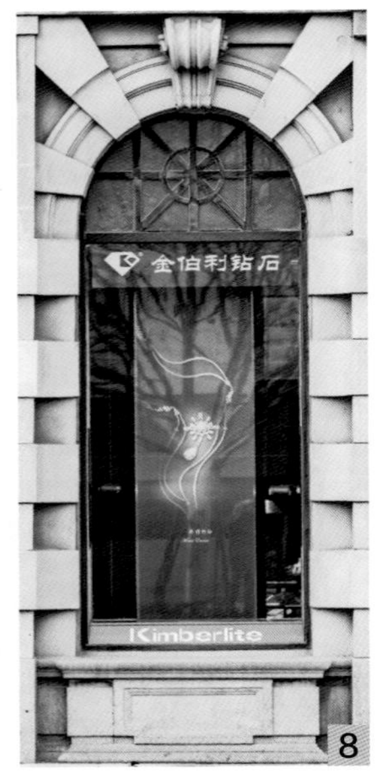

8

图1、图A 友邦大厦｜原字林西报大楼｜中山东一路17号｜钢、玻璃

图2、图B 上海信托投资公司｜原大陆银行｜九江路111号｜铜、玻璃

图3-5、图C-E 盐业大楼｜原盐业银行｜北京东路2号｜铜、玻璃

图6、7、图F、G 外滩3号｜原有利银行｜铝合金、玻璃

图8、图H 外滩3号｜原有利银行｜中山东一路4号｜钢、玻璃

1908

图1-2、图A-B 工商银行｜原横滨正金银行｜中山东一路24号｜钢、玻璃

图3-4、图C-D 工部局大楼｜原横公共租界工部局｜江西中路215｜钢、玻璃

图5、图E 东亚银行｜原东亚大楼｜四川中路299号｜铜、玻璃

图6、图F 光大银行｜原东方汇理银行｜中山东一路29号｜铜、玻璃

图7、图G 上海银行｜原四行储蓄会大楼｜四川中路261号｜钢、玻璃

图8 友邦大厦｜原字林西报大楼｜中山东一路17号｜铜、玻璃

图9 中国银行办公楼｜原大清银行｜汉口路50号｜铝合金、玻璃

图10 上海历史博物馆｜原跑马总会｜南京西路325号｜钢、玻璃

图11、12 和平饭店南楼｜原汇中饭店｜中山东一路19号｜铝合金、玻璃

11

12

1

2

3

4

5

6

7

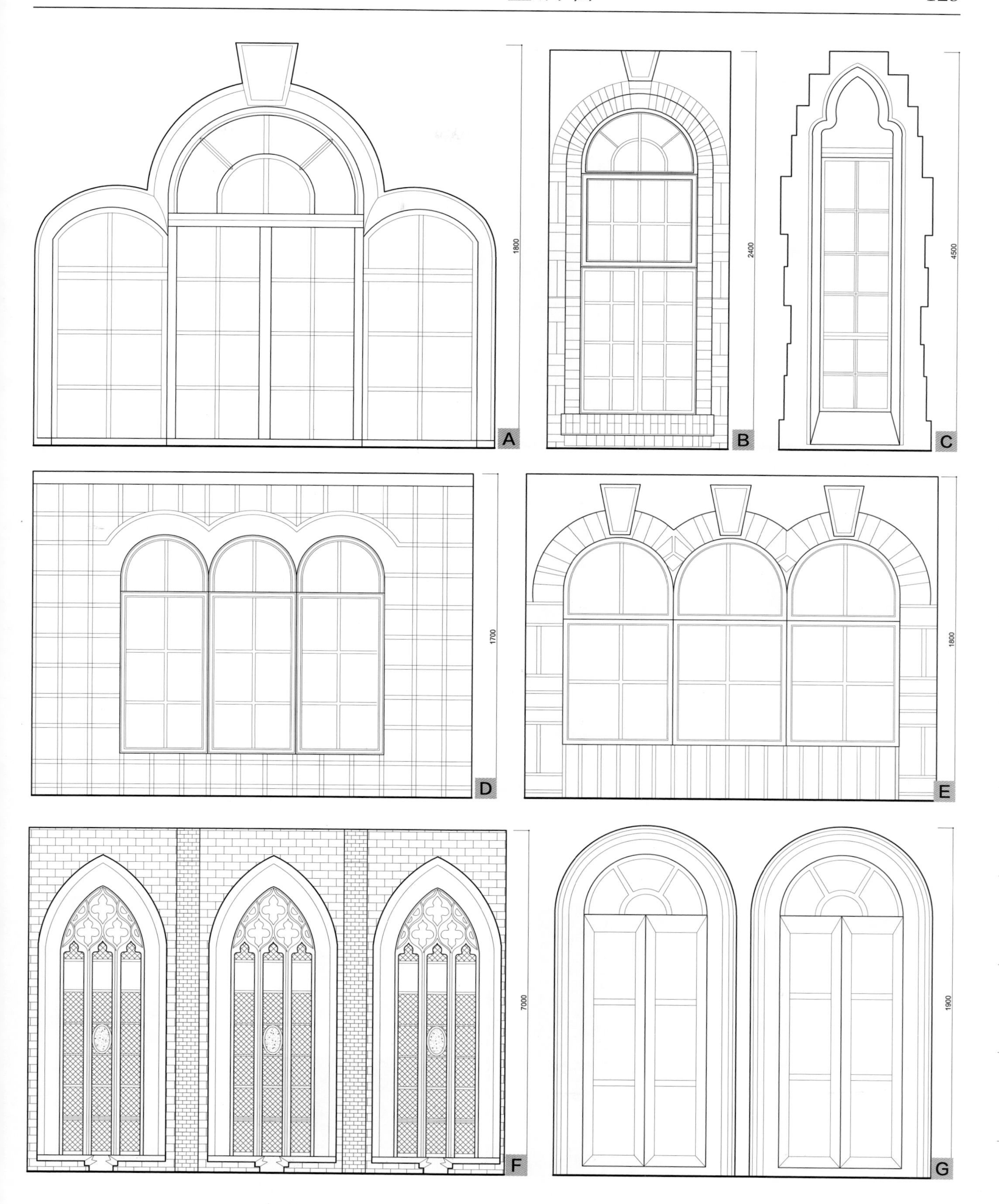

图1、2、4、5、图A、B、D、E 马勒别墅酒店 | 原马勒住宅 | 陕西南路30号 | 钢、玻璃

图3、6、图C、F 沐恩堂 | 原基督教慕尔堂 | 西藏中路316号 | 钢、玻璃

图7、图G 招商局大楼 | 中山东一路9号 | 铝合金、玻璃

1

2

3

4

5

6

7

8

9

10

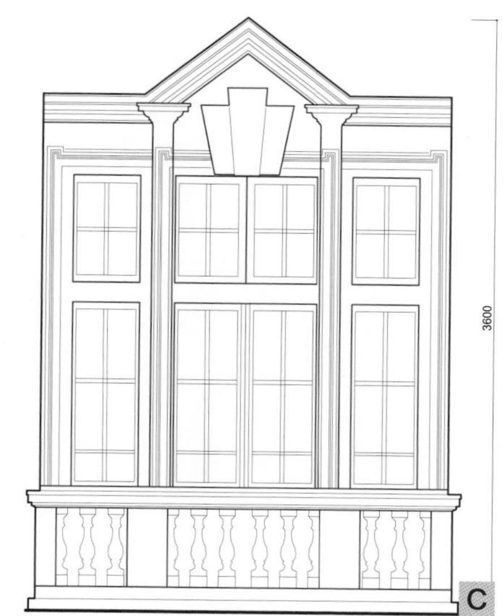

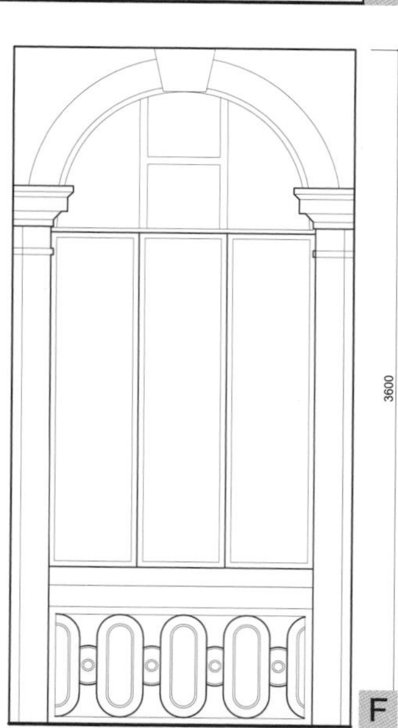

图1–3、图A–C 外滩华尔道夫酒店｜原上海总会｜中山东一路2号｜铜、玻璃

图4、图D 体育大厦｜原西桥青年会｜南京西路150号｜铜、玻璃

图5、图E 亚细亚大楼｜中山东一路1号｜钢、玻璃

图6、图F 瑞金宾馆某楼｜原瑞金二路住宅｜瑞金二路18号｜钢、玻璃

图7 基督教青年会宾馆｜原八仙桥基督教青年会｜西藏南路123号｜钢、玻璃

图8 瑞金宾馆某楼｜原瑞金二路住宅｜瑞金二路18号｜塑钢、玻璃

图9 外滩华尔道夫酒店｜原上海总会｜中山东一路2号｜铸铁、玻璃

图10 上海历史博物馆｜原跑马总会｜南京西路325号｜钢、玻璃

图11、图G 和平饭店南楼｜原汇中饭店｜中山东一路19号｜铜、玻璃

图1、图A 中一大楼 | 原中一信托公司 | 北京东路 270 号 | 钢、玻璃

图2、5、图B、E 涌泉坊 | 愚园路 395 弄 1-24 号 | 钢、玻璃

图3、图C 华联商厦 | 原永安公司 | 南京东路 627-635 号 | 铝合金、玻璃

图4、图D 太阳公寓 | 威海路 651、665 弄 | 铸铁、玻璃

图6 华业公寓 | 陕西北路 175 号 | 铝合金、玻璃

图7 上海信托投资公司 | 原大陆银行 | 九江路 111 号 | 铜、玻璃

图8、图F 瑞金宾馆某楼 | 原瑞金二路住宅 | 瑞金二路 18 号 | 钢、玻璃

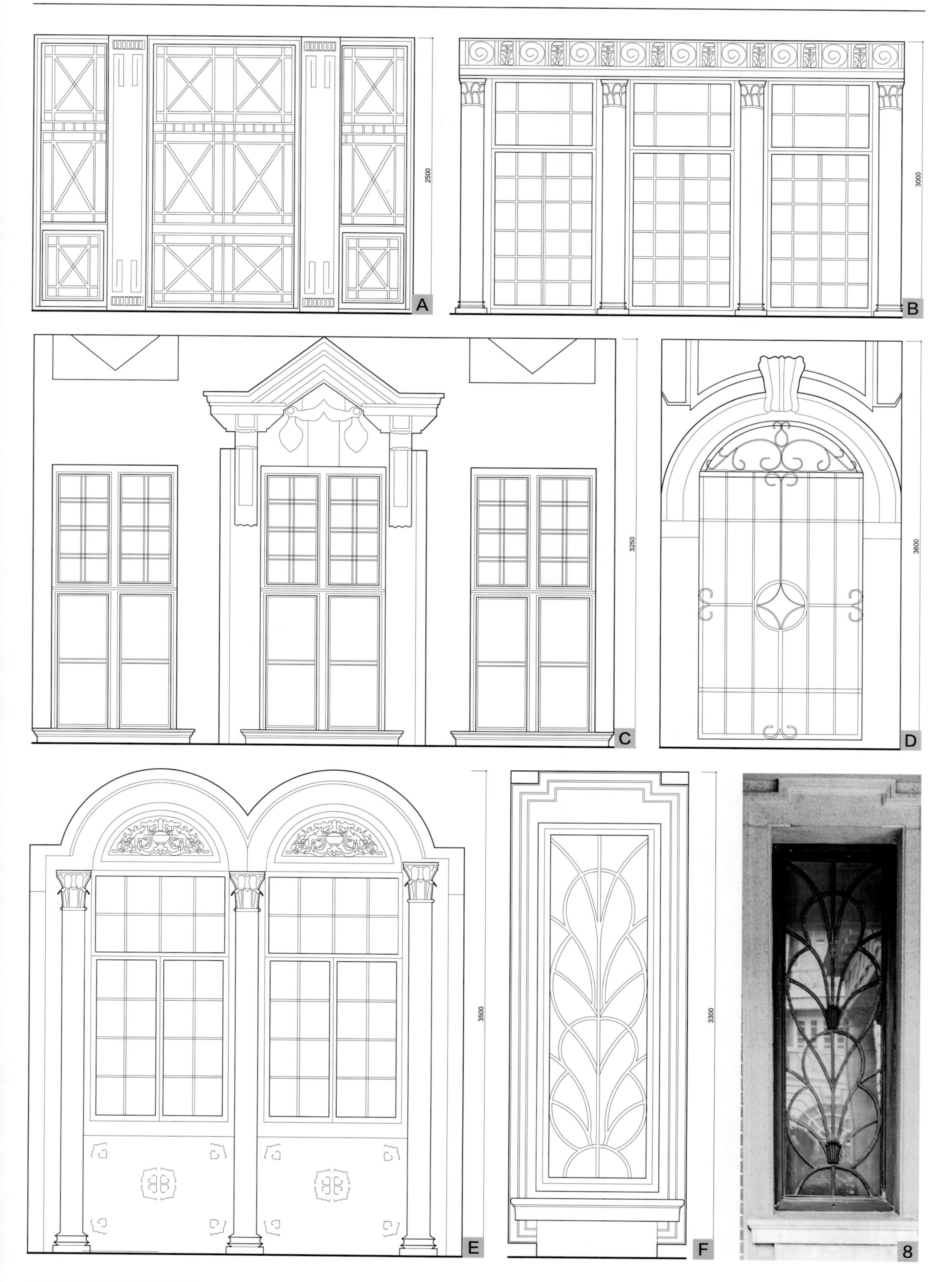
2500
A
3000
B
3250
C
3600
D
3500
E
3300
F
8

衣 帽 间
CLOAK ROOM

图1、2 、图A、B 外滩华尔道夫酒店｜原上海总会｜中山东一路 2 号｜木、玻璃

图3、图C 外滩华尔道夫酒店｜原上海总会｜中山东一路 2 号｜木、玻璃

图4、图D PRADA 展示中心｜原荣氏花园住宅｜陕西北路 186 号｜木、玻璃

图5 科学会堂｜原老法国总会｜南昌路 47 号｜木、玻璃

图6 PRADA 展示中心｜原荣氏花园住宅｜陕西北路 186 号｜木、玻璃

图7 邬达克纪念馆｜原邬达克住宅｜番禺路 135 号｜木、玻璃

图8 市三女中｜原中西女中｜苏路 155 号｜木、玻璃

图9 PRADA 展示中心｜原荣氏花园住宅｜陕西北路 186 号｜木、玻璃

图10 上海工艺美术博物馆｜原法租界公董局总董官邸｜汾阳路 79 号｜木、玻璃

图11 PRADA 展示中心｜原荣氏花园住宅｜陕西北路 186 号｜木、玻璃

1

2

3

4

5

6

7

8

9
10

11
12

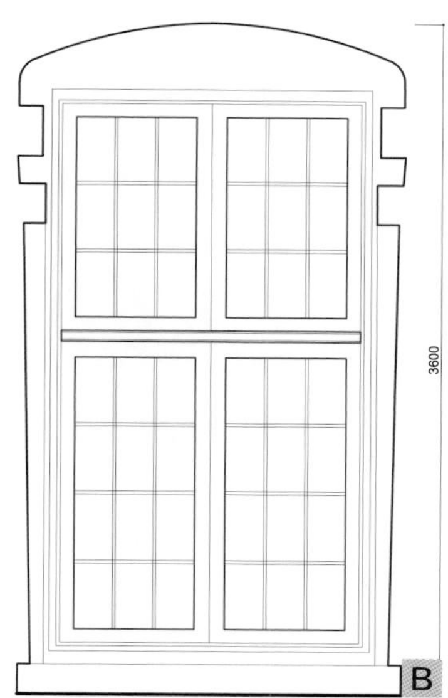

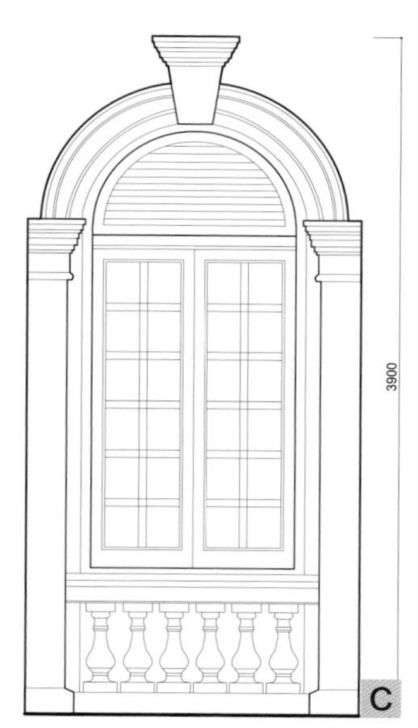

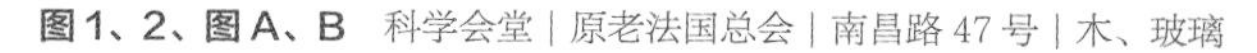

图1、2、图A、B 科学会堂｜原老法国总会｜南昌路47号｜木、玻璃

图3、4、图C、D 外滩源1号｜原英国领事馆｜中山东一路33号｜木、玻璃

图5 静安区陕西北路某住宅｜木、玻璃

图6 科学会堂｜原老法国总会｜南昌路47号｜木、玻璃

图7、13 上海交响乐博物馆｜原花园别墅｜宝庆路3号｜木、玻璃

图8 上海交响乐博物馆｜原花园别墅｜宝庆路3号｜木、玻璃

图9 外滩源1号｜原英国领事馆｜中山东一路33号｜木、玻璃

图10 上海市眼科医院｜陕西北路805号｜木、玻璃

图11 外滩源1号｜原英国领事馆｜中山东一路33号｜木、玻璃

图12 中共二大会址纪念馆｜原辅德里625号｜老成都北路7弄30号｜木、玻璃

图14 上生新所｜原哥伦比亚总会｜延安西路1262号｜木、玻璃

图15 外滩史陈列室｜原外滩信号台｜中山东二路1号甲｜木、玻璃

1

2

3

4

5

6

7

8

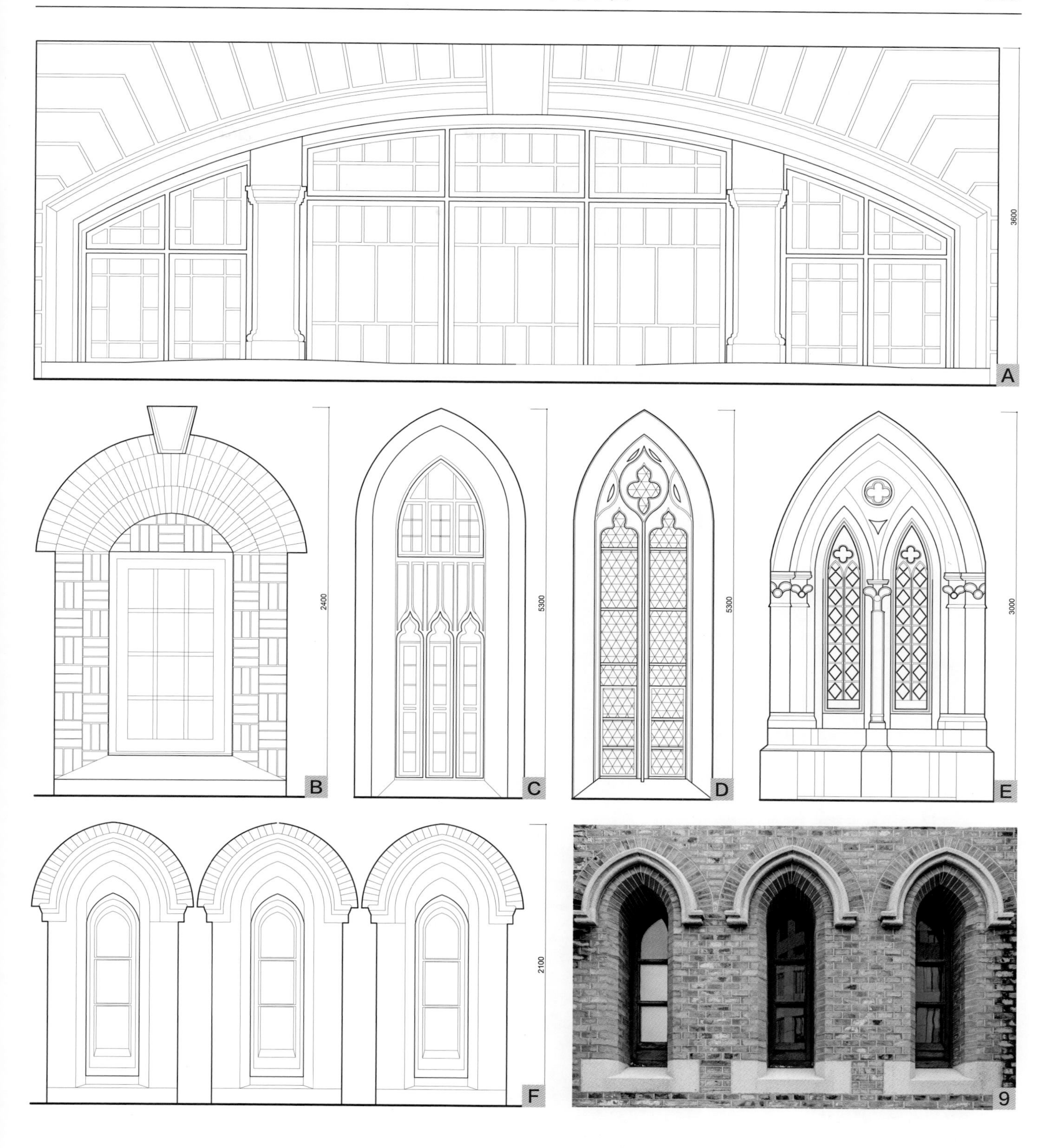

图1、图A 花园饭店｜原法国总会｜茂名南路 58 号｜木、玻璃

图2、图B 马勒别墅酒店｜原马勒住宅｜陕西南路 30 号｜木、玻璃

图3、4、图C、D 沐恩堂｜原基督教慕尔堂｜西藏中路 316 号｜木、玻璃

图5、图E 徐家汇天主堂｜徐家汇浦西路 158 号｜木、玻璃

图6 张爱玲旧居｜康定东路 85 号｜木、玻璃

图7 安培洋行｜圆明园路 97 号｜木、玻璃

图8 马勒别墅酒店｜原马勒住宅｜陕西南路 30 号｜木、玻璃

图9、图F 外滩源 1 号｜原英国领事馆｜中山东一路 33 号｜木、玻璃

1

2

3

4

5

6

7

8

9

图1 安培洋行 | 圆明园路 97 号 | 木、玻璃

图2、3、图A、B 徐家汇天主堂 | 徐家汇浦西路 158 号 | 木、玻璃

图4、图C 外滩源 1 号 | 原英国领事馆 | 中山东一路 33 号 | 木、玻璃

图5 徐家汇天主堂 | 徐家汇浦西路 158 号 | 木、玻璃

图6 圣三一基督教堂 | 九江路 201 号 | 木、玻璃

图7 徐汇区安福路某住宅 | 木、玻璃

图8 中共二大会址纪念馆 | 原辅德里 625 号 | 老成都北路 7 弄 30 号 | 木、玻璃

图9 上海工艺美术博物馆 | 原法租界公董局总董官邸 | 汾阳路 79 号 | 木、玻璃

图10、图D 上生新所 | 原哥伦比亚总会 | 延安西路 1262 号 | 木、玻璃

图11、图E 外滩源 1 号 | 原英国领事馆 | 中山东一路 33 号 | 木、玻璃

图12、图F 和平饭店北楼 | 原沙逊大厦 | 中山东一路 20 号 | 铜、玻璃

1

2

3

4

5

6

7

8

9

10

11

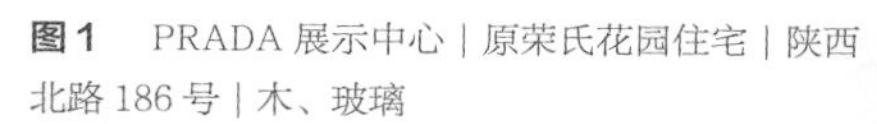

图1 PRADA 展示中心 | 原荣氏花园住宅 | 陕西北路 186 号 | 木、玻璃

图2 宋家老宅 | 陕西北路 369 号 | 木、玻璃

图3 外滩源 1 号 | 原英国领事馆 | 中山东一路 33 号 | 木、玻璃

图4、6 市眼科医院 | 陕西北路 805 号 | 木、玻璃

图5 徐汇区某历史建筑 | 安福路 | 木、玻璃

图7 花园饭店 | 原法国总会 | 茂名南路 58 号 | 木、玻璃

图8 外滩源 1 号 | 原英国领事馆 | 中山东一路 33 号 | 木、玻璃

图9 上生新所 | 原哥伦比亚总会 | 延安西路 1262 号 | 木、玻璃

图10 基督教青年会宾馆 | 原八仙桥基督教青年会 | 西藏南路 123 号 | 木、玻璃

图11 外滩华尔道夫酒店 | 原上海总会 | 中山东一路 2 号 | 木、玻璃

图12 马勒别墅酒店 | 原马勒住宅 | 陕西南路 30 号 | 木、玻璃

图13 马勒别墅酒店 | 原马勒住宅 | 陕西南路 30 号 | 木、玻璃

图14、15 PRADA 展示中心 | 原荣氏花园住宅 | 陕西北路 186 号 | 木、玻璃

图16 PRADA 展示中心 | 原荣氏花园住宅 | 陕西北路 186 号 | 木、玻璃

图17 花园饭店 | 原法国总会 | 茂名南路 58 号 | 木、玻璃

图18 上海交响乐博物馆 | 原花园别墅 | 宝庆路 3 号 | 木、玻璃

图19 上海交响乐博物馆 | 原花园别墅 | 宝庆路 3 号 | 木、玻璃

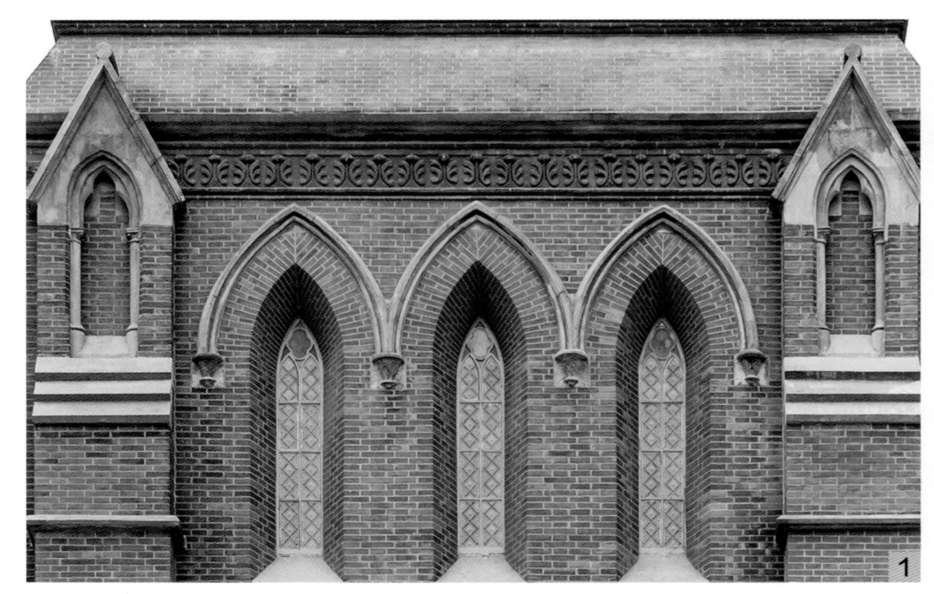
1

2

3

4

5

6

7

8

9

10

11

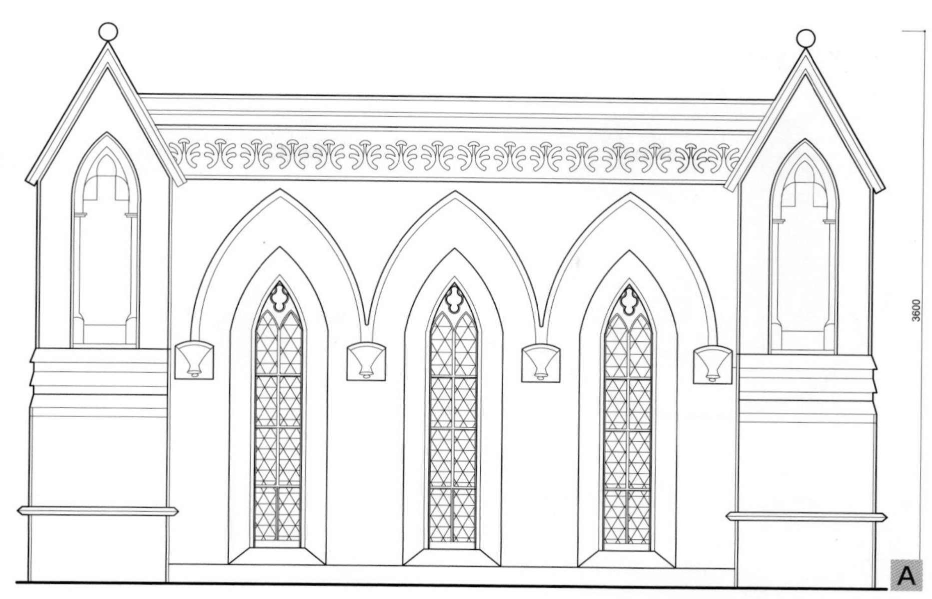

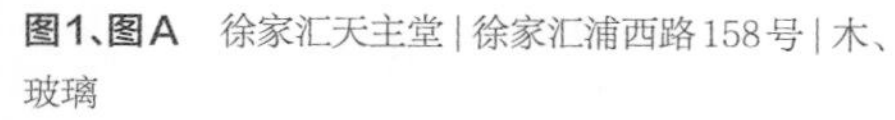

图1、图A 徐家汇天主堂 | 徐家汇浦西路 158 号 | 木、玻璃

图 2、图 B 圣三一基督教堂 | 九江路 201 号 | 木、玻璃

图 3、图 C 圣三一基督教堂 | 九江路 201 号 | 石、玻璃

图 4 益丰外滩源 | 原益丰洋行 | 北京东路 31-91 号 | 金属、玻璃

图 5、6 圣三一基督教堂 | 九江路 201 号 | 木、玻璃

图 7 徐家汇天主堂 | 徐家汇浦西路 158 号 | 木、玻璃

图 8 徐汇区延庆路某住宅 | 瓦

图 9 上海工艺美术博物馆 | 原法租界公董局总董官邸 | 汾阳路 79 号 | 金属

图 10 盐业大楼 | 原盐业银行 | 北京东路 2 号 | 钢、玻璃

图 11 市三女中 | 原中西女中 | 江苏路 155 号 | 铜、玻璃

图 12 贝轩大公馆 | 原贝宅 | 北京西路 1301 号 | 木、玻璃

图 13 花园饭店 | 原法国总会 | 茂名南路 58 号 | 铜、云石

图 14 锦江宾馆 | 原华懋公寓 | 长乐路 109 号 | 金属、玻璃

1864

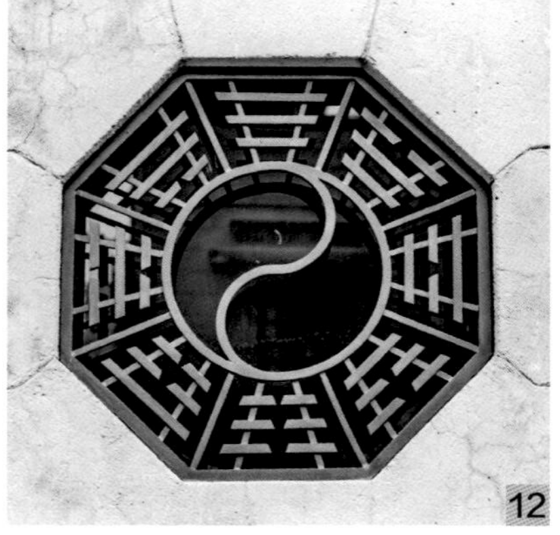

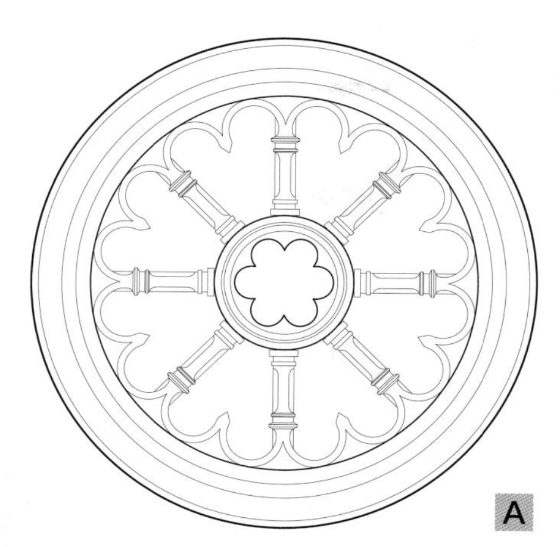

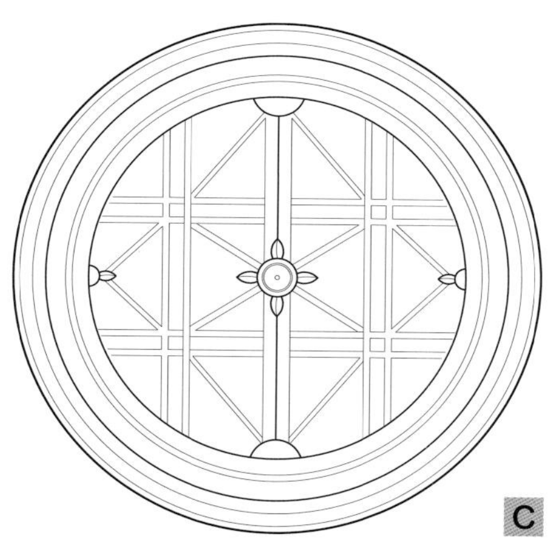

图 1、图 A 徐家汇天主堂｜徐家汇浦西路 158 号｜混凝土、玻璃

图 2、图 B 外滩源天安堂｜原英国领事馆｜中山东一路 33 号｜木、玻璃

图 3、图 C 上海银行｜原四行储蓄会大楼｜四川中路 261 号｜铜

图 4 圣三一基督教堂｜九江路 201 号｜石材、玻璃

图 5 外滩源 1 号｜原英国领事馆｜中山东一路 33 号｜木

图 6 瑞金宾馆某楼｜原瑞金二路住宅｜瑞金二路 18 号｜金属、玻璃

图 7 永年人寿保险公司｜广东路 93 号｜金属、玻璃

图 8 外滩 3 号｜原有利银行｜中山东一路 4 号｜金属、玻璃

图 9 外滩华尔道夫酒店｜原上海总会｜中山东一路 2 号｜钢、玻璃

图 10 盘谷银行｜原大北电报局｜中山东一路 7 号｜金属、玻璃

图 11 徐汇区延庆路某住宅｜木、玻璃

图 12 上海外滩美术馆｜原博物院大楼｜虎丘路 20 号｜铜、玻璃

图 13 上海工艺美术博物馆｜原法租界公董局总董官邸｜汾阳路 79 号｜金属、木、玻璃

图 14、15 徐汇区延庆路某住宅｜金属、木、玻璃

图 16 上海银行｜原四行储蓄会大楼｜四川中路 261 号｜铜

图 17 浦东发展银行｜原汇丰银行大楼｜中山东一路 10 号｜钢、玻璃

图 18 和平饭店南楼｜原汇中饭店｜中山东一路 19 号｜金属、玻璃

4. 彩绘玻璃（上接 113 页）

彩绘玻璃窗伴随着哥特式教堂建筑艺术的兴起以及基督教思想的兴盛而产生。据记载，彩色玻璃窗的出现起始于 7 世纪，但依据现存实物来看，彩色玻璃窗直到哥特式教堂兴起之后才得到充分的发展，其意义除了体现赞美《圣经》中对光作为神的启示之外，同时也在表述传说中的故事。欧洲和北美的许多教堂，不断地向人们诉说着彩色玻璃窗之美和精彩的神话故事。在中世纪的基督教神学理论中，人与上帝之间的交流是一个核心的命题。哥特式教堂向上升腾的建筑结构，由玻璃窗洒下的光芒正好形成了对这种神圣体验的最好注脚。中世纪哥特风格大师们试图用石头和玻璃来描绘人类的宗教核心问题。他们想描绘一种张力，一方面是人立志达到天国的高度；另一方面是神屈尊向卑微者讲话。因此，哥特式运动是双向的。柱子、拱门和尖塔，像一排排准备升至天空的火箭一样连为一体，指向高空。另一方面，神的荣光透过色彩斑斓的铅框玻璃窗与卑微者相遇。这就是建筑大师们融人类理性与神的启示为一体的版本。

彩色玻璃窗作为一种极具创造性的艺术，最初的形成是依托于建筑结构体系的演变。哥特式教堂的肋骨尖券减轻了拱顶重量，平衡了结构构件之间的关系；飞扶壁则平衡了结构主体的侧推力，将教堂重量转移至外侧基础，从而摆脱了厚重的墙体，减轻了建筑的负荷。所有这些因素使大面积的开窗得以实现。从哥特式教堂大殿的高度来分析，可以清晰地看出这种演变过程，大殿高度分为 4 层：连拱廊、台廊、楼廊和高窗。公元 1200 年的法国沙特尔大教堂，台廊消失，便于加大窗子并加高大殿的连拱廊。到了公元 1250 年，法国的亚眠主教堂，演变为楼廊深处墙壁开窗采光，使教堂大厅光线充足。至今保存最完好的彩色玻璃人物图案在德国南部的奥格斯堡大教堂（Augsburg Cathedral）。但是，最精美的彩色玻璃的制作技术却非法国莫属，其中法国保存下来的最早的彩色玻璃是圣丹尼教堂（St.Denis Cathedral），位于法国巴黎郊外的塞纳地区。直至公元 1450 年，法国的鲁昂圣旺大教堂，整个开间成为一面巨大的彩色玻璃窗。依赖前所未有的结构创新和对技术极限的追求，彩色玻璃窗的开口尺寸不断加大，墙面的比例不断减小，最终形成哥特式建筑最有代表性的特征。事实确凿地说明，建筑的艺术样式风格，必须依附于相应的结构技术。

彩色玻璃上有如宝石般的色彩来自制作玻璃时融入的金属钴、锰、铜等的氧化物。制作彩色玻璃时，工匠们需先将石灰水涂刷于一块布满形状各异的格子的平板玻璃，按照格子切割玻璃，然后在玻璃片上手工绘制图样，随后将玻璃放进窑内进行高温烧制，使彩色的图样牢固地附着于玻璃表面。再将经过烧制的玻璃片采用细铅丝条拼缝连接成符合设计规格的平板，同时接缝的细铅条勾勒出图案的轮廓，凸显出彩绘玻璃特有的细节。制作好的彩色玻璃安装于教堂的窗户上，在阳光的照射下，整个教堂内部显得光线奇幻、色彩丰富，使教堂看起来如同沐浴在一种神奇的氛围之中。

至 13 世纪末，彩色玻璃的烧制工艺有了更进一步的发展，单片玻璃的面积增大了，透明度也有所提高，色彩也更加鲜艳起来。新型染色玻璃的应用使得彩色玻璃窗技术产生了深刻的变化，采用这种玻璃装饰的教堂墙面逐渐融入到了缥缈的光线当中。显而易见，玻璃制作工艺的传承与进步，是哥特式教堂彩绘镶嵌玻璃窗艺术得以产生并不断发展变化的重要条件。

彩绘镶嵌玻璃窗艺术所凸现出来的光线的作用，教堂自然而然地被罩上了一层神圣的外衣。早期的基督教堂和罗马式风格教堂内的光源主要是依靠烛光。但是，哥特式教堂内的彩绘玻璃窗使得阳光转换成奇妙的光线，室内呈现出灿烂的景象。在当时的所有艺术类型之中，只有在哥特式教堂中，巨大的彩绘玻璃画其接受的光线是直接的，这也是其他艺术媒介不能达到的光线效果，它的艺术魅力使所有教徒们都立刻感觉到来自天国的神力。在色彩斑驳的窗户上舞动着的光线便成了上帝以及上帝与人间道路的象征。即便是一个没有接受过任何科学理论和宗教学方面学习的农夫，他也会把光线与神圣、黑暗与卑劣相互联系起来，沐浴在彩色玻璃窗洒射下来的光线中，体验着自身与上帝之间的交流。

教堂需宣讲圣经来弘扬教义，极富感染力的彩色玻璃窗无疑比枯燥的说教更有效。玻璃窗上的彩画大多以新约故事为内容，内容非常世俗化，不识字的信徒们可以借此诉诸感观的方式来救赎灵魂，寄托他们对生活的期望。由此可见，彩色玻璃窗是随着技术的发展产生的，其主要作用是渲染神学的意境。

随着技术的进步，彩绘玻璃窗也逐渐被使用到其他类型的建筑中。在 17 世纪后的美国，铅条彩绘玻璃随处可见，玻璃的色彩、图案与纹理令人眼花缭乱。在各种类型、各种风格的建筑中，也都能看到它们的身影，诸多建筑的窗、门、顶棚、扇形窗、侧窗、灯饰等镶有彩绘玻璃，成为经久不衰的时尚装饰。铅条彩绘玻璃不仅会对宏伟的教堂起到窗扇装饰的作用，而且对规模较小的住宅建筑也可以产生装饰效果。许多著名教堂、大宅、民用房屋及其他著名建筑，都使用了彩绘玻璃窗扇或顶棚，彩绘玻璃或铅条镶饰玻璃都成为一大鲜明特色。然而，在经历了大众时尚后，19 世纪晚期的彩绘玻璃依然继续存在。1890 年以后，铅条镶嵌斜边玻璃在住宅建筑中流行起来，获得了广泛使用，并一直持续到 20 世纪 20 年代[4]。

（1）海派彩绘玻璃窗技术的传承与兴衰[5]

彩绘玻璃窗技术引入上海，一定要提及土山湾工艺学院。

图 2-015 至图 2-024 徐家汇天主堂大厅彩绘玻璃 | 徐家汇浦西路 158 号

土山湾工艺学院设立于 19 世纪中叶上海开埠的早期，一直到 1949 年后被逐步解散，前后有着近百年的历史。新中国成立后，土山湾的一些美术工艺部门先后被归并到各相关行业而得以保留。但由于彩绘玻璃有其特殊的宗教及社会历史背景，这一行业很快在国内就消失了。虽然土山湾彩绘玻璃的存在时间不长，但在国内外却产生了深远的影响。在有关土山湾的一些史料中就曾描述到，“其绘画师约有四十余人，所绘者均为圣洁之宗教画，或于纸，或于布，或于石，或于玻璃，无不精美。而花玻璃，更为远东独步者也。”

如将土山湾美术工艺部场景还原，我们能看到土山湾工艺院所制作的彩绘玻璃，除了宗教题材外，也为社会各个行业提供服务，主要用于一些建筑装饰，如银行、宾馆等，甚至还有日用工艺品。作品无论在风格上还是工艺技术上都与当时的国际潮流同步，曾有“观者无不为之惊叹”的社会反响。可以说是土山湾开创了中国建筑彩绘玻璃装饰的风气之先，真正代表了海派彩绘玻璃工艺技术的最高水准，也让当时的人们能在国内领略到高品质的彩绘玻璃。

如前所述，在欧洲真正意义上的彩绘玻璃问世以前，教堂等一些宗教场所曾主要采用马赛克玻璃镶嵌画来装饰，以

5cm × 5cm 方的彩色玻璃片，在墙壁上来拼嵌写实图形。虽然色彩斑斓，但其本身是贴在墙上的，并不透光，所以在玻璃专业界一般不把马赛克玻璃镶嵌画列入彩绘玻璃的范畴中。

自中世纪以来，罗马式与哥特式教堂在欧洲大批兴建。由于这两种建筑样式的窗户较大，且基本布满整个外墙，彩绘玻璃开始逐渐取代马赛克镶嵌玻璃，并由此开始繁荣起来。13 世纪后成了教堂装饰中的主导形式之一。在国门被西方列强打开后，西方宗教文化大规模传入中国，这些形式也随之一同被带来了。从一系列史料及现存物来看，上海土山湾所出产的是真正意义上的彩绘玻璃。

土山湾彩绘玻璃的工艺技术来自彩绘玻璃的主要发源地——法国。当时的法国，其玻璃艺术无论从技术性上还是艺术性上，都是世界上首屈一指的。法国出现了诸多世界级玻璃艺术大师。从世界彩绘玻璃的发展史上看，贯穿其中的，一直以来主要就是在解决两个技术问题，那玻璃的颜色与透光性。颜色上最初主要用金属氧化物来着色，就是在烧制玻璃原料时就加入不同比例的氧化物。例如加入微量的金就会产生酸果色，添加钴会产生蓝色，掺入银产生黄色，加氧化铜产生绿色等。有色玻璃的透明度也是设计者要考虑的重要问题。这不仅因为彩绘玻璃多用于窗户，透明度还是玻璃材质展现其特征的主要方式。我们还看到许多彩绘玻璃表面或内部会有织物等肌理压纹。这些通常是用机械模具压制而成的，常见的有颗粒纹与波纹。这些肌理不仅带来了触觉，其真正的功能是改变光线进入室内时的单一角度，增加折光与整体效果，使玻璃看起来更加耀眼与生动。一些压纹由于能为室内带来诡秘的光感，增加特别气氛，因此很受宗教场所的青睐。

先期的彩绘玻璃色彩较浓重，透光性差。随着玻璃着色技术的发展，人们开始重视图案与采光的关系。15 世纪后玻璃颜色开始能越做越淡，也更易控制，彩绘玻璃的制作工艺随之日趋复杂。早期的彩绘玻璃采用面积不一，事先烧制好的彩色玻璃片来组合图形。颜色透明度的选择通常会根据需求方或是建筑的整体要求来确定。为了满足制作拼接的技术要求，常见的大多以 H 型铅条作卡口来连接，这就在整幅玻璃窗上形成了众多的铅条描边，同时这也成了中世纪古典彩绘玻璃的一种风格。

16 世纪中叶以后，玻璃的着色技术有了新的方法。彩色的、适合低温烧制的瓷釉开始被应用在了平板玻璃上。其制作方式就是用胶或油来调和瓷釉颜料，直接绘于透明玻璃上，然后放入窑炉中加温，使色彩能深入并附着在玻璃上。这样即使暴露在室外，玻璃也永久不会褪色。由此，多种颜色就能同时出现在一块玻璃上了。在窗户玻璃上作画也能像一般绘画一样了。由于这一新工艺的出现，彩绘玻璃进入了一个新的发展阶段。其主要标志就是不再使用铅条或是铜条来拼接，制作上大大简便了。这种工艺的优点还包括图形绘制方便准确，色彩也更为纯净和华丽。

需要指出的是，彩绘玻璃的这一新工艺流行期并不长，主要是在 17 世纪到 19 世纪近 200 年左右的时间内。虽然先前的彩绘镶嵌玻璃有着工艺复杂、制作周期长等诸多缺点，但人们认为如果没有镶嵌与拼装，彩绘玻璃的象征意义和内在美就荡然无存了，许多人对这种形式似乎还是念念不忘。于是在 19 世纪之后又出现了一种两者结合的彩绘玻璃制作工艺。在当时的土山湾工艺学院完整地传承并发展了上述不同的彩绘玻璃窗工艺技术。

由于土山湾所出产的彩绘玻璃题材上多以宗教内容为主，在历次政治运动中大多被毁坏殆尽，现存的也只是一些动植物图案题材。虽然有一些经过后来的修复或仿制，但毕竟已不是原汁原味。

现在，位于上海外滩附近永年大楼中的彩绘玻璃，是现存较为完整的土山湾宗教题材作品。据实地考察，该楼中的一些彩绘玻璃及其采用的工艺，就是当时国外最流行的瓷釉着色与镶嵌结合工艺。其方法也是先用瓷釉在平板玻璃上绘画。由于用油彩作画能方便地表达出透视与素描关系，所以该大楼的彩绘玻璃在图案形式上相当复杂。待玻璃绘制完成后，经过窑炉烧制，再按构图外形或事先设定的效果进行切割，最后采用铅条镶嵌与焊接，拼装成大窗户玻璃。在该彩绘玻璃的室外表面还覆盖了一层透明的压纹玻璃。这一系列多种新老工艺的结合，完全符合了当时的审美观与潮流，其目的就是要既能保留中世纪彩绘玻璃的镶嵌美感，又能精确地造型与用色。整幅彩绘玻璃色彩分明，层次细腻，绘制者显然受过长期的西方绘画技巧训练，在制作工艺上也毫不逊色于任何同期的国外作品。

有人说彩绘玻璃是逝去的古董艺术，然而事实并非如此。彩绘玻璃在建筑中扮演着不能替代的角色，它不仅是装饰，还是结构的一部分。它除了采光，还能隐去不想展现的空间，自然地流露品位。彩绘玻璃不仅作为一种长久的情结与纪念留在人们心中，而且一直还在发展。现今在美国与欧洲，大量的专业玻璃工作室还在制作彩绘玻璃，广泛用于建筑、家居、艺术创作等各个领域，使之成了个性化创意的一个媒介。

（2）彩绘玻璃制作方法

①按照设计图案画稿；

②在工作台上将一块大小及厚度合适的冰片玻璃依据画稿形状裁切成小片玻璃；

③在小片玻璃板上，依照图案用矿物颜料进行绘制；

④绘制好后，将玻璃片放进高温炉（650℃）中加热，使矿物颜料融化于玻璃表面；

⑤将外框架放平，在框内把 H 形铅条按设计图样弯曲成图

图 25 至图 2-032 徐家汇天主堂大厅彩绘玻璃 | 徐家汇浦西路 158 号

一边弯一边将加热烘烤后的彩色玻璃块嵌入，直至全部完 H 形铅条与框架搭接处以及 H 形铅条图案线条搭接处全部焊锡焊接，正反两面都要焊接；

⑥宜在镶嵌好的彩绘玻璃外面加一层透明钢化玻璃，以起一定的保护作用；

⑦最后将拼接成整块的彩绘玻璃板安装于金属框中。

参考资料

[1] 韩建新，刘广洁. 建筑装饰构造（第二版）[M]. 北京：中国建筑工业出版社，2004.

[2] 李国豪. 土木建筑工程词典 [M]. 上海：上海辞书出版社，1991.

[3] U.S.department of the interior.preserving historic architecture. the offical guidelines [M] .New York:Skyhorse Publishing.2004.

[4] U.S.department of the interior.preserving historic architecture. the offical guidelines [M]. New York:Skyhorse Publishing.2004.

[5] 土山湾与彩绘玻璃 [EB/OL]. http://www.360doc.com/content/18/1/2018-12-12.

图 1-24 徐家汇天主堂大厅彩绘玻璃｜徐家汇浦西路 158 号

16

17

18

19

20

21

22

23

24

图1-6 徐家汇天主堂 | 徐家汇浦西路 158 号

图7 徐家汇天主堂 | 徐家汇浦西路 158 号

图8 上海清算所 | 原格林邮船大楼 | 北京东路 2 号

图9-11 圣三一基督教堂 | 九江路 201 号

图12、13 市三女中 | 原中西女中 | 江苏路 155 号

1

2

3

4

5

6

7

8

9

10

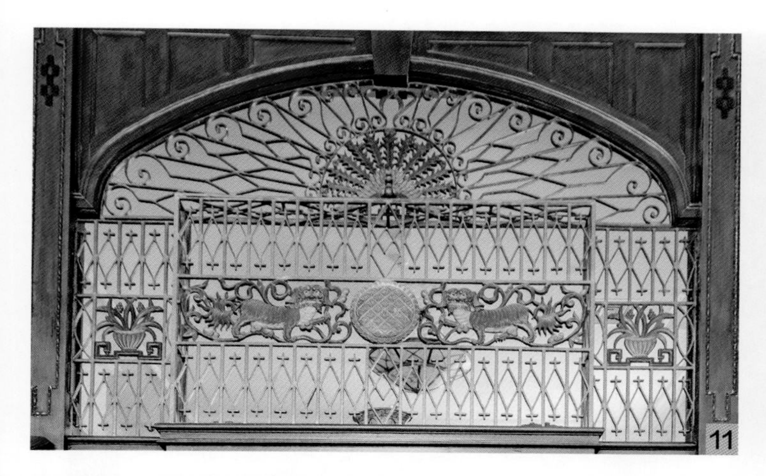

图1、2　上海交响乐博物馆｜原花园别墅｜宝庆路 3 号

图3　科学会堂｜原老法国总会｜南昌路 47 号

图4　PRADA 展示中心｜原荣氏花园住宅｜陕西北路 186 号

图5　马勒别墅酒店｜原马勒住宅｜陕西南路 30 号

图6　扬子饭店｜汉口路 740 号

图7　上海工艺美术博物馆｜原法租界公董局总董官邸｜汾阳路 79 号

图8、9　科学会堂｜原老法国总会｜南昌路 47 号

图10　和平饭店南楼｜原汇中饭店｜中山东一路 19 号

图11、12　瑞金宾馆一号楼｜原瑞金二路住宅｜瑞金二路 18 号

图13　瑞金宾馆某楼｜原瑞金二路住宅｜瑞金二路 18 号

图14　PRADA 展示中心｜原荣氏花园住宅｜陕西北路 186 号

图15　瑞金宾馆某楼｜原瑞金二路住宅｜瑞金二路 18 号

图1 上海历史博物馆｜原跑马总会｜南京西路 325 号

图2 上海工艺美术博物馆｜原法租界公董局总董官邸｜汾阳路 79 号

图3 上海信托投资公司｜原大陆银行｜九江路 111 号

图4 瑞金宾馆某楼｜原瑞金二路住宅｜瑞金二路 18 号

图 5 东亚银行｜原东亚大楼｜四川中路 299 号

图 6 瑞金宾馆某楼｜原瑞金二路住宅｜瑞金二路 18 号

图 7 扬子饭店｜汉口路 740 号

图 8 邬达克纪念馆｜原邬达克住宅｜番禺路 135 号

图 9 和平饭店北楼｜原沙逊大厦｜中山东一路 20 号

图1、2、4、5、6、10 科学会堂 | 原老法国总会 | 南昌路 47 号 | 布艺

图3 兴国宾馆 1 号楼 | 原兴国路住宅 | 兴国路 72 号 | 布艺

图7 上海工艺美术博物馆 | 原法租界公董局总董官邸 | 汾阳路 79 号 | 布艺

图8、9 和平饭店北楼 | 原沙逊大厦 | 中山东一路 20 号 | 布艺

03

第三章

楼梯

楼梯是建筑重要的组成部分，作为衔接不同高度空间的交通纽带，是室内设计中重要的装饰构件。室内的楼梯设计因为材料不同和装饰风格不同，就有不同形式的楼梯适用于不同室内环境之中。凸显楼梯设计细部，提升室内空间品质，是室内装饰设计的一项重要的工作内容。楼梯的演变经历了漫长的时间，它的发展是和人们的生产生活密不可分的，是人类智慧的结晶。

在尚无记载的史前时代，人类在原始森林里登高的唯一方法，就是像猴子一样用手和脚交替着爬到树上。对于他们来说，树上是个极其安全的地方，因为可以躲避那些攻击性极强的动物。后来，为了方便攀爬，他们将保留着部分枝杈的树干拖到悬崖峭壁边上做成梯子，也相当于增加了另外一条通往高于地面洞穴的逃生之路。这种被修剪掉树叶和部分枝杈以后的树干可以被认为是原始梯子的雏形，原始人类用这种粗犷的梯子爬向高处，扩展了自己的生存空间。随着人类使用工具能力的提高，开始对原始的树干式梯子进行改造，将一根圆木等分凿出锯齿状，代替原先的枝杈，使它可以较为方便地上下行走，这可谓是人类最早的楼梯[1]。

随着人类进化，他们可以铺筑出更容易行走的倾斜的小路，这种倾斜的路就是斜坡。古时候的人们兴建土木、建造斜坡，以便于上山开拓新的生产生活空间。他们用一根根圆木横搭在斜坡上作为立足点，斜坡上这样间隔有序的立足点可以减少山的险峻和陡峭。当地面上的东西处于平整与陡峭之间的时候，就产生了阶梯。还有一种情况是人们发现坡地上有碎石或树枝之类的踩点容易登高，为此开始模仿自然现象改造坡道，提供立足点，缩短坡道长度，这就形成了台阶雏形。

随后的漫长时间里，楼梯被继续改进，后代人对梯段侧边加设了扶手和扶手支杆，再后来又将其他东西增加上去，由是就有了楼梯的装饰。

1. 中国古代建筑楼梯

在古代中国，建筑大多是平层，也就是只有一层，所以楼梯的形式大多是应用于建筑的台基。台基相当于建筑的基座，用以承托建筑物，并使其防潮、防腐，同时还可弥补中国古建筑单体建筑不太高大雄伟的缺点。台基更是区别建筑物等级高低的又一个重要标志。在皇家宫殿建筑中，同一中轴线上的建筑物，往往台基有高有低，有尊有卑，最具代表的就是北京的紫禁城。在皇宫之外除了皇家寺院和皇家陵园，文武百官和百姓家的住宅台基高度是不允高过皇家建筑的，皇亲贵族则是根据爵位的高低决定建筑台基的高矮和台阶的多少。台阶越多的府宅，也就说明了地位越崇高。所以说，中国古代建筑中楼梯是身份和地位的充分表现。

中国古代外部楼梯台阶多以石头为主要建筑材料、内部楼梯以木材为主要建筑材料。石材除了在种类和材质方面有一定差异之外，主要特点是石材质地坚硬、持久耐用，由于中国古代建筑多以木、竹、泥土为主要材料，一些地方受环境和气候影响，房屋与地面接触的部位容易潮湿、破损，所以使用石材作为建筑的台基，其目的就是为了防潮、防腐，使建筑能具有较好的耐久性。

中国古代建筑内部楼梯主要以木材为主要建筑材料，基本与建筑整体材料相同，体现建筑设计的整体一致性。室内木材的运用源自于中国的儒家精神，不追求其永久性，是非永恒的思想，相对于石材而言木材有种明显的柔韧性，这也是中国文化基础中非永恒观决定的。除此之外，中国古代建筑内部的楼梯普遍设有扶手栏杆，但是踏步较窄，每段梯级较高，这是古代中国楼梯的特点。

楼梯或台阶在中国古建筑的空间中起组织作用。中国古代建筑的楼梯基本采用直梯的形式，皇家建筑中的楼梯与普通建筑的楼梯有着明显的差别。中国古代建筑在平面上都是“矩”形，其形式规律是大院套小院，大间套小间。宫殿建筑的楼梯大多沿中轴线进行设计，借助于建筑群体的有机组合和烘托，使主体建筑显得格外宏伟壮丽。民居楼梯则是以根据建筑的整体使用功能和节省空间为目的，大多设计在内墙边上，所以民居中的楼梯狭窄。此外，中国古代园林之中多设有小桥、台阶，这些都是根据园林之中的具体环境和需要而设置的，中国古代民居及风景园林多采用“因天时，就地利”的灵活布局方式。

中国古代建筑中台阶和楼梯与室内外环境的关系。楼梯本身就是一个生活活动必需的构件，也是人们在生活实践过程之中的智慧结晶，因此无论是台阶还是楼梯都要考虑配合和协调环境而设计，并且中国古代的楼梯或是台阶都特别的注意与自然环境的协调，与建筑及室内空间的协调，是对建筑感观、建筑结构、空间整合、空间利用的协调，与建筑完美的结合，并在空间中发挥重要作用。虽然中国古代建筑中楼梯不是很多，但是中国古代台阶以及楼梯的构造技术和合理运用也为楼梯的发展做了自己的贡献。

2. 西方建筑的楼梯[2]

(1) 古希腊、古罗马时期

古希腊是欧洲文明的发源地，古希腊人对楼梯的运用很早，在古城阿克洛特烈的考古中发现，这座毁于公元前 1500 年一次地震的城市的建筑中已有一些交叉式楼梯了。古希腊人对神庙建筑强调宏伟庄严，将神庙建在诸多踏步构成的大平台上，使其显得格外神圣。雅典卫城中的帕提农神庙是古希腊最为著名的建筑，该建筑以若干层的石基作为建筑的台基，昭示着崇高庄严的美和英雄主义勃发的激情，经过悠久的岁月，至今依然光彩夺目。

古罗马人继承了古希腊建筑的长处，对楼梯的发展作出了进一步的贡献。罗马人利用火山灰制成天然混凝土，由于这种新材料的出现，增大了建筑结构跨度，并随之建造了一些形式较为复杂的楼梯，结构技术的发展使罗马人有能力建造多层建筑，促进了楼梯的发展。有如罗马万神庙等宗教建筑，以及皇宫、剧场、角斗场、浴场、巴西利卡（长方形会堂）等公共建筑。居住建筑有内庭式住宅、内庭式与围合式院相结合的住宅，还有四、五层公寓式住宅。古罗马建筑能满足各种复杂的功能要求，大型建筑物风格雄浑凝重，室内空间宽阔，构图和谐统一，形式多样。由阶梯和楼梯的使用可以看出罗马人开拓了新的建筑艺术领域，丰富了建筑艺术手法，使得大跨度及多层建筑进入了一个崭新的时代。

⑵ 欧洲中世纪时期

欧洲的中世纪是建筑艺术走向兴盛的时期，出现了三大风格：哥特式、罗马式和拜占庭式。在这一时期，建筑发展缓慢，楼梯的结构没有明显的变化，只是依据建筑的风格特点来装饰楼梯，楼梯的形式没有太大的突破。

⑶ 都铎和詹姆斯一世时期

都铎时期使用普遍的楼梯形式是直跑楼梯，在小型建筑中，它被挤在一个狭窄的空间中，常常被隐藏在隔墙后面。较好的建筑中的楼梯是身份地位的象征，它一般放置在室内空间中央大厅的一侧，带有大量烦琐而精致的装饰。16 世纪中叶已经演变成框结构栏杆楼梯，伊丽莎白王朝的多数栏杆变得与柱子类似，或者被扭曲了。詹姆斯一世时代楼梯是曲线形或者尖端缩小的形状，多数以带箍线条为基础形成，栏杆是装在对角线曲梁方向，而不是装在楼梯踏步上，扶手上面采用变化多样的装饰线脚，中柱一般都精细地弯制和雕刻。总的来说，这一时期的楼梯是由单一形式向多样形式发展，楼梯的装饰也开始烦琐华丽。

⑷ 巴洛克时期

在这个时期的楼梯是一个重要的组件。宏伟的楼梯采用石材来建造，并且带有精致的铸铁栏杆。这些楼梯也仅仅限于富贵人家使用，然而，通过精巧的设计，一些贵重的木材也能够模仿石材的效果，使之看起来有同样奢华的效果。最贵重的木栏杆是连续穿插的雕花栏杆，它最初采用带箍线条饰，后来采用叶形装饰卷涡，到了 17 世纪中期，它们的重心下降，变成了花瓶形。在一些更加华丽的栏杆上，雕刻了叶形花纹，使之更加丰富。17 世纪晚期之后，扭曲的栏杆成为一种时尚。如果用一句话来概括这一时期的特点，巴洛克时期的楼梯装饰就是无限制的华丽。

⑸ 乔治亚时期

这个时期，楼梯栏杆下面用斜对角线方向的板来遮盖楼梯踏步的封闭式，逐渐被开放式所取代，在开放式的楼梯中，栏杆固定在踏步上，允许暴露的踏步边缘有雕刻和波纹装饰。18 世纪上半叶，栏杆转角通常有 2~3 个踏步，悬臂楼梯到了早期乔治亚时期的后期才出现。除了磨光的把手之外，通常在木制踏步和其他木制构件上涂覆油漆，或显示木纹理。踏步使用窄条地毯来加以保护，用铜质钉子固定在踏步上。特别华丽的建筑中还可能采用石楼梯，带有锻造铁艺栏杆，到这个时期的末期大量铁艺栏杆运用于楼梯，许多栏杆构件带有贴金或描金的细部装饰。

⑹ 联邦和帝国时期

该时期在 18 世纪末期和 19 世纪早期，直线、四分之一转角和狗腿式是最普遍的楼梯形式。在新古典主义的建筑中，楼梯是入口层主要特色的体现，而在古典复兴建筑中，楼梯则被认为是浪费空间的元素，因此没有得到突出展示。

⑺ 维多利亚时期（1837—1901 年）

在早期维多利亚时代的住宅中，通常有平坦的方截面栏杆。随着时代的进步，出现了更加精细的扶手转角和楼梯栏杆尽端的中柱。它们是大量生产的产品，可以从商人那里买到现成产品，同时它还带有各种宽度的桃花心木或者橡木扶手。楼梯踏步和踢板边缘一般上油漆和磨光处理，或者保留木纹和清漆，使之类似橡木。

美国式的维多利亚后期，随着起居室与楼梯间的结合，楼梯成为进一步设计的焦点，更加精致的楼梯和楼梯平台出现了。一般情况下，在入口层与上一层之间的主要楼梯平台上，安装彩色玻璃窗。在最富丽堂皇的窗户上饰以绘画，稍微简洁的窗户是几何形的。楼梯间通常采用天窗照明，一些使用平板玻璃，一些采用彩色玻璃，有时还有精美的图案。

⑻ 工艺美术运动时期

在工艺美术运动时代的晚期风格中，栏杆比较简单，有方形的剖面，它们常常延伸，把楼梯围合在一个竖直的小屋中，这种方式常常被应用在英国的住宅设计之中。铁制品主要用楼梯栏杆，由于受新艺术运动的影响，栏杆迂回曲折，非常雅致。在美国，西班牙殖民风格、传教风格风靡一时，整个楼梯都采用雅致的铁艺制品。

⑼ 新艺术运动时期

在新艺术运动中，欧洲大陆的楼梯设计趋于精致的曲线形式，铁制的栏杆模仿水生植物或根系的样式，而在英美人们认为这种处理手法过于炫耀，因此一种更为直线形的风格发展起来，用线条所具有的力量和象征来表达有节奏的运动和生物的生长。

⑽ 现代建筑运动时期

楼梯的设计在现代主义运动时期的室内空间布局上具有主

3-001

3-002

3-003

要作用。即使是在传统的设计中，门厅应安装大的窗户以保证光线充足。在设计的过渡转型阶段，人们用夹板来建造实心扶手和老式楼梯以使之“现代化”。现代主义的扶手更常见到的是金属构造，具有随楼梯升高的夸张的倾斜和水平元素，颇具流线型特色。现代主义建筑大师柯布西耶在设计萨伏伊别墅时运用钢筋混凝土的阶梯和实心扶手，且楼梯一般始于房子的双层高主厅。装饰艺术派则倾向于弧形阶梯，并在扶手尾部设计一个圆形栏杆支柱。螺旋型阶梯一般是钢筋混凝土的质地，这种阶梯在设计上可以节省空间。到了20世纪40年代和50年代，木制的开放式踏步楼梯成为一种设计标准。

楼梯是由踏步、踢面和一些支撑件组合构成的；台阶与楼梯有一定的相似性，有许多种类并且有很多细节，比如：色彩和材料。由于踏板和踢面的几何形状取决于人的肢体与步幅之间的比例关系，它们之间的装饰要求差异较小，扶手和栏杆是楼梯的画龙点睛之笔，是构成楼梯细部的重要元素。如今，形式多样的楼梯淋漓尽致地被使用到我们生活之中，可以说楼梯今后的发展将会如何，完全取决于人类生活的需要。

3. 海派建筑楼梯

如大家所知，海派建筑文化主要是上海近现代建筑文化，是中西方建筑文化交流和发展过程的结晶。海派建筑的形成和发展，得益于西方文化大举东渐，西方资本家和建筑师所带来的西方先进的思想及技术，经过筛选、认同、异化和提升，这些思想和技术反映在建筑上其特点是多方面的，如公共建筑及住宅建筑中公寓、花园洋房较多地反映了西方文化，石库门建筑则较多地反映了中西文化的结合，建筑内外形态的变化和建筑技术的进步方面更为显著。

楼梯是建筑不可分割的重要构件，海派建筑的楼梯与建筑本体一样较多地反映了西方文化的特点，深入观察海派建筑的楼梯，可以发现它既不是完全照搬西方，也不是简单的重复模仿，而是有着很多创新特色，洋溢着创造的活力。这些楼梯有的精致、大气、豪华，有的简洁、质感、时尚、现代，共同的是与能建筑环境充分协调，集设计之美、制造之美、工艺之美于一身，将形态之美及材质之美淋漓尽致地表现在细部设计之中，成为构成海派建筑不可或缺的一部分。

(1) 罗马风格楼梯

早期的海派建筑中有许多罗马风格的楼梯。这类楼梯的设计充分运用了罗马样式的元素，其中立柱（将军柱）颇有罗马记功柱的形式，此外，运用得体的扶手纹样、立柱花式、护墙板等各装饰细部比较准确地把握了罗马风格的特点，体现出这类海派楼梯的设计师对于欧洲古典主义艺术的深度理解（图 3-001）。

(2) 哥特风格楼梯

海派哥特风格的楼梯装饰造型非常华丽，拱形线条、卷蔓

3-004

3-005

花式、螺旋形刻花等均用到细部装饰上，呈现出既具有欧式古典风格元素，又体现了海派建筑对于哥特式建筑构件特征的准确表达（图 3-002，图 3-003）。

(3) 洛可可风格楼梯

海派建筑中有许多洛可可风格的楼梯（图 3-004，图 3-005），其立柱、扶手、栏杆等部件采用烦琐、华丽的装饰手法，细部表现得非常完美，花式设计、图案组合均是精工细琢，舒展的楼梯起步，拥有开阔明朗、豪华大气的特点，达到了追求靓丽、高雅、奢华、时尚的效果。

(4) 美国殖民地晚期风格楼梯

美国殖民地晚期风格室内装饰是在英格兰洛可可样式基础上发展起来的，强调自由的、明朗的气氛，有简化的英国洛可可风格的特征。海派建筑的美式楼梯既保留了美国原有殖民地晚期风格的特点（图 3-006，图 3-007），又简化了繁杂的雕刻工艺，整体显得厚重大方、简洁明快，做工很精致，将木质纹理加工得自然清新。

(5) 新古典主义风格楼梯

19 世纪早期的新古典主义思潮可以说是一场复古运动，它致力于在设计中运用传统美学法则，使现代材料与结构的建筑室内外造型产生出古典、庄重、高雅的感觉，反映进入了工业时代后人们怀旧的情绪。海派新古典主义风格楼梯同样是采用了现代的结构、材料、技术，以古典传统样式的手法进行楼梯的构造和细部设计，使楼梯立柱、扶手、栏杆或栏板具有欧式古典韵味的标识，透出新古典主义规整、端庄、典雅、高贵的特征（图 3-008，图 3-009）。

(6) 新艺术运动风格楼梯

19 世纪 80 年代起盛行欧洲的新艺术运动推崇人类技艺，拒绝历史主义，注重对事物本质的认识。新艺术运动放弃任何

图 3-001 金城银行
图 3-002 圣三一基督教堂
图 3-003 市三女中
图 3-004 外滩源益丰大楼
图 3-006 上海眼科医院
图 3-007 宋家老宅

3-006

3-007

图 3-008 罗斯福公寓
图 3-009 上海清算所
图 3-010 花园饭店
图 3-011 科学会堂
图 3-012 扬子饭店
图 3-013 上海昆剧团

一种传统风格的参照，装饰主题是模仿和表现自然界生长繁盛的草木的有机形态和曲线。由于金属容易成形，铁艺成立新艺术的代表。许多海派建筑楼梯形式有新艺术运动的影子，花草式纹样的铁艺栏杆、硬木扶手，透过花饰的优美流畅曲线，分隔出丰富的空间背景，轻盈之间不失时尚(图3-010，图3-011)。

(7) 装饰艺术派风格楼梯

20 世纪 20 年代起源于法国的装饰艺术主义运动影响力欧美不少国家，它一场承上启下的运动，既反对工艺美术及新艺术运动的自然装饰，又反对单调的工业化风格，是装饰艺术主义与现代主义之间的衔接，主张机械化的美和工业化的几何特征，采用众多的曲折线条和形态结构，形成具有时代感的建筑风格。这种风格对上海的建筑潮流影响非常大，成为当时多数海派建筑采用的艺术形式，装饰艺术派风格的建筑形成上海一道独特的城市景观。

海派建筑装饰艺术派风格楼梯，立柱栏杆采用金属材质机械加工，栏杆图案纹样充分凸显工业化的几何结构美学，设计和制作都非常精致，创造出了一种前所未见的，能适应工业时代精神的简化装饰的楼梯构造形式，形成了融古典与现代为一体，蕴奢华于简约之中的独特的海派气质(图3-012，图3-013)。

参考资料

[1] 芮乙轩．楼梯文化［M］．上海：文汇出版社，2010.

[2] 史蒂芬 · 科罗维．世界建筑细部风格(上、下)［M］．香港：香港国际文化出版有限公司，2006.

图1 浦东洲际酒店一号别墅 | 原中国酒精厂 | 世博村 A 地块 | 木、地毯

图2 瑞金宾馆一号楼 | 原瑞金二路住宅 | 瑞金二路 18 号 | 木、地毯

图3 PRADA 展示中心二楼 | 原荣氏花园住宅 | 陕西北路 186 号 | 木

图4 马勒别墅酒店 | 原马勒住宅 | 陕西南路 30 号 | 木、地毯

图5 安培洋行 | 圆明园路 97 号 | 木、地毯

图6 长宁区少年宫 | 原王伯群住宅 | 愚园路 1136 弄 31 号 | 木

图7 上海交响乐博物馆 | 原花园别墅 | 宝庆路 3 号 | 木

图8 浦东洲际酒店四号别墅 | 原中国酒精厂 | 世博村 A 地块 | 木、地毯

图9 上海沪剧院 | 原白公馆 | 汾阳路 150 号 | 石材

图 1 浦东发展银行｜原汇丰银行大楼｜中山东一路 10 号｜石材

图 2 交通银行｜原金城银行｜江西中路 200 号｜石材

图 3 交通银行｜原金城银行｜江西中路 200 号｜石材

图 4 外滩华尔道夫酒店｜原上海总会｜中山东一路 2 号｜石材、木、玻璃

图 5 锦江宾馆｜原华懋公寓｜长乐路 109 号｜石材

图 6 辞书出版社｜原何东住宅｜陕西北路 457 号｜混凝土、石材、铸铁、木

图 7 市规划院｜原吴同文住宅｜铜仁路 333 号｜瓷砖、木

图 8 上海清算所｜原格林邮船大楼｜北京东路 2 号｜石材、铸铁、木

9

10

11

12

13

14

15

16

图 9 国际饭店｜原四行储蓄会大楼｜南京西路 170 号｜石材、金属、木

图 10 和平饭店北楼｜原沙逊大厦｜中山东一路 20 号｜石材、铸铁、木

图 11 上海邮政总局门厅｜北苏州河路 250 号｜石材、铜、木

图 12 上海昆剧团｜原警察总会与海陆军人之家｜绍兴路 9 号｜混凝土、铸铁

图 13 上海工艺美术博物馆｜原法租界公董局总董官邸｜汾阳路 79 号｜石材、铸铁、木

图 14 衡山宾馆｜原毕卡迪公寓｜衡山路 534 号｜混凝土、铸铁、木

图 15 市规划院｜吴同文住宅｜铜仁路 333 号｜石材、铸铁、玻璃、木

图 16 和平饭店北楼｜原沙逊大厦｜中山东一路 20 号｜石材、铸铁、木、地毯

图1 兴国宾馆1号楼｜原兴国路住宅｜兴国路72号｜混凝土、木、铸铁

图2 外滩18号｜原麦加利银行｜混凝土、铸铁、木

图3 益丰外滩源｜原益丰洋行｜北京东路31-91号｜混凝土、石材、铸铁、木

图4 贝轩大公馆｜原贝宅｜北京西路1301号｜混凝土、石材、地毯

图5 衡山宾馆｜原毕卡迪公寓｜衡山路534号｜混凝土、铸铁、木

图6 外滩华尔道夫酒店｜原上海总会｜中山东一路2号｜混凝土、铸铁、木

图7 上海市教育发展基金会｜原花园住宅｜陕西北路80号｜混凝土、铸铁、木

图8 中国银行办公楼｜原大清银行｜汉口路50号｜金属

图9 百乐门舞厅｜愚园路218号｜混凝土、铸铁、木、地毯

图10 上海海关｜原江海关｜中山东一路13号｜混凝土、水磨石、属、木

6

7

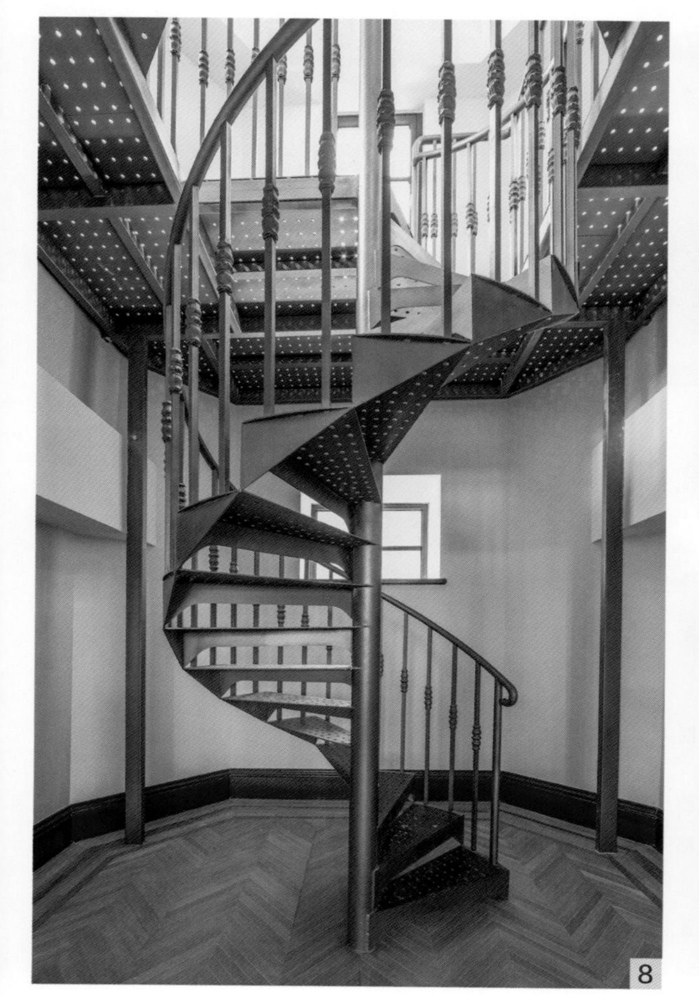
8

9

10

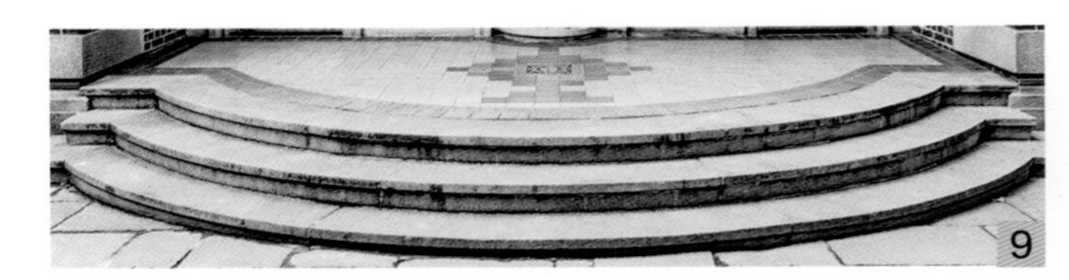

图 1 上海工艺美术博物馆｜原法租界公董局总董官邸｜汾阳路 79 号｜水刷石

图 2 外滩源 1 号｜原英国领事馆｜中山东一路 33 号｜石材

图 3 上海邮政总局｜北苏州河路 250 号，主要材质：金山石

图 4 徐家汇天主堂｜徐家汇浦西路 158 号｜金山石

图 5 瑞金宾馆一号楼｜原瑞金二路住宅｜瑞金二路 18 号｜金山石

图 6 PRADA 展示中心｜原荣氏花园住宅｜陕西北路 186 号｜水磨石

图 7 上海外滩美术馆｜原博物院大楼、亚洲文会｜虎丘路 20 号｜金山石

图 8 瑞金宾馆某楼｜原瑞金二路住宅｜瑞金二路 18 号｜金山石

图 9 瑞金宾馆一号楼｜原瑞金二路住宅｜瑞金二路 18 号｜金山石

图 10 华东政法学院｜原圣约翰大学｜万航渡路 1175 弄｜石材

图 11 中科院生理研究所 | 原中央研究院 | 岳阳路 320 号 | 石材

图 12 华东政法学院 | 原圣约翰大学 | 万航渡路 1175 弄 | 水刷石

图 13 锦江宾馆 | 原华懋公寓 | 长乐路 109 号 | 水磨石

图 14 少儿图书馆 | 原切尔西住宅 | 南京西路 962 号 | 金山石

图 15 中国银行 | 中山东一路 23 号 | 大理石

图 16 锦江宾馆 | 原华懋公寓 | 长乐路 109 号 | 大理石

图 17 PRADA 展示中心 | 原荣氏花园住宅 | 陕西北路 186 号 | 水刷石

图 18 PRADA 展示中心 | 原荣氏花园住宅 | 陕西北路 186 号 | 大理石

图 19 上海外滩美术馆 | 原博物院大楼、亚洲文会 | 虎丘路 20 号 | 大理石

图 20 花园饭店 | 原法国总会 | 茂名南路 58 号 | 石材、地毯

图 21 爱乐乐团 | 原潘家花园 | 武定西路 1498 弄 | 石材、马赛克

1

2

3

4

5

6

7

8

9

图1、图A 工商银行｜原横滨正金银行｜中山东一路 24 号｜铸铁

图2、图B 中国银行办公楼｜原大清银行｜汉口路 50 号｜木

图3、4、图C、D 上海历史博物馆｜原跑马总会｜南京西路 325 号｜铸铁、木

图5、图E 上海历史博物馆｜原跑马总会｜南京西路 325 号｜铸铁、木

图6、图F 花园饭店｜原法国总会｜茂名南路 58 号｜铜

图7 中国银行办公楼｜原大清银行｜汉口路 50 号｜铸铁

图8 上海历史博物馆｜原跑马总会｜南京西路 325 号｜铸铁、木

图9 外滩华尔道夫酒店｜原上海总会｜中山东一路 2 号｜铸铁、木、玻璃

1

2

3

4

5

6

7

8

9

10

11

12

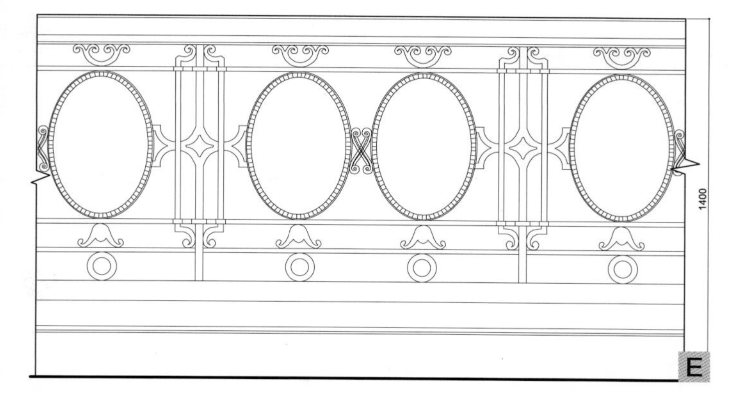

图1、图A 上海金融法院 | 原美国花旗银行 | 福州路 209 号 | 铸铁、木

图2、图B 外滩华尔道夫酒店 | 原上海总会 | 中山东一路 2 号 | 铸铁、木、玻璃

图3、图C 圣三一基督教堂 | 九江路 201 号 | 铜、木

图4、图D 上海银行 | 原四行储蓄会大楼 | 四川中路 261 号 | 铜、木

图5、图E 外滩华尔道夫酒店 | 原上海总会 | 中山东一路 2 号 | 铸铁、木、玻璃

图6、图F 体育大厦 | 原西桥青年会 | 南京西路 150 号 | 铜、木

图7 上海工艺美术博物馆 | 原法租界公董局总董官邸 | 汾阳路 79 号 | 铸铁、木

图8 瑞金宾馆某楼 | 原瑞金二路住宅 | 瑞金二路 18 号 | 铸铁

图9 外滩华尔道夫酒店 | 原上海总会 | 中山东一路 2 号 | 铸铁

图10 华联商厦 | 原永安公司 | 南京东路 627-635 号 | 铸铁

图11 科学会堂 | 原老法国总会 | 南昌路 47 号 | 铸铁

图12 上海历史博物馆 | 原跑马总会 | 南京西路 325 号 | 铸铁、木

图13 扬子饭店 | 汉口路 740 号 | 铜、木

图14 花园饭店 | 原法国总会 | 茂名南路 58 号 | 铸铁、木

图15 上海邮政总局 | 北苏州河路 250 号 | 铜、木

图1、图A 益丰外滩源｜原益丰洋行｜北京东路 31-91 号｜铸铁、木

图2、图B 外友邦大厦｜原字林西报大楼｜中山东一路 17 号｜铸铁

图3、图C 外滩 18 号｜原麦加利银行｜铸铁

图4 外滩华尔道夫酒店｜原上海总会｜中山东一路 2 号｜铸铁、木

图5 体育大厦｜原西桥青年会｜南京西路 150 号｜铜、木

图6 金门大酒店｜原华安人寿保险公司｜南京西路 104 号｜铸铁

图7 瑞金宾馆｜原瑞金二路住宅｜瑞金二路 18 号｜铸铁

图8 静安区陕西北路某住宅｜铸铁、木

图9 友邦大厦｜原字林西报大楼｜中山东一路 17 号｜铸铁、木

图10 上海清算所｜原格林邮船大楼｜北京东路 2 号｜铸铁、木

图11 外滩史陈列室｜原外滩信号台｜中山东二路 1 号甲｜铸铁、混凝土

图12 中国外汇交易中心｜原华俄道胜银行｜中山东一路 15 号｜铸铁

图13 交通银行｜原金城银行｜江西中路 200 号｜铜、木

图14 浦东发展银行｜原汇丰银行大楼｜中山东一路 10 号｜铸铁、铜

图15 益丰外滩源｜原益丰洋行｜北京东路 31-91 号｜铜、木

1

2

3

4

5

6

7

8

9

10

11

12

图1、图A 上海邮政总局｜北苏州河路250号｜铜、木

图2、图B 罗斯福大楼｜原怡和洋行｜中山东一路27号｜铸铁、木

图3、图C 花园饭店｜原法国总会｜茂名南路58号｜铜

图4、图D 上海清算所｜原格林邮船大楼｜北京东路2号｜铸铁、木

图5、图E 科学会堂｜原老法国总会｜南昌路47号｜铸铁、木

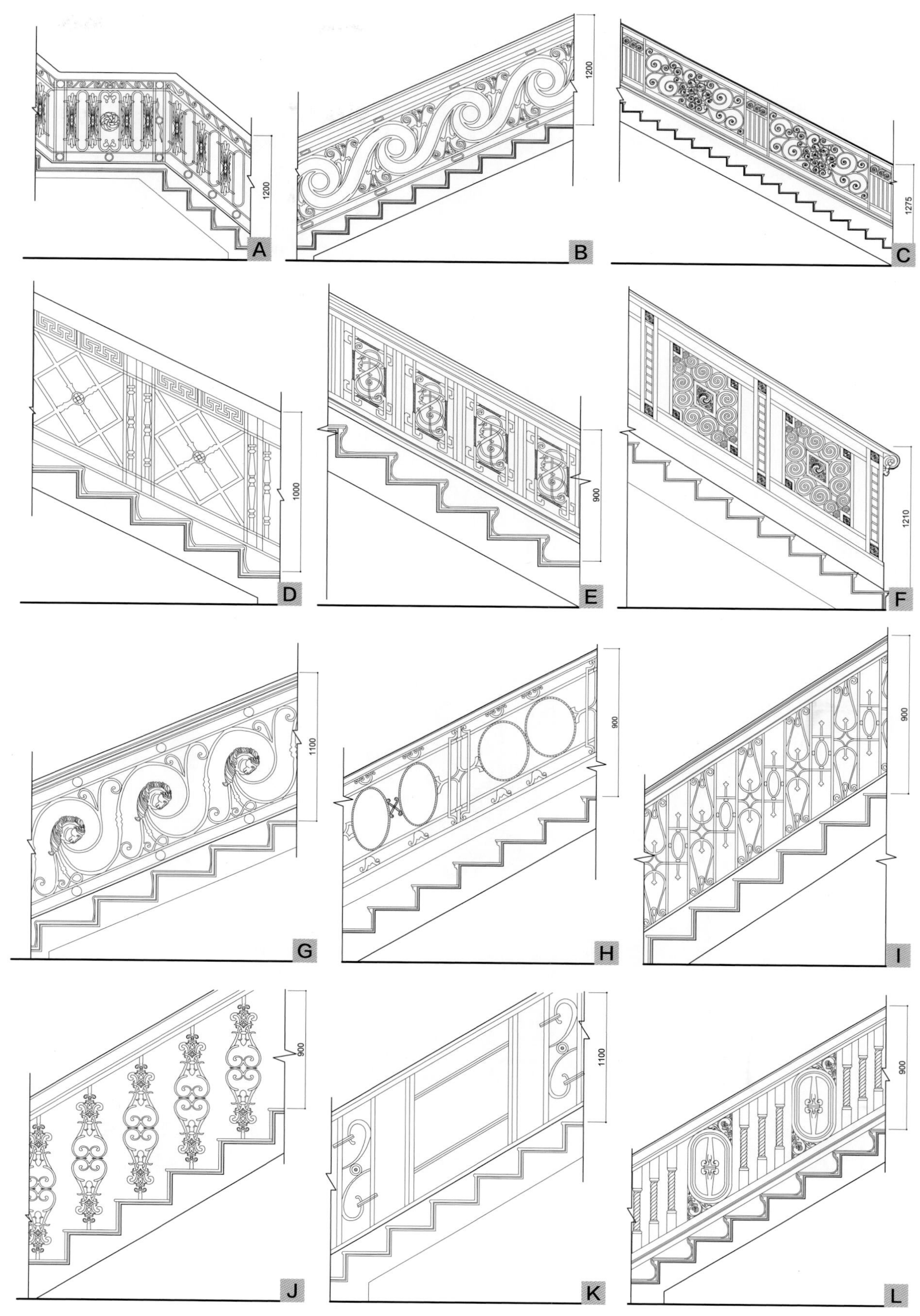

图 6、图 F 和平饭店北楼 | 原沙逊大厦 | 中山东一路 20 号 | 铜

图 7、图 G 上海历史博物馆 | 原跑马总会 | 南京西路 325 号 | 铸铁、木

图 8、图 H 外滩华尔道夫酒店 | 原上海总会 | 中山东一路 2 号 | 铸铁、木

图 9、10、图 I、J 体育大厦 | 原西桥青年会 | 南京西路 150 号 | 铜、木

图 11、图 K 瑞金宾馆某楼 | 原瑞金二路住宅 | 瑞金二路 18 号 | 铜、木、玻璃

图 12、图 L 安培洋行 | 圆明园路 97 号 | 木

图1 上海工艺美术博物馆 | 原法租界公董局总董官邸 | 汾阳路 79 号 | 铸铁、木

图2 外滩源 1 号 | 原英国领事馆 | 中山东一路 33 号 | 铸铁、木

图3 市三女中 | 原中西女中 | 江苏路 155 号 | 铸铁、木

图4 外滩华尔道夫酒店 | 原上海总会 | 中山东一路 2 号 | 铸铁、木

图5 益丰外滩源 | 原益丰洋行 | 北京东路 31-91 号 | 铸铁、木

图6 市三女中 | 原中西女中 | 江苏路 155 号 | 铸铁、木

图7 锦江宾馆 | 原华懋公寓 | 长乐路 109 号 | 铜

图8 瑞金宾馆某楼 | 原瑞金二路住宅 | 瑞金二路 18 号 | 铜、玻璃

图9 扬子饭店 | 汉口路 740 号 | 铜、木

图10 市三女中 | 原中西女中 | 江苏路 155 号 | 铸铁

图11 罗斯福大楼 | 原怡和洋行 | 中山东一路 27 号 | 铸铁、木

图12 上海历史博物馆 | 原跑马总会 | 南京西路 325 号 | 铸铁、木

图13 上海昆剧团 | 原警察总会与海陆军人之家 | 绍兴路 9 号 | 铸铁

图14 PRADA 展示中心 | 原荣氏花园住宅 | 陕西北路 186 号 | 铸铁、木

图15 体育大厦 | 原西桥青年会 | 南京西路 150 号 | 铜、木

图16 上海工艺美术博物馆 | 原法租界公董局总董官邸 | 汾阳路 79 号 | 铸铁、木

图17 上海工艺美术博物馆 | 原法租界公董局总董官邸 | 汾阳路 79 号 | 铸铁、木

图18 辞书出版社 | 原何东住宅 | 陕西北路 457 号 | 铸铁、木

图19 光大银行 | 原东方汇理银行 | 中山东一路 29 号 | 铜、木

图20 中国银行办公楼 | 原大清银行 | 汉口路 50 号 | 铸铁

图21 国际饭店 | 原四行储蓄会大楼 | 南京西路 170 号 | 铸铁、木

图22 益丰外滩源 | 原益丰洋行 | 北京东路 31-91 号 | 铜、木

图23 市规划院 | 原吴同文住宅 | 铜仁路 333 号 | 铸铁、木、玻璃

03 楼梯

1

2

3

4

5

6

7

8

9

10

11

图 1 交通银行 | 原金城银行 | 江西中路 200 号 | 石材

图 2 基督教青年会宾馆 | 原八仙桥基督教青年会 | 西藏南路 123 号 | 汉白玉

图 3 上海工艺美术博物馆 | 原法租界公董局总董官邸 | 汾阳路 79 号 | 石材、混凝土

图 4 贝轩大公馆 | 原贝宅 | 北京西路 1301 号 | 石材

图 5 中国银行办公楼 | 原大清银行 | 汉口路 50 号 | 木

图 6 外滩华尔道夫酒店 | 原上海总会 | 中山东一路 2 号 | 木

图 7 上海交响乐博物馆 | 原花园别墅 | 宝庆路 3 号 | 木

图 8 马勒别墅酒店 | 原马勒住宅 | 陕西南路 30 号 | 木

图 9 少儿图书馆 | 原切尔西住宅 | 南京西路 962 号 | 木

图 10 PRADA 展示中心 | 原荣氏花园住宅 | 陕西北路 186 号 | 木

图 11 和平饭店北楼 | 原沙逊大厦 | 中山东一路 20 号 | 木

图 12 上海交响乐博物馆 | 原花园别墅 | 宝庆路 3 号 | 木

图 13 PRADA 展示中心 | 原荣氏花园住宅 | 陕西北路 186 号 | 木

图 14 中国银行办公楼 | 原大清银行 | 汉口路 50 号 | 木

图 15 长宁区少年宫 | 原王伯群住宅 | 愚园路 1136 弄 31 号 | 木

图 16 和平饭店北楼 | 原沙逊大厦 | 中山东一路 20 号 | 木

图 17 罗斯福大楼 | 原怡和洋行 | 中山东一路 27 号 | 铸铁、石材、木

图 18 百乐门舞厅 | 原愚园路 218 号 | 铜、木

图 19 PRADA 展示中心 | 原荣氏花园住宅 | 陕西北路 186 号 | 木

图 20、图 21 花园饭店 | 原法国总会 | 茂名南路 58 号 | 铜

图 22 上海邮政总局 | 北苏州河路 250 号 | 铜、木

1

2

3

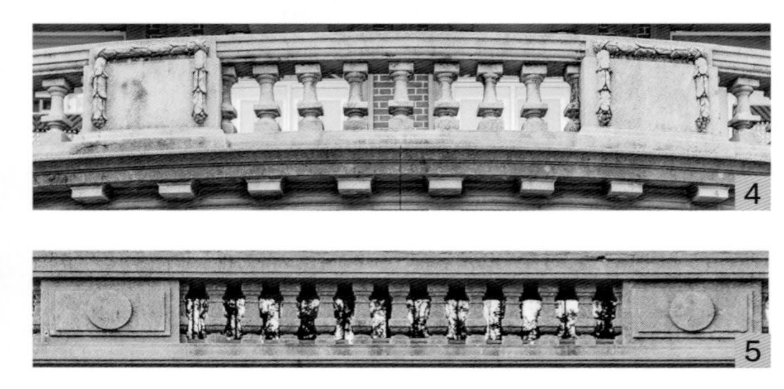
4
5

6

7

8

9

10

11

12

图1 金门大酒店｜原华安人寿保险公司｜南京西路 104 号｜石材

图2 上海历史博物馆｜原跑马总会｜南京西路 325 号｜石材

图3 盐业大楼｜原盐业银行｜北京东路 2 号｜石材

图4 瑞金宾馆一号楼｜原瑞金二路住宅｜瑞金二路 18 号｜石材

图5 友邦大厦｜原字林西报大楼｜中山东一路 17 号｜石材

图6 科学会堂｜原老法国总会｜南昌路 47 号｜混凝土

图7 亚细亚大楼｜中山东一路 1 号｜石材、混凝土

图8 瑞金宾馆一号楼｜原瑞金二路住宅｜瑞金二路 18 号｜石材、混凝土

图9 上海昆剧团｜原警察总会与海陆军人之家｜绍兴路 9 号｜铸铁

图10 外滩华尔道夫酒店｜原上海总会｜中山东一路 2 号｜铸铁

图11 基督教青年会宾馆｜原八仙桥基督教青年会｜西藏南路 123 号，｜汉白玉

图12 瑞金宾馆某楼｜原瑞金二路住宅｜瑞金二路 18 号｜石材、混凝土

图13 徐家汇天主堂｜徐家汇浦西路 158 号｜石材、混凝土

图14 贝轩大公馆｜原贝宅｜北京西路 1301 号｜混凝土

图15 基督教青年会宾馆｜原八仙桥基督教青年会｜西藏南路 123 号｜汉白玉

图16 马勒别墅酒店｜原马勒住宅｜陕西南路 30 号｜砖、琉璃

图17 瑞金宾馆｜原瑞金二路住宅｜瑞金二路 18 号｜石材、混凝土

图18 友邦大厦｜原字林西报大楼｜中山东一路 17 号｜石材、混凝土

图19 花园饭店｜原法国总会｜茂名南路 58 号｜木、混凝土

图20 贝轩大公馆｜原贝宅｜北京西路 1301 号｜玉石

图1 上海邮政总局 | 北苏州河路 250 号 | 水磨石、金属

图2 罗斯福大楼 | 原怡和洋行 | 中山东一路 27 号 | 石材、铜

图3 新天地一号楼 | 兴业路 123 弄 | 石材

图4 外滩华尔道夫酒店 | 原上海总会 | 中山东一路 2 号 | 石材、地毯、金属

图5、6 和平饭店北楼 | 原沙逊大厦 | 中山东一路 20 号 | 石材、地毯

图7、8 PRADA 展示中心 | 原荣氏花园住宅 | 陕西北路 186 号 | 木

图9 科学会堂 | 原老法国总会 | 南昌路 47 号 | 木、地毯、金属

图10 兴国宾馆 1 号楼 | 原兴国路住宅 | 兴国路 72 号 | 木、地毯、金属

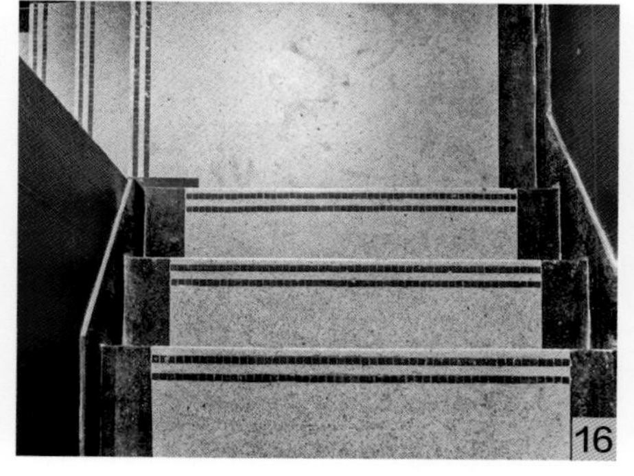

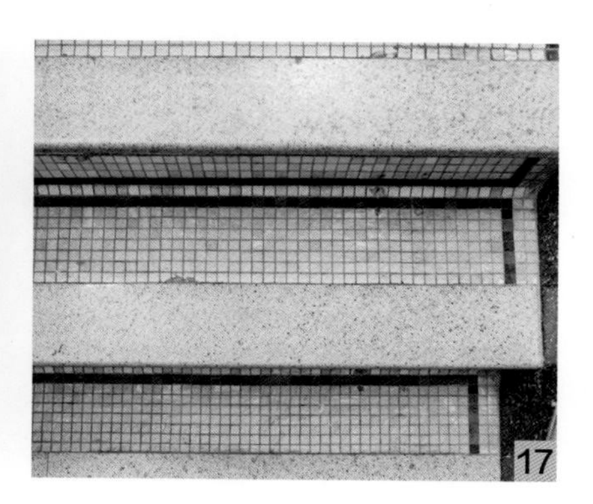

图 11 市规划院 | 原吴同文住宅 | 铜仁路 333 号 | 石材

图 12 市三女中 | 原中西女中 | 江苏路 155 号 | 水磨石、铜

图 13 东亚银行 | 原东亚大楼 | 四川中路 299 号 | 钢筋混凝土、水磨石

图 14 浦东发展银行 | 原汇丰银行 | 中山东一路 12 号 | 大理石

图 15 太阳公寓 | 威海路 651、665 弄 | 马赛克、混凝土

图 16 徐汇区安福路某公寓 | 马赛克、水磨石

图 17 上海历史博物馆 | 原跑马总会 | 南京西路 325 号 | 马赛克、水磨石

图1、5 华东政法学院 | 原圣约翰大学 | 万航渡路 1175 弄 | 大理石

图2 中科院生理研究所 | 原中央研究院 | 岳阳路 320 号 | 木材

图3 浦东发展银行 | 原汇丰银行 | 中山东一路 12 号 | 混凝土、地毯

图4 上影集团 | 原布哈德住宅 | 永福路 52 号 | 水磨石

图6 淮海公寓 | 原盖司康公寓 | 淮海中路 1285 弄 | 马赛克

图7 浦东发展银行 | 原汇丰银行 | 中山东一路 12 号 | 大理石、地毯

图8 浦东发展银行 | 原汇丰银行 | 中山东一路 12 号 | 水磨石

04

第四章

地坪

现代室内地坪的定义是指建筑中直接承受使用荷载，经常性地受到摩擦、清洗的部分，是人们日常生活、工作、学习时必须接触的地方，属于建筑装饰工程中重要的内容，除了要满足使用功能上的需求外，还要充分考虑人们对于艺术的追求和舒适性的享受[1]。

地坪伴随着人类生活前行的脚步，始终是建筑不可或缺的组成部分。建筑地坪的历史源远流长，像一条永恒的、静谧的长河，流淌不息地倾诉着自己的故事。

1. 欧美建筑室内地坪

(1) 石材地坪

天然石材是最古老的建筑材料之一，其浑然天成的纹理和瑰丽多样的色彩，素为人们所喜爱。在古代，世界上重要的建筑，诸如埃及的金字塔、希腊的神庙、罗马的教堂、俄罗斯的东宫等都以石材为主要的结构材料建筑而成。然而，直到工业革命时期之前，石材的开采加工运输的技术进步极为缓慢，只有极少量的石材用于室内铺装，因为受到材料本身和加工工具的限制，石材的使用大多仍局限在一些建筑结构的梁柱体系之中。15 世纪的英国，建筑室内首层地坪多数采用夯土和铺砖构造，少量最好的建筑才会使用石材铺地。工业革命所取得的巨大成果为石材这种古老的材料带来了新的生命，加工技术的革命，使得石材成为一种被广泛使用的装饰性材料，精美的石材室内地面铺装开始流行[2]。

(2) 木地板地坪

早期的欧洲在建筑中使用的木质地板非常粗陋，通常只是将木材加工成简单的板状，甚至表面不作处理就用于室内地坪铺装。漫长的中世纪至文艺复兴之初，欧洲国家的皇室及贵族使用木地板最多，一般平民家居较少使用。15 世纪之后，木地板的加工及铺装工艺得到了一定发展，一般建筑楼面开始用橡木或榆木地板铺筑。随着工业文明的兴起，木材加工业迅速崛起，木制品的生产成本大幅下降，木地板大量进入不同类型建筑的室内装修。

(3) 地砖地坪[3]

历史上，陶瓷地砖的使用可以追溯到公元前 4000 年的近东与远东地区。在占领西欧领土的同时，罗马人也将地砖制作工艺带到了当地。然而，这项工艺逐渐被欧洲人所遗忘，直到 12 世纪，修道院的修道士才研制出一种带镶嵌图案的彩色地砖，这种彩色地砖主要用于制作教堂地板当中。但经过宗教改革后，这类工艺在 16 世纪再次失传。直到 19 世纪中叶，除了土耳其与中东地区制作的装饰精美的墙砖及 17 世纪荷兰制作的代尔夫特瓷砖之外，欧洲再也没有制作出陶瓷地砖。现代瓷砖业由英国人赫伯特 · 明顿于 1843 年创立，与此同时，他恢复了英国失传的彩色砖制作工艺。19 世纪 40 年代，“干压法”使瓷砖行业发生了进一步的变革，干压法是指将金属模腔内的近乎干燥的黏土压实。干压法取代了使用湿黏土手工制作瓷砖的工艺方法，促进了瓷砖制作行业的机械化发展。在 19 世纪随后的几十年当中，使用干压法制成的地砖，颜色与设计更加丰富，质量更好，且制作速度更快，制作成本更加经济。19 世纪 50 年代，彩色地砖被选用于伦敦的威斯敏斯特新宫、怀特岛的维多利亚女王皇家公寓等重要建筑中。到 19 世纪后半叶，虽价格依然昂贵，但彩色地砖依然是许多类型建筑中的常用地坪铺装材料。

20 世纪以后，地面彩砖的使用开始减少，尤其是在住宅建筑中。地面陶瓷锦砖的引入是造成地面彩砖使用减少的一个因素。地面陶瓷锦砖在整个 20 世纪 30 年代仍被普遍使用，其中部分原因是技术创新大大降低了这种小型瓷砖的铺装难度。厂家在 12" × 12" 的纸张上将陶瓷锦砖预先排布成一定的装饰图案，这样在购买后可以直接将瓷砖铺在水泥上，这大大简化了瓷砖铺装工人的工作，也毫无疑问成为陶瓷锦砖得以快速普及的一个重要因素。

(4) 水磨石地坪[4]

水磨石来源于 16 世纪中期在威尼斯使用的有着几百年历史的大理石马赛克装饰面层。今天，水磨石已经发展成为环境友好型的材料，同时具有良好的装饰性，以及维护成本低的特点。因为水磨石经久耐用，所以是成本最低的地面装饰材料。水磨石是聪明的威尼斯马赛克工人在发现如何再利用大理石废料的过程中创造出来的。工匠们一开始用手工将这些无法使用的大理石废料，平铺在他们的住所周围，用以建造露台围廊地面，逐渐发展成使用带长柄的刮板来平铺水磨石地面。起初工匠们发现羊奶可以丰富大理石的颜色并具有增加光泽的效果，由是经过打磨工艺的具有特殊光泽和肌理的材料出现了。美国的第一个水磨石地面铺装出现于 1890 年，是意大利工匠在纽约的第五大道上承接施工的范德比尔特公寓。那个时候，马赛克开始逐渐地被引入美国，并用水磨石来称谓。随后，从 1900 年到 1915 年，先后有三百万意大利人移民到美国。水磨石马赛克工匠被称为移民劳动力大军里的贵族阶级，因为他们的工作具有较高的技巧和价值。这些工匠被视为一种手艺类型艺术家，他们保护着那些令人嫉妒的手艺，而且是子承父业。这些家族生意组成强大的公司网络并将水磨石业务扩展到整个美国市场，并牢牢地控制于手中。20 世纪 20 年代水磨石进入黄金时代。第一次世界大战后，在美国水磨石成为时尚的地面铺装工艺，突然取代了使用已久的大理石马赛克。当时，建筑师开始意识到水磨石有着广泛的装饰效果的潜力。适逢那个时代流行光滑、弯曲的现代化艺术装饰风格，水磨石恰巧成为理想的媒介载体。再者，在 1924 年，由于电动研磨机的发明与应用，使得水磨石可以处理出更细腻的表面，而且处理速度更快，精度更高，成本更低。得益于这些因素，加速了水磨石工艺在美国的流行。那时的许多地标建筑，引人炫目的经典设计，集合

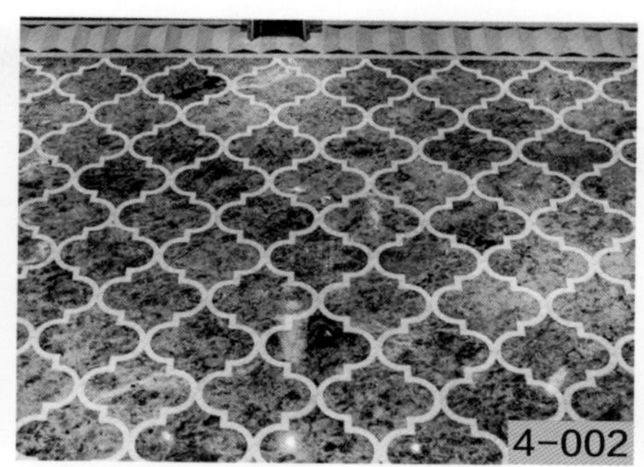

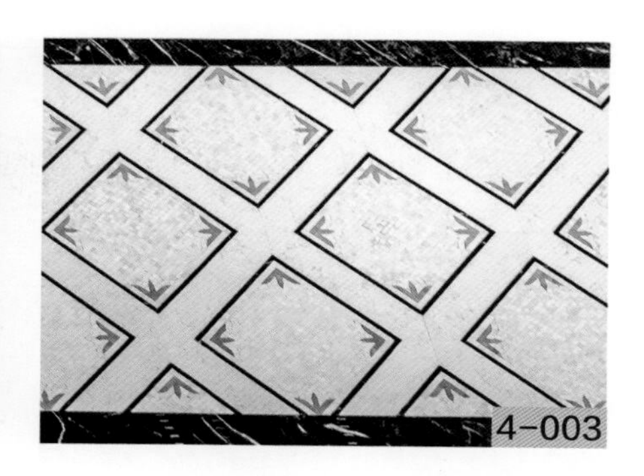

图 4-001 瑞金宾馆
图 4-002 百乐门舞厅
图 4-003 锦江宾馆

工匠精神和传世之作的建筑，包括州政府、广播大厦、音乐厅、博物馆等公共性建筑都采用了水磨石建造技术。

2. 中国建筑室内地坪

(1) 砖筑地坪

中国古代建筑的地面可分室内铺地与室外铺地。早在原始社会，就有用烧烤硬化地面以隔潮湿。周朝初也有在地面抹一层由泥、沙、石灰组成的面层。西周晚期时已出现铺地砖。东汉墓中已出现了磨砖对缝的地砖。室内铺地多用方砖平铺，很少侧放，一般对缝或错缝。条砖有用席纹或四块砖相并横直间放的。这种砖地铺装工艺一直延续至清末民初年间。

(2) 石材地坪

在中国，天然石材开采使用的历史悠久。几千年以来，各时期石材装饰史料，令人叹为观止，其中就有石材用于一些宫殿寺庙建筑地面铺筑的文字记载和实物考证。从巍巍壮观的万里长城到魏晋南北朝时期开凿的敦煌石窟，从富丽堂皇的十三陵到南京中山陵，从皇宫庙宇到普通民居，石材的构筑工艺丰富多彩，无不体现出不同时代的能工巧匠的技术智慧。但由于所有石材的开采和加工都需要用手工完成，用于建筑装饰的石材非常少，所以大多数建筑不能使用石材作为墙地面的装饰材料。

(3) 木地板地坪

3000 多年前的中国就有室内铺筑木地板的记载，那时只能对原木进行粗糙的加工，铺装之后的板缝较大，表面平整度不足。在漫长的封建时代，由于加工技术无甚进步，建筑室内木地板铺装工艺裹足不前。时至明朝中叶，由外国传教士引入了当时西方木地板铺装工艺。鸦片战争后，国门被强行打开，西方建筑技术长驱直入，近代意义的木地板铺筑技术才逐渐普及，以拼花木地板样式为代表的海派风格引发了一股时尚潮流并影响了国内诸多城市。

(4) 地砖地坪

中国建筑陶瓷历史悠久，早在一万多年前的新石器时代就发明了原始的制陶术。早在殷商时期人们用粗陶制作建筑物的地下排水道和建筑物饰物。战国时期开始出现了精美的陶质铺地砖。秦砖汉瓦的大量应用，是中国对世界建筑发展的重要贡献。明代早期，景德镇开始生产青花釉面砖，它是世界上最早的瓷质地砖之一。在漫长的封建时代，建筑陶瓷技术远落后于日用陶瓷，除了少量瓷砖用于少数宫殿建筑之外，在其他建筑地坪装饰中没有得到应用。

(5) 水磨石地坪

在亚洲，20 世纪初期水磨石工艺传入日本。1908 年由日本工匠带入中国台湾。20 世纪 20 年代导入上海并得到普及，30 年代达到巅峰。因制作工艺并不复杂，且由于铜质分隔条的使用，能够有效地防止地坪表面膨胀收缩开裂，使得制作高艺术性、复杂图案和效果的水磨石地面成为当时最流行的地坪铺装工艺。

3. 海派建筑地坪

(1) 石材地坪

1843 年开埠后的上海迅速成为中国第一个商业都市，诸多近代化的酒店商场写字楼等公共建筑开始兴建，这些建筑的厅堂地面装饰开始使用石材铺装地坪，铺装石材都为进口花岗石、大理石，其装饰形式有单种石材铺装和多种石材拼花铺装，前者以石材独特的质感按照一定的设计构图进行铺设，形成强烈的装饰效果；后者以不同规格、品种的石材相间的设计构图进行铺设，为室内增添活泼气氛和情趣。

单种石材的室内铺设讲究颜色和纹理的装饰，在公共空间的效果是颜色柔和、明快，凸显富丽堂皇或古朴自然的格调。如酒店大堂采用暖色调的花岗石或大理石，写字楼则讲究明快简洁，采用浅色调的石材铺装，使室内地面更有个性化。

多种石材拼花装饰是海派建筑地坪最有特色的铺设手法，根据不同场所、不同的面积和不同的空间环境进行设计，构图形式为简明、有序的简单图案，突出空间的高雅格调。石材拼花装饰铺地完美地释放了石材的天然质感，材质与色彩的巧妙搭配生动地表现了石材的高贵、典雅的特质（图 4-001，图 4-002，图 4-003）。

(2) 木地板地坪

海派建筑中的高级住宅及一些酒店写字楼的室内地坪采用木地板铺装比较流行，木地板地坪装饰深受欧美工艺美术运动和新艺术运动风格的影响，采用拼花形式成为一种时尚。拼花木地板通过小型木板条不同方向的组合，镶拼出多种图案花纹，其中正芦席纹、斜芦席纹、人字纹及清水砖纹比较多见（图 4-004，图 4-005，图 4-006）。铺筑方式分双层和单层两种，两者面层均为拼花硬木板层，双层者下层为毛板层，面层板材

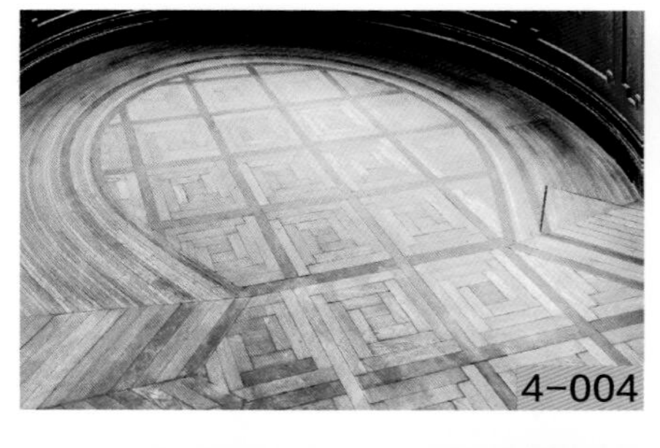

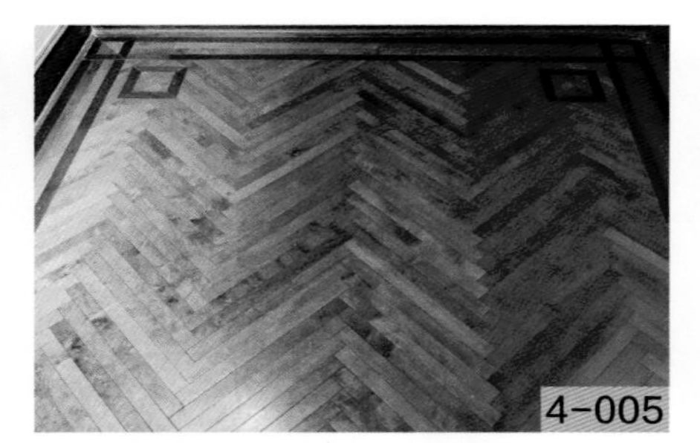

图 4-004 荣氏老宅
图 4-005 邬达克纪念馆
图 4-006 马勒别墅
图 4-007 徐家汇天主堂
图 4-008 圣三一基督教堂
图 4-009 中国外汇交易中心

多选用柚木、柳桉、核桃木、橡木等质地优良不已腐朽开裂的硬木树材。拼花木条板带有企口，单层构造是将面层板条直接用沥青固定在混凝土楼板基层之上，双层构造则是将面层木板条用暗钉钉在毛板上。

(3) 地砖地坪

开埠以后的上海从大型公寓建筑到小型的私人住宅建筑，政府机关、学校等机构建筑，教堂、清真寺等宗教建筑，开始使用陶瓷地砖铺筑地坪，这一时期所用的地砖均来自于欧美地区。

陶瓷地砖一般可以分两类：无釉砖与釉面砖。无釉砖包括：缸砖、彩砖、几何瓷砖以及陶瓷锦砖（陶瓷锦砖也分有釉型与无釉型）。其他的陶瓷地砖大部分都是有釉型。陶瓷地砖具有丰富的彩釉与装饰图案，当时在上海的装饰材料市场上瓷砖的种类也很多样，从最朴素的砖红色陶瓷砖到装饰丰富的单片瓷砖与图案精致的瓷砖，一应俱全。陶瓷地砖具有丰富的彩釉与装饰图案，瓷砖规格全部模块化，即标准化，使其能够轻松地契合不同尺寸的地坪装饰，这也在很大程度上解释了陶瓷地砖在开埠后的上海滩迅速流行的原因。

1926 年，由民族资本家黄首民在上海创办了泰山砖瓦股份有限公司，“泰山”牌陶瓷墙地砖成功投放市场，开启了国产建筑陶瓷品牌的先河。

当时在上海流行的陶瓷地砖的颜色已多达 6 种，由白色、黑色、金色、粉红色、绿色、蓝色构成的复杂的彩色图案比较多见，带有黑色或金色设计图案的白色地砖已很常见。地砖通常用传统及原创设计图案进行装饰（图 4-007，图 4-008，图 4-009）。地砖尺寸多样，形状大多为正方形或八边形，满足定制特定用途或适合特定空间的设计。

尺寸较小的、单色型地砖，经过拼接可以形成一定的几

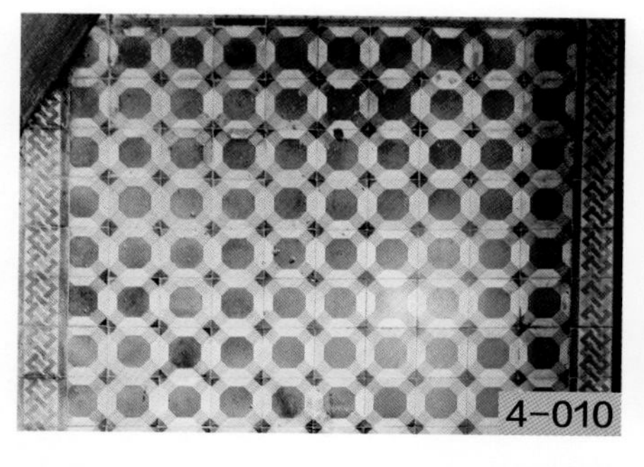
4-010

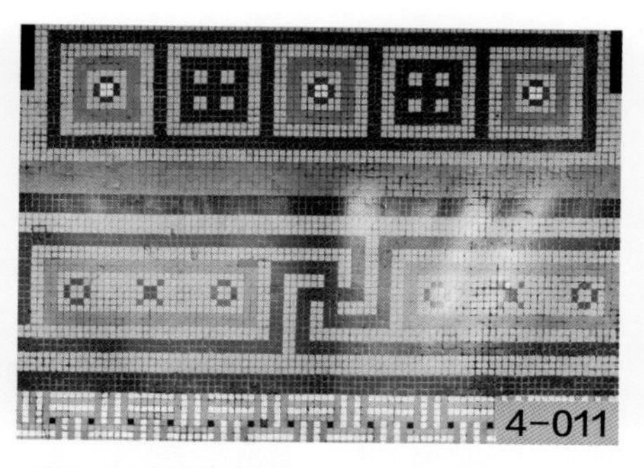
4-011

4-012

4-013

4-014

4-015

何图案。这类地砖被称作几何地砖，几何地砖的形状通常为矩形，正方形，三角形或六边形，厚度与前述地砖相同。几何地砖特别适合用作装饰边框，利用不同形状、尺寸、颜色的几何地砖，结合使用带图案的地砖，铺装时制成了各种各样的地板图案。

陶瓷锦砖又称之为马赛克，由于具有色泽明净、图案美观、质地坚实、耐污染、耐腐蚀、耐磨蚀、易清洗等特点，成为海派建筑室内地坪装饰材料的新宠，广泛地使用于诸多公共建筑及住宅建筑的厅堂、走廊、厨房及卫生间等空间的地坪铺装饰面（图 4-010，图 4-011，图 4-012，图 4-13）。陶瓷锦砖本质上是尺寸较小的几何瓷砖，形状包括正方形、长方形或椭圆形、六边形、五边形和梯形。既有玻化锦砖，又有半玻化锦砖；既有表面磨砂的单色或多色无釉锦砖，也包括色彩缤纷的釉面锦砖。另外，它还可以制成外观看似由众多锦砖拼凑成的单块瓷砖图案。借助模具，即可使瓷砖表面呈现出看似隔离各块“马赛克”的凹陷泥浆接缝的图案。彩色陶瓷锦砖还被用于镶拼成艺术壁画，其装饰性和艺术性别有风情。

(4) 水磨石地坪

20 世纪 20 年代在欧美流行的水磨石装饰工艺由日本人引进台湾后快速地导入上海。由于水磨石是将水泥、白色大理石碎粒或彩色石渣、颜料及水等原料按照适当的比例配制，并经拌和、浇筑捣实、养护、硬化、表面打磨、草酸冲洗、上蜡等工序制成的装饰材料。用于地坪装饰时，因其耐磨性高、不积灰尘、材料色彩搭配多样、装饰性强等特性，在公共建筑住宅建筑上广泛运用。如同流行的大理石铺装一样，海派建筑设计师利用其仿石材的特质，并使其自身具有的颜色和纹理得到了淋漓尽致的表达。根据室内空间环境进行色彩与图案的选择，通过水磨石颗粒大小的对比，以及与墙面的对比进行设计，所达成的效果竟与空间中的其他装饰都毫不违和，关键看起来还那么时尚。水磨石以细腻的肌理展现了素雅而时尚的格调，能够营造现代建筑空间中的丰富表情，为建筑增添了大气、高级的感觉。海派建筑水磨石地坪总给人心理上带来安慰的感觉，又因容易制作的工艺优势和高洁光滑的质感，更引人注目（图 4-014，图 4-015，图 4-016，图 4-017）。

图 4-010 交响乐博物馆
图 4-011 花园饭店
图 4-012 外滩 18 号
图 4-013 西摩会堂
图 4-014 长宁区少年宫
图 4-015 市三女中
图 4-016 大光明戏院

4-016

最近几年，新开发的环氧磨石、聚合物改性水泥磨石可以制造出性价比更好、功能性更强、更多样性的磨石地面。颜色及骨料可选择的范围大大扩大。新型的聚合物改性水泥磨石以及环氧基磨石通过材料技术的不断升级，大大地提升了施工的便易性，并且让设计师在装饰设计的效果上有了更多的选择弹性。

4. 地毯

地毯，有着悠久历史的装饰织物，也是世界通用的高级地面装饰材料，堪称经久不衰，今天依然闪耀着特有的光芒。传统的地毯是手工编织的羊毛织物，当今的地毯多为机织，其原料及款式多种多样，同时颜色从艳丽到淡雅，绒毛由柔软强韧，使用从室内到室外，已形成了高、中、低档的系列产品，任凭选用[5]。

世界地毯的历史发源地主要有中国、波斯、埃及和印度。中国地毯的起源有文字记载的大约在 2000 多年前，有实物考证的大约有 3000 多年的历史。地毯又名地衣，用于铺设在地面的编织品。中国地毯最早起源于我国西北少数民族地区的游牧部落。早在 2000 多年前，气候环境较为特殊多变的西北高原牧区，当地的游牧民族为了适应生活的需要，利用当地丰富的羊毛捻纱，织出绚丽多彩的跪垫、壁毯和地毯，这是最早的地毯雏形。经过历朝历代的发展，地毯编织工艺不断改进。17 世纪到 18 世纪的明末清初，中国手工地毯编制工艺达到了前所未有的高度，但工效低、产量少，多用于宫廷和寺庙建筑中。在许多国家，中国地毯被作为永久的艺术品而收藏。

1840 年后，近代中国的地毯企业开始引进国外技术和设备，使地毯的生产效率和产量逐渐提高。在机织地毯发展的同时，传统手工地毯依旧保持着旺盛的生命力，散发出迷人的艺术魅力。

中国改革开放以后，特别是近几年来，经济高速增长，各类地毯生产规模也不断扩大，城市建筑高档地面装饰对地毯的需求量逐年上升，人民安居乐业，曾经昂贵奢侈的地毯逐渐进入了普通百姓家中，成为人们美化生活环境，装饰家居的佳品。

世界手工栽绒地毯的传统产区主要集中在东亚、中亚以及欧洲和亚洲交界处的诸多国家。波斯地毯从最初游牧民族手工制作并用来抵御严寒的生活必需品，逐渐成为一门精妙绝伦的艺术，代代传承历经 2000 多年，成为世界手织地毯的一颗璀璨明珠。

18 世纪 20 年代，英国首创布鲁塞尔地毯织机，机织地毯应运而生。至 20 世纪 40 年代，英国发明了簇绒机，采用绒纱植入已有织物之上的方法，突破了传统机织方式，大大提高了生产效率。至今簇绒地毯已占地毯总产量的 90% 左右。

图 4-017 徐汇区历史建筑
图 4-018 和平饭店北楼
图 4-019 科学会堂
图 4-020 瑞金宾馆
图 4-021 金门大酒店

(1) 常用地毯类型 [6]

①羊毛地毯　又称纯毛地毯，采用粗绵羊毛为主要原料，具有弹性大、拉力强、光泽好的优点，为高档铺地装饰材料。现多为机织工艺生产，少量采用人工编织。

②混纺地毯　以羊毛纤维与合成纤维混纺后编织而成的地毯。合成纤维的掺入，显著改善了地毯的耐磨性，装饰性并不亚于纯毛地毯，且带来了价格的降低。采用簇绒工艺生产。

③化纤地毯　采用合成纤维编织的地毯，常用的合成纤维材料有丙纶、腈纶、涤纶等，其外观和触感酷似羊毛，有较好的弹性及耐磨性，为目前用量最大的中低档地毯。采用簇绒或无经纬编织的无纺工艺生产。

(2) 海派建筑选用地毯

建筑室内地毯铺装是根据建筑装饰的等级、使用部位及使用功能等要求而选用的。地毯按其使用场所的不同，分为六级：①轻度家用级：铺设在不常使用的房间或部位；②中度家用级或轻度专业使用级：用于主卧室或餐室等；③一般家用级或中度专业使用级：用于起居室、交通频繁部位如楼梯、走廊等；④重度家用级或一般专业用级：用于家中重度磨损的场所；⑤重度专业使用级：家庭一般不用，用于特殊要求的场合；⑥豪华级：地毯的品质好，纤维长，因而豪华气派，用于高级装饰的卧室等场所。

地毯常见的风格有现代风格、东方风格及欧式风格。其中现代风格地毯多采用几何、花卉、风景等图案样式，具有较好的抽象效果和温馨的氛围，色调深浅对比、色彩对比等较易与室内环境相结合（图 4-019，图 4-020）。东方风格地毯图案装饰性强，色彩优美，民族地域特色浓郁（图 4-021），多与中式装修格调相配。欧式风格地毯多以大马士革纹、佩斯里纹、欧式卷叶等图案构成，立体感强，线条流畅，精美贵气，

4-019

4-020

4-021

与欧式装修格调相配（图 4-018）。

海派建筑选用地毯通常是从室内空间的整体效果着手，注重环境氛围、装修格调、色彩基调等相互之间关系的协调性，从地毯质地、编织工艺、色彩调子、图案纹样等因素进行综合考量，适宜与家具、灯具、窗帘等软装选型取得协调，营造典雅、精致、温馨、和谐的海派装饰效果。

参考资料

[1] 刘昭如. 建筑构造设计基础[M]. 北京: 科学出版社，2000.

[2] 尹莎. 石材在室内环境设计中的应用研究[D]. 长沙: 中南林业科技大学，2012.

[3] U.S.department of the interior.preserving historic architecture. the offical guidelines [M]. New York:Skyhorse Publishing.2004.

[4] 同[3]

[5] 韩建新，刘广洁. 建筑装饰构造(第二版)[M]. 北京: 中国建筑工业出版社，2004.

[6] 符芳，钱士英，王永奎. 建筑装饰材料[M]. 南京: 东南大学出版社，1994.

1

2

3

4

6

5

7

8

9

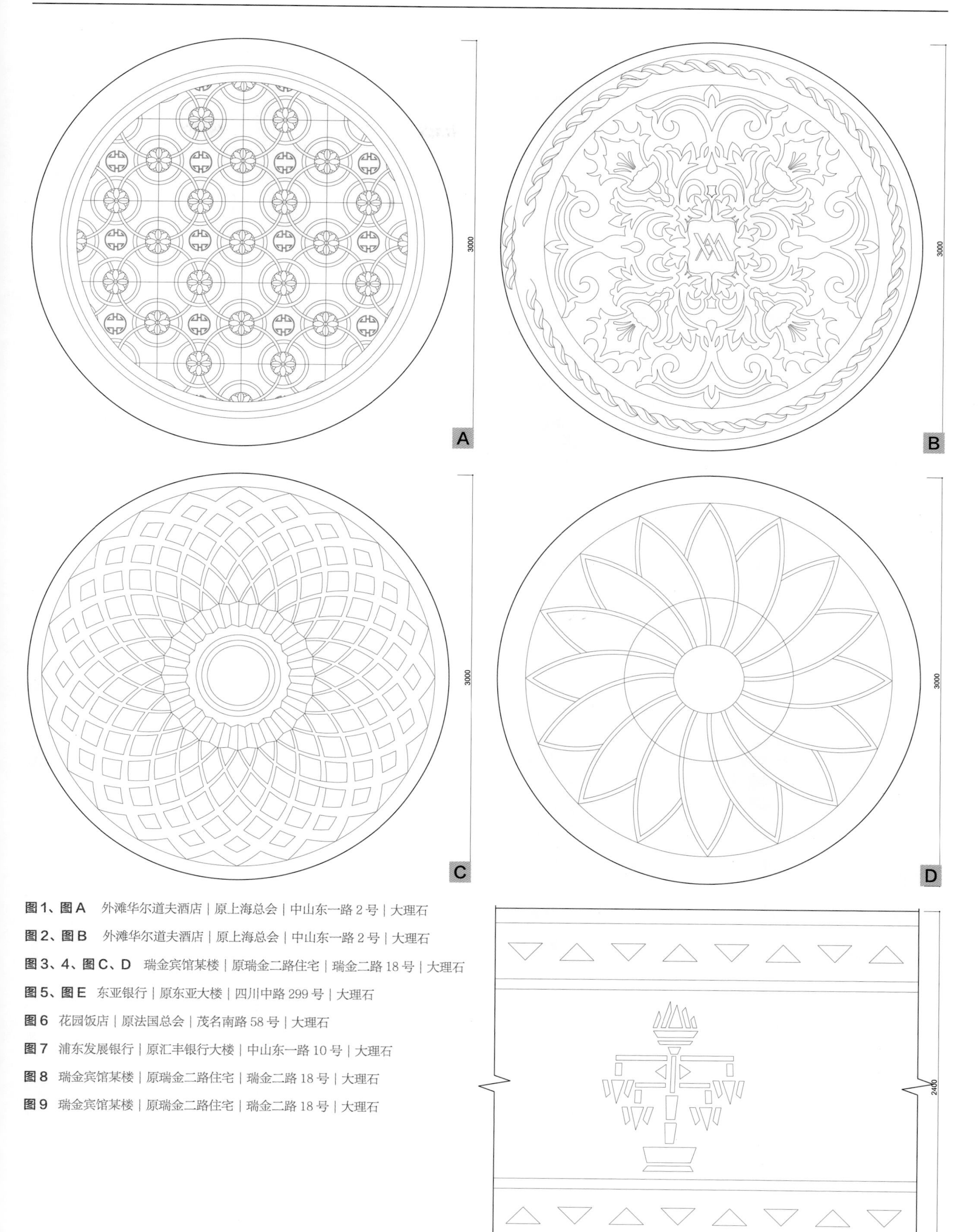

图1、图A 外滩华尔道夫酒店 | 原上海总会 | 中山东一路 2 号 | 大理石

图2、图B 外滩华尔道夫酒店 | 原上海总会 | 中山东一路 2 号 | 大理石

图3、4、图C、D 瑞金宾馆某楼 | 原瑞金二路住宅 | 瑞金二路 18 号 | 大理石

图5、图E 东亚银行 | 原东亚大楼 | 四川中路 299 号 | 大理石

图6 花园饭店 | 原法国总会 | 茂名南路 58 号 | 大理石

图7 浦东发展银行 | 原汇丰银行大楼 | 中山东一路 10 号 | 大理石

图8 瑞金宾馆某楼 | 原瑞金二路住宅 | 瑞金二路 18 号 | 大理石

图9 瑞金宾馆某楼 | 原瑞金二路住宅 | 瑞金二路 18 号 | 大理石

1
2
3
4
5
6
7
8
9

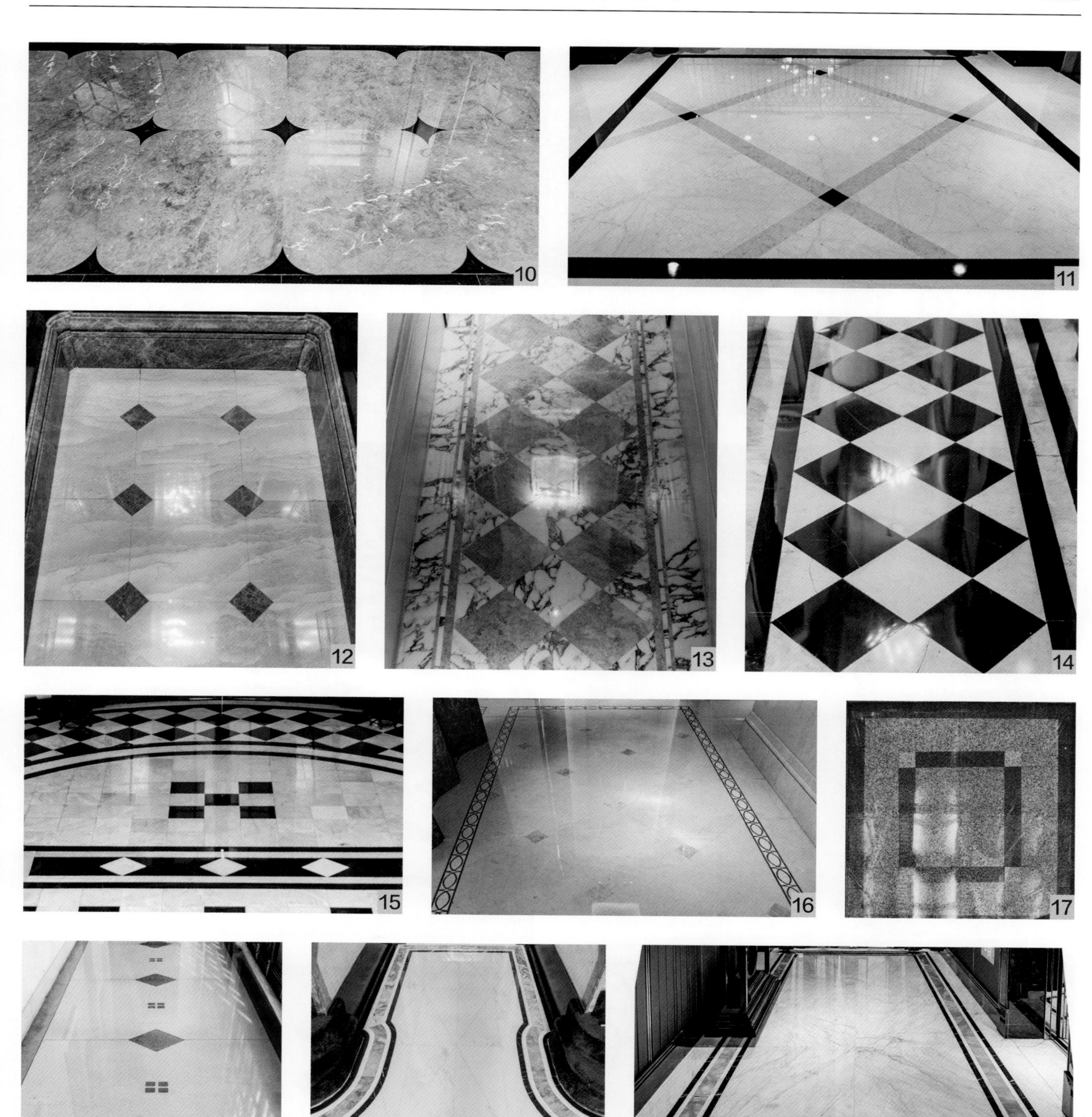

图 1 中垦大楼 | 原中国垦业银行 | 北京东路 239 号 | 大理石

图 2、4、5 瑞金宾馆某楼 | 原瑞金二路住宅 | 瑞金二路 18 号 | 大理石

图 3 锦江宾馆 | 原华懋公寓 | 长乐路 109 号 | 大理石

图 6 上海清算所 | 原格林邮船大楼 | 北京东路 2 号 | 大理石

图 7 外滩华尔道夫酒店 | 原上海总会 | 中山东一路 2 号 | 大理石

图 8 交通银行 | 原金城银行 | 江西中路 200 号 | 大理石

图 9 科学会堂 | 原老法国总会 | 南昌路 47 号 | 大理石

图 10 上海信托投资公司 | 原大陆银行 | 九江路 111 号 | 大理石

图 11 锦江宾馆 | 原华懋公寓 | 长乐路 109 号 | 大理石

图 12-16 外滩华尔道夫酒店 | 原上海总会 | 中山东一路 2 号 | 大理石

图 17 锦江宾馆 | 原华懋公寓 | 长乐路 109 号 | 大理石

图 18 科学会堂室 | 原老法国总会 | 南昌路 47 号 | 大理石

图 19 和平饭店北楼 | 原沙逊大厦 | 中山东一路 20 号 | 大理石

图 20 瑞金宾馆某楼 | 原瑞金二路住宅 | 瑞金二路 18 号 | 大理石

1

2

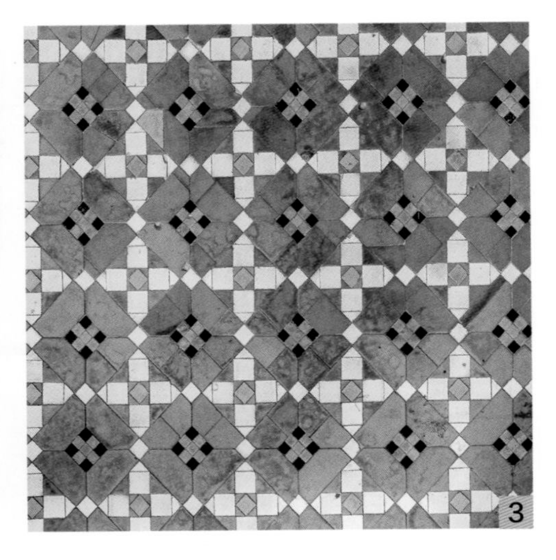
3

4

5

6

7

8

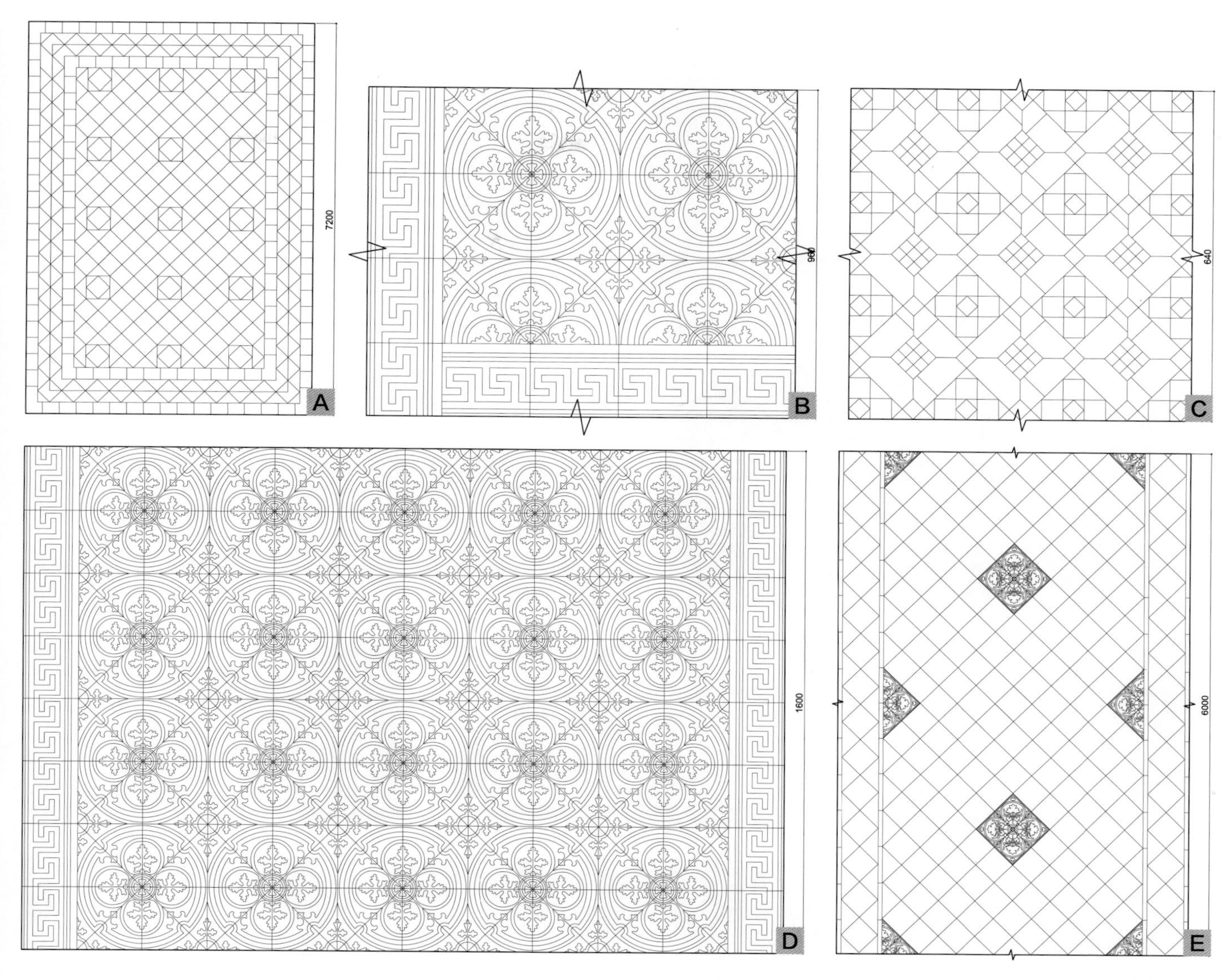

图1、图A　外滩源1号｜原英国领事馆｜中山东一路33号｜地砖

图2、图B　徐家汇天主堂｜徐家汇浦西路158号｜地砖

图3、图C　PRADA展示中心｜原荣氏花园住宅｜陕西北路186号｜地砖

图4、图D　徐家汇天主堂｜徐家汇浦西路158号｜地砖

图5、图E　圣三一基督教堂｜九江路201号｜地砖

图6、图F　外滩源1号｜原英国领事馆｜中山东一路33号｜地砖

图7　安培洋行｜圆明园路97号｜地砖

图8　圣三一基督教堂｜九江路201号｜地砖

1
2
3
4
5
6
7
8
9
10

11

12

13

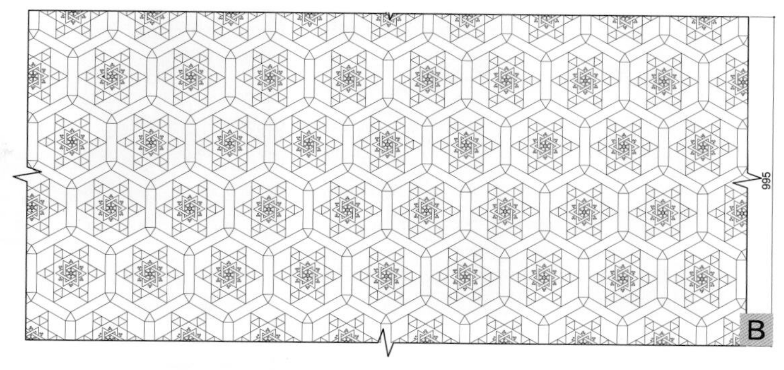

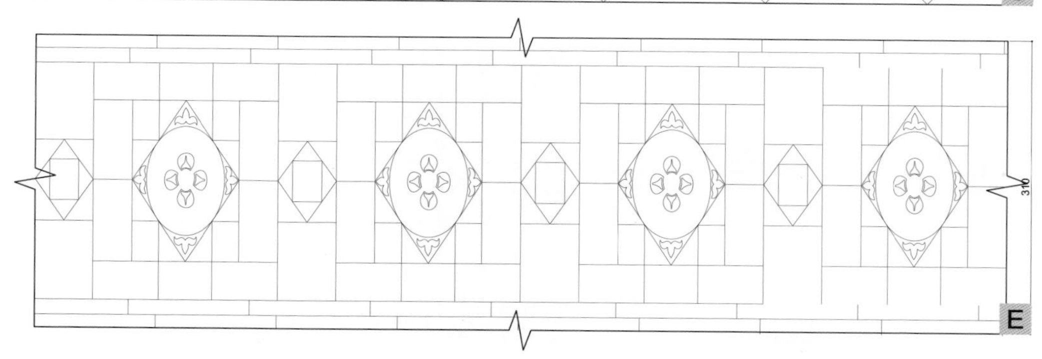

C

图1、图A 中国外汇交易中心 | 原华俄道胜银行 | 中山东一路 15 号 | 地砖

图2、图B PRADA 展示中心 | 原荣氏花园住宅 | 陕西北路 186 号 | 地砖

图3、图C 徐家汇天主堂 | 徐家汇浦西路 158 号 | 地砖

图4、图D 少儿图书馆 | 原切尔西住宅 | 南京西路 962 号 | 地砖

图5、图E PRADA 展示中心 | 原荣氏花园住宅 | 陕西北路 186 号 | 地砖

图6 上海历史博物馆 | 原跑马总会 | 南京西路 325 号 | 地砖

图8、9 PRADA 展示中心 | 原荣氏花园住宅 | 陕西北路 186 号 | 地砖

图10 科学会堂 | 原老法国总会 | 南昌路 47 号 | 地砖

图11 和平饭店南楼 | 原汇中饭店 | 中山东一路 19 号 | 地砖

图12 少儿图书馆 | 原切尔西住宅 | 南京西路 962 号 | 地砖

图13 瑞金宾馆一号楼 | 原瑞金二路住宅 | 瑞金二路 18 号 | 地砖

图7、14 上海交响乐博物馆 | 原花园别墅 | 宝庆路 3 号 | 地砖

图15 PRADA 展示中心 | 原荣氏花园住宅 | 陕西北路 186 号 | 地砖

图16 外滩源 1 号 | 原英国领事馆 | 中山东一路 33 号 | 地砖

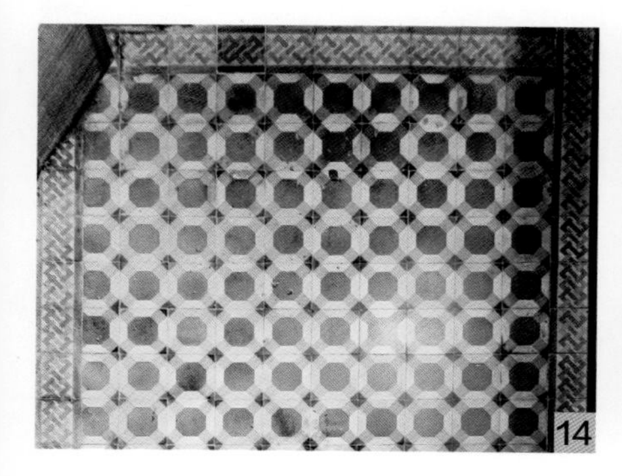
14

15

16

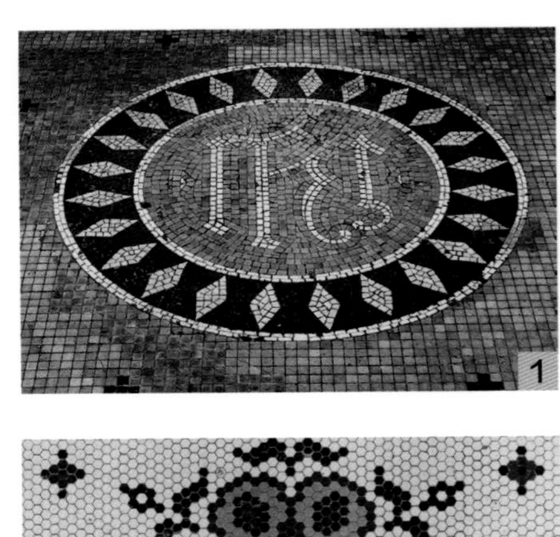

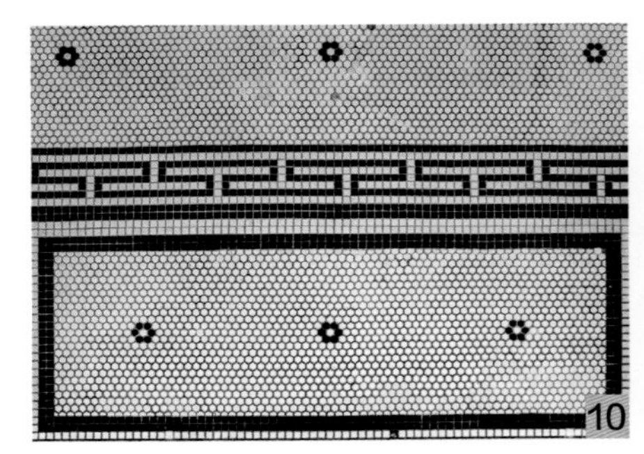

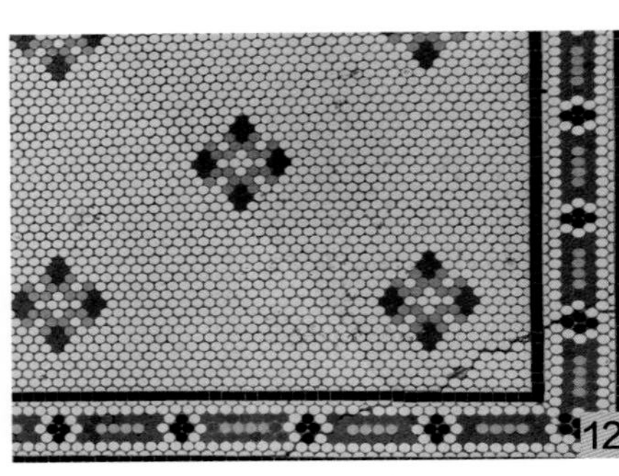

图1 圣三一基督教堂 | 九江路 201 号 | 马赛克

图2 上海邮政总局 | 北苏州河路 250 号 | 马赛克

图3、5 和平饭店北楼 | 原沙逊大厦 | 中山东一路 20 号 | 马赛克

图4 光明集团 | 原轻工研究所 | 宝庆路 20 号 | 马赛克

图6 PRADA 展示中心 | 原荣氏花园住宅 | 陕西北路 186 号 | 马赛克

图7-9、20、26 爱乐乐团 | 原潘家花园 | 武定西路 1498 弄 | 马赛克

图10 外滩源 1 号 | 原英国领事馆 | 中山东一路 33 号 | 马赛克

图11 上海历史博物馆 | 原跑马总会 | 南京西路 325 号 | 马赛克

图12、25 新天地一号楼 | 兴业路 123 弄 | 马赛克

图13 上生新所 | 原哥伦比亚总会 | 延安西路 1262 号 | 玻璃、金属

图14 马勒别墅酒店 | 原马勒住宅 | 陕西南路 30 号 | 马赛克

图15 复兴公寓 | 原黑石公寓 | 复兴中路 1331 号 | 马赛克

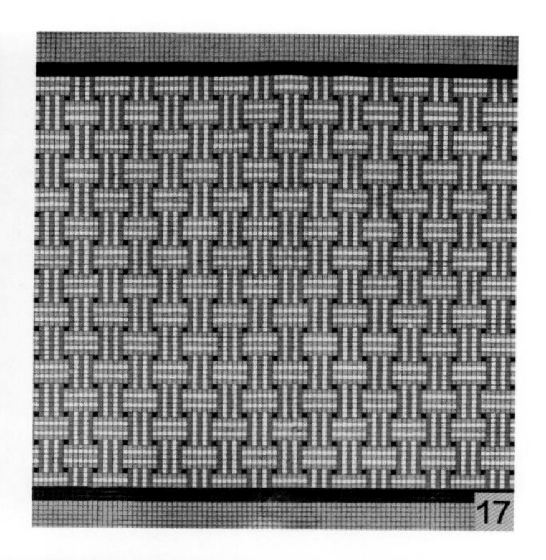

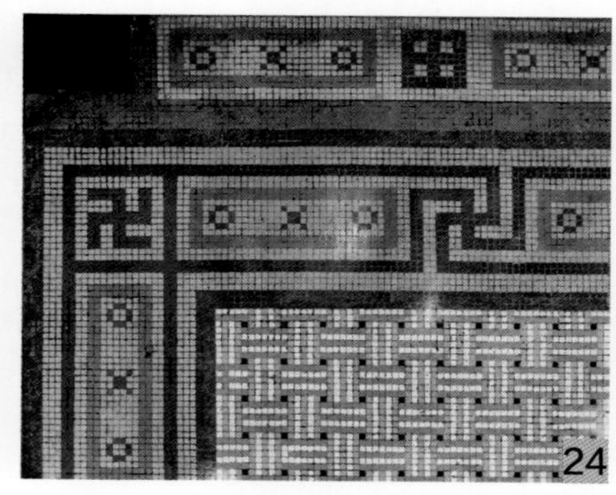

图16 PRADA 展示中心 | 原荣氏花园住宅 | 陕西北路 186 号，| 马赛克

图17 花园饭店 | 原法国总会 | 茂名南路 58 号 | 马赛克

图18 长宁区少年宫 | 原王伯群住宅 | 愚园路 1136 弄 31 号 | 马赛克

图19 马勒别墅酒店 | 原马勒住宅 | 陕西南路 30 号 | 马赛克

图21 和平饭店北楼 | 原沙逊大厦 | 中山东一路 20 号 | 马赛克

图22 圣三一基督教堂 | 九江路 201 号 | 马赛克

图23 马勒别墅酒店 | 原马勒住宅 | 陕西南路 30 号 | 马赛克

图24 花园饭店 | 原法国总会 | 茂名南路 58 号 | 马赛克

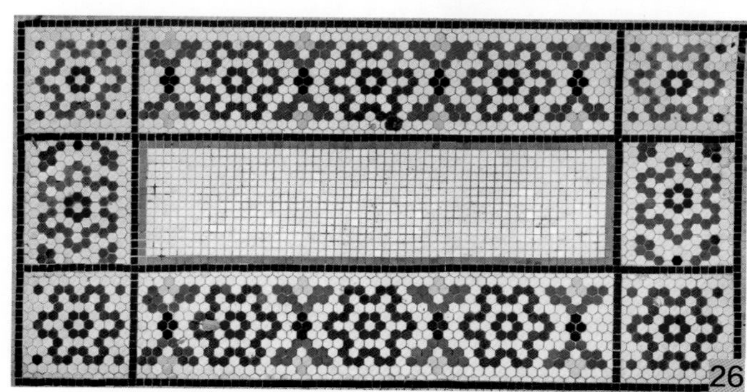

图1 PRADA 展示中心 | 原荣氏花园住宅 | 陕西北路 186 号 | 木

图2 科学会堂 | 原老法国总会 | 南昌路 47 号 | 木

图3 邬达克纪念馆 | 原邬达克住宅 | 番禺路 135 号 | 木

图4 贝轩大公馆 | 原贝宅 | 北京西路 1301 号 | 木

图5 PRADA 展示中心 | 原荣氏花园住宅 | 陕西北路 186 号 | 木

图6 浦东洲际酒店一号别墅 | 原中国酒精厂 | 世博村 A 地块 | 木

图7、8 马勒别墅酒店 | 原马勒住宅 | 陕西南路 30 号 | 木

图9 和平饭店北楼 | 原沙逊大厦 | 中山东一路 20 号 | 木

图10 PRADA 展示中心 | 原荣氏花园住宅 | 陕西北路 186 号 | 木

图1 外滩华尔道夫酒店｜原上海总会｜中山东一路2号｜羊毛

图2 外滩源1号｜原英国领事馆｜中山东一路33号｜羊毛

图3 花园饭店｜原法国总会｜茂名南路58号｜羊毛

图4 和平饭店北楼｜原沙逊大厦｜中山东一路20号｜羊毛

图5 科学会堂｜原老法国总会｜南昌路47号｜羊毛

图6 花园饭店｜原法国总会｜茂名南路58号｜羊毛

图7 瑞金宾馆某楼｜原瑞金二路住宅｜瑞金二路18号｜羊毛

图8 中国银行｜中山东一路23号｜羊毛

图9 兴国宾馆1号楼｜原兴国路住宅｜兴国路72号｜羊毛

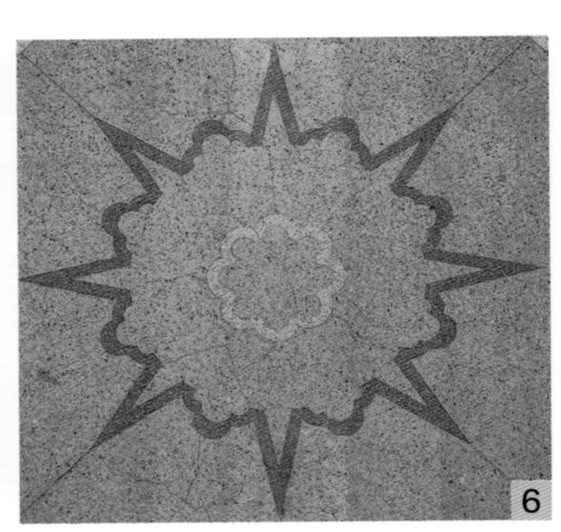

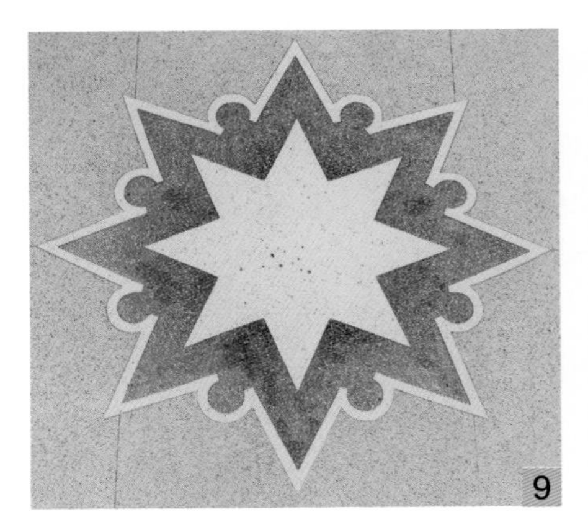

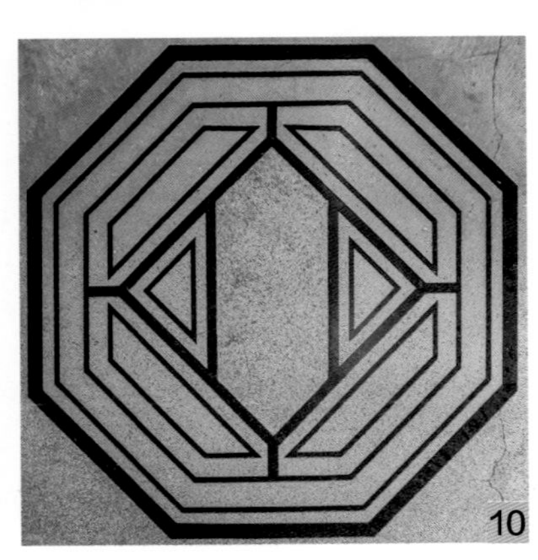

图1　市三女中｜原中西女中｜江苏路155号｜水磨石

图2–6、9　上海展览中心｜原中苏友好大厦｜延安中路1000号｜水磨石

图7　市三女中｜原中西女中｜江苏路155号｜水磨石

图8　罗斯福大楼｜原怡和洋行｜中山东一路27号｜水磨石

图10　武康大楼｜原诺曼底大楼｜淮海中路1842号｜水磨石

05

第五章

墙饰面

室内墙饰面属于室内装饰设计的范畴，通常是指在建筑室内艺术地采用各种装饰材料对墙面进行装饰，以达到美化和保护墙面，满足功能要求的目的[1]。作为构成建筑空间界面要素之一的墙饰面，它既垂直于地面，也垂直于人的视平线，对于人的心理感受极为重要。

经历了漫长的历史沿革，建筑室内墙面装饰艺术的发展历程可概况为：纯装饰（原始的萌芽状态）—与构造结合（古希腊、罗马时期）—为装饰而装饰的无谓添加（巴洛克、洛可可等装饰鼎盛时期）—重新将装饰形式与墙面功能结合（现代时期）[2]。

早在远古时期，人类的生存尚需大自然的恩赐。出于对自然的崇拜，人们常常将动植物的图案以及捕鱼、狩猎的场面画在岩洞、岩壁上，人们将大自然万物当作神灵来膜拜，特别引人注意的是神庙的室内已用彩画和线脚来装饰墙面，彩画是在烧过的泥面上用赭红色和白色描绘的几何图案。随着群居生活的出现，出现了人类早期的建筑。于是人们在居室的墙壁上绘上了这些图画，一方面表达了人们祈求有更多食物的愿望，另一方面又美化了居所空间。早期定居的人们还采用了方或圆的图形来装饰住所。

早期的墙面大多是用树枝编成的，然后在内壁涂上泥土。随着社会的进步、生产力的发展，居所和神庙的装饰内容越来越多，越来越精彩。欧洲的古希腊、古罗马建筑中的柱式、柱头、柱础以及梁拱之精美，至今依然是经典。在东方，中国的皇宫庙宇及民居建筑中精巧的木质梁架结构，雕梁画栋的装饰，足见中国古建筑之精美，令今人折服。

随着手工业的产生与发展，劳动工具的不断改善，使人们在建筑中能够将装饰与使用功能结合起来。中世纪后期的欧洲，随着社会财富的不断积累，良好的经济基础使人们在建筑、室内装饰中不惜使用昂贵的材料来炫耀财富。文艺复兴促使欧洲的文化、艺术得到了空前的发展，工业的进步，手工艺的提高，为 17 世纪初期装饰之风的兴起提供创造了条件。之后，人们把文艺复兴的样式加以变形，运用直线的同时强调线型的流动变化，墙面以壁毯装饰，并不惜采用高档石材、木料饰面且多镶以金色线，这称之为巴洛克的装饰之风。它一经在意大利兴起，便迅速传到了欧美其他国家，一直到 19 世纪后许多建筑还都留有它的烙印。

18 世纪中叶，室内装饰与建筑主体分离，一些贵族对巴洛克的厚重严肃效果不满，认为室内墙面应再娇柔、纤细。随着商业的发展，东方文化的输入，洛可可风格流行起来。卷草纹样在欧洲室内墙面装饰中被大量运用，曲线在这一时期被用到了极致，色彩多采用娇艳的颜色，室内布置追求精致、舒适、小巧、玲珑，达到了极其奢靡状态。

工业革命后，英国“工艺美术运动”影响到了其他欧美地区。这一场运动的宗旨是要寻求创造一种全新的更加美好的环境，倡导采用有吸引力的建筑材料，运用精细的手工艺加工。这一时期，虽然大部分建筑的室内墙面为三段式构图——墙裙、墙身、檐壁，但是英国和美国设计师都喜欢使用较高的墙裙嵌板，室内装饰趋向于唯美主义。

19 世纪末 20 世纪初，欧洲法国、德国、比利时等国家掀起了一场规模宏大、影响广泛的“新艺术运动”，建筑、家具、工业品、服装、首饰等，甚至雕塑、绘画等纯艺术领域出现了一种新的设计风格及艺术面貌。直到 20 世纪 10 年代之后，才逐渐被“装饰艺术主义运动”和“现代主义运动”取代。这场运动反对矫饰风格，主张回归自然，极大地促发了植物、动物纹样在墙面装饰设计的运用，创造出一种有机的且高度装饰性的手法，发展协调装饰设计理念。

20 世纪 20~30 年代德国的包豪斯学派思想与理论，强调形式追随功能的重要性，机械化大生产对于造型单纯化的要求，并将空间概念导入设计理论，主张建筑空间与结构功能的合理性，墙面装饰走向了追求简洁明快、格调清新的艺术形式。

20 世纪 30 年代后，钢筋混凝土结构、钢结构的大量使用，新建筑形式不断涌现，建筑功能也趋向多样化、复杂化，建筑

图 5-001 上海清算所
图 5-002 上海工艺美术博物馆
图 5-003 邬达克纪念馆
图 5-004 和平饭店南楼
图 5-005 东亚银行

5-002

5-003

5-004

5-005

装饰逐渐走上了专业的轨道，室内墙面装饰越来越专业化，装饰工艺趋向于现代化。

20 世纪 60 年代之后，后现代主义提出了一系列的设计新观念，强调建筑的复杂性、矛盾性、多元性、文脉性，崇尚人性的回归，加上新技术、新材料的冲击，对于室内墙面装饰的要求越来越高，越来越细。

海派建筑墙面装饰

1843 年后，随着外国列强租界的多次扩张，上海被动开放的步伐也在加快,西式建筑不断涌进上海滩。在已建成的建筑中，大部分公共建筑、高级住宅建筑差不多都被世界各种建筑风格所垄断，无论从外观形态还是内部空间装饰都打上了西方文化的烙印。这些风格不同的建筑在上海聚会、交融、碰撞及演变，形成了如大家所熟知的海派建筑文化，使得上海走向了中国近代建筑的中心，建筑无论从外观形态还是内部空间装饰都打上了西方文化的烙印。海派建筑的墙面装饰同样反映了这个时期多种风格相融并存的特征，室内墙面装饰细部做法较多地受到了新古典主义风格、维多利亚风格、工艺美术运动风格、新艺术运动风格的影响。室外墙面除了其形式受制于建筑造型设计外，由于材料及工艺的发展，具体构造方法比较多元化。尤其是水刷石、斩假石等装饰抹灰工艺的出现，建筑墙面装饰技术达到了一个新的高度。

(1) 新古典主义风格

海派新古典主义风格墙面装饰广泛地吸收了西洋构造做法，同样遵循三段式原则，即墙裙、墙面、檐壁三部分，这种划分源自以古典柱式为基础的线脚比例（图 5-001，图 5-002）。通常做法是通高的木质墙嵌板，板面涂刷油漆，装饰性的雕刻元素用颜色对比或者描金表现出来，最精致的细木制品和雕刻集中于壁炉架上。石膏墙或抹灰墙有时也被用于一些厅堂及餐厅空间，抹灰墙常被雕刻成类似石材的分格，檐口及其他部位加上通常用石膏或木材制作的精巧装饰。

(2) 维多利亚风格

海派建筑室内维多利亚风格墙面装饰样式也基本是这样的格局，即墙面由基座（包括踢脚板、墙裙）、壁板、檐口三部分组成，其中墙裙檐壁成为不能缺少的特征（图 5-003，图 5-004，图 5-005）。但对于檐口细部、墙裙扶手、踢脚板三者的比例有时会根据空间的具体尺度适当修改。装饰的重点在墙面，一般来说，墙面比顶棚的颜色要深一些，装饰线脚及壁板使用硬木材质比较多见。一些建筑的厅堂也有采用大理石墙面装饰，但其墙面分格形式与比例及细部做法非常考究。

5-006

5-007

⑶ 工艺美术运动风格

工艺美术运动风格样式的海派墙面装饰一般也是将墙面分成三部分：墙裙、墙身和檐壁，没有采用严格的古典比例，大多使用较高的墙裙嵌板，有时甚至使用整片嵌板。但代表工艺美术运动风格的墙面一种是简洁的竖向矩形分格形式，另一种是由檐壁主导上部墙面，将护墙板减弱为一个残留的踢脚板，檐壁逐渐变窄，檐口常用石膏线脚装饰（图 5-006，图 5-007）。

5-008

⑷ 新艺术运动风格

受到新艺术运动风格影响的海派墙面装饰的手法是让传统的三段式分格让位于对垂直的强调和最低限度的水平分割（图 5-008，图 5-009，图 5-010）。宽窄不等的竖向的木质条板分格形成了特有的令人耳目一新的韵律效果。装饰性的瓷砖偶尔会被采用，但除了一些宽敞时髦的室内空间，这种手法仅用于浴室。

参考资料

[1] 韩建新，刘广洁. 建筑装饰构造（第二版）[M]. 北京：中国建筑工业出版社，2004.

[2] 阳玲. 住宅室内墙饰面装饰设计研究 [D]. 长沙：中南林业科技大学，2011.

图 5-006 科学会堂
图 5-007 上生新所
图 5-008 荣氏老宅
图 5-009、图 5-010 花园饭店

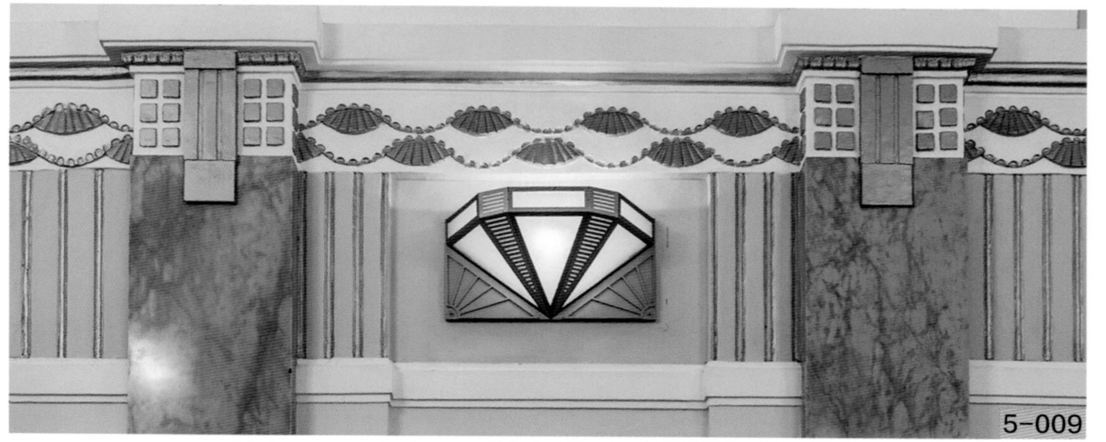
5-009

5-010

图 1 锦江宾馆 | 原华懋公寓 | 长乐路 109 号 | 木

图 2、3 PRADA 展示中心 | 原荣氏花园住宅 | 陕西北路 186 号 | 木、墙布、玻璃

图 4 圣三一基督教堂 | 九江路 201 号 | 木、石材

图 5 圣三一基督教堂 | 九江路 201 号 | 木

图 6 兴国宾馆 1 号楼 | 原兴国路住宅 | 兴国路 72 号 | 木

1

2

3

4

5

6

7

8

9

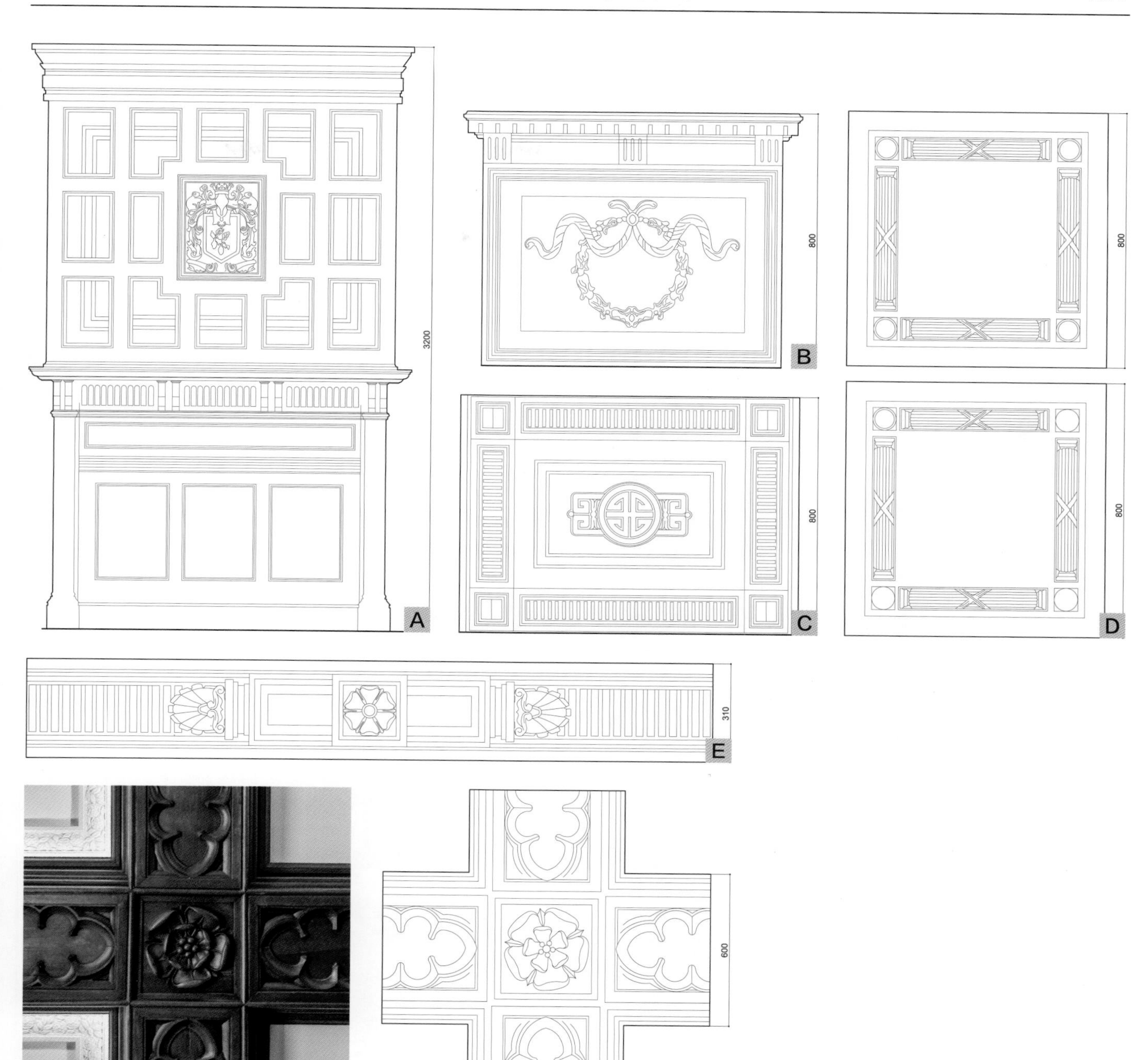

图 1、图 A 上海清算所 | 原格林邮船大楼 | 北京东路 2 号 | 木

图 2、图 B 瑞金宾馆某楼 | 原瑞金二路住宅 | 瑞金二路 18 号 | 木

图 3、图 C 上海海关 | 原江海关 | 中山东一路 13 号 | 木

图 4、图 D 友邦大厦 | 原字林西报大楼 | 中山东一路 17 号 | 木

图 5、图 E 上海历史博物馆 | 原跑马总会 | 南京西路 325 号 | 木

图 6 历史博物馆 | 原跑马总会 | 南京西路 325 号 | 木、玻璃

图 7 上海历史博物馆 | 原跑马总会 | 南京西路 325 号 | 木

图 8 体育大厦 | 原西桥青年会 | 南京西路 150 号 | 木

图 9 罗斯福大楼 | 原怡和洋行 | 中山东一路 27 号 | 木

图 10、图 F 上海历史博物馆 | 原跑马总会 | 南京西路 325 号 | 木

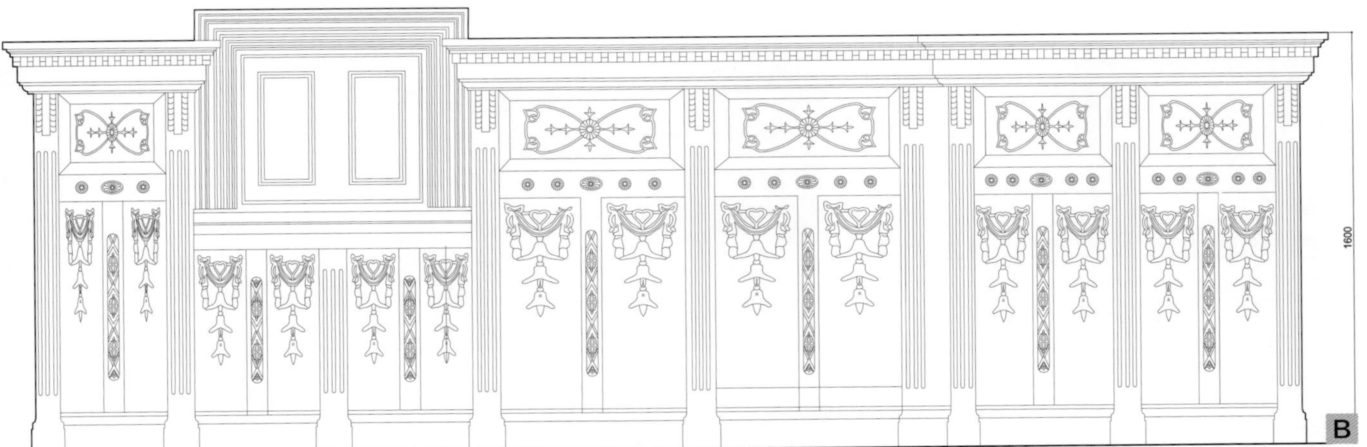

图1、2、图A、B PRADA 展示中心 | 原荣氏花园住宅 | 陕西北路 186 号 | 木

图3、图C PRADA 展示中心 | 原荣氏花园住宅 | 陕西北路 186 号 | 木、墙布、玻璃

图4、图D PRADA 展示中心 | 原荣氏花园住宅 | 陕西北路 186 号 | 木、墙布

图1、2、图A、B 科学会堂｜原老法国总会｜昌路47号｜木

图3、图C PRADA展示中心｜原荣氏花园住宅｜陕西北路186号｜木、墙布

图4、图D 外滩华尔道夫酒店｜原上海总会｜中山东一路2号｜木、镜子

图5、图E 外滩华尔道夫酒店｜原上海总会｜中山东一路2号｜木

图6、图F 安培洋行｜圆明园路97号｜木

图7、图G 上海历史博物馆室｜原跑马总会｜南京西路325号｜木

2000
A
1700
B
2300
C
1200
D
2020
E
2000
F

1600
G

1

2

3

4

5

6

7

8

9

10

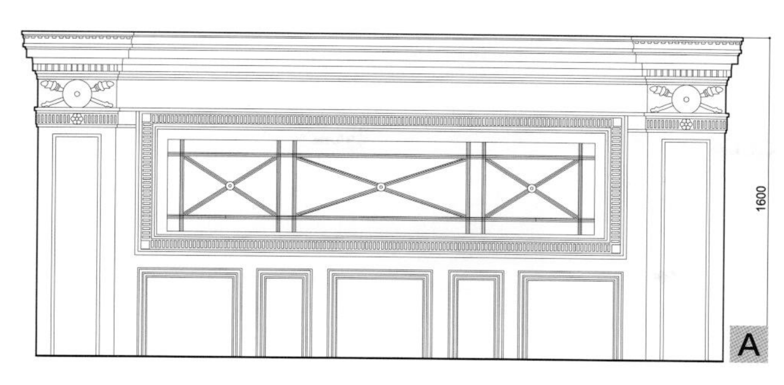

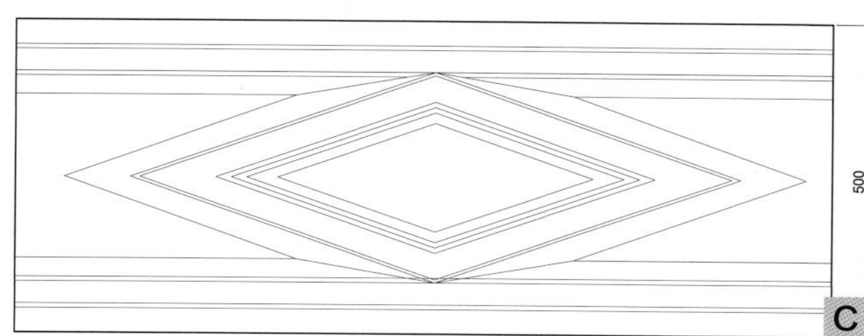

11

12

13

14

15

图1、图A 罗斯福大楼 | 原怡和洋行 | 中山东一路 27 号 | 木、玻璃

图2、图B 罗斯福大楼 | 原怡和洋行 | 中山东一路 27 号 | 木

图3、图C 历史博物馆 | 原跑马总会 | 南京西路 325 号 | 木

图4 和平饭店南楼 | 原汇中饭店 | 中山东一路 19 号 | 木

图5 马勒别墅酒店 | 原马勒住宅 | 陕西南路 30 号 | 木

图6 金门大酒店 | 原华安人寿保险公司 | 南京西路 104 号 | 木

图7 爱乐乐团 | 原潘家花园 | 武定西路 1498 弄 | 木

图8 和平饭店北楼 | 原沙逊大厦 | 中山东一路 20 号 | 木

图9 和平饭店南楼 | 原汇中饭店 | 中山东一路 19 号 | 木

图10 马勒别墅酒店 | 原马勒住宅 | 陕西南路 30 号 | 木

图11 和平饭店北楼 | 原沙逊大厦 | 中山东一路 20 号 | 木

图12 瑞金宾馆某楼 | 原瑞金二路住宅 | 瑞金二路 18 号 | 木

图13 马勒别墅酒店 | 原马勒住宅 | 陕西南路 30 号 | 木

图14 马勒别墅酒店 | 原马勒住宅 | 陕西南路 30 号 | 木、镜子

图15 贝轩大公馆 | 原贝宅 | 北京西路 1301 号 | 木、玻璃

图16 PRADA 展示中心 | 原荣氏花园住宅 | 陕西北路 186 号 | 木、墙布

16

GRAND
BALL ROOM

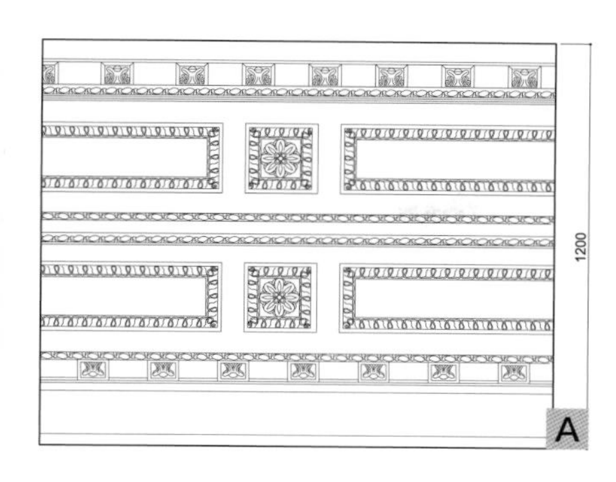

图1、图A 外滩华尔道夫酒店｜原上海总会｜中山东一路2号，｜石膏

图2、图B 和平饭店北楼｜原沙逊大厦｜中山东一路20号｜石膏

图3、图C 花园饭店｜原法国总会｜茂名南路58号｜石膏、石材

图4、图D 和平饭店北楼｜原沙逊大厦｜中山东一路20号｜石膏

图5、图E 和平饭店南楼｜原汇中饭店｜中山东一路19号｜石膏

图6、图F 和平饭店北楼｜原沙逊大厦｜中山东一路20号｜石膏

图7、图G 上海历史博物馆｜原跑马总会｜南京西路325号｜石膏

图8 和平饭店北楼｜原沙逊大厦｜中山东一路20号｜石膏、墙布

图9、12 花园饭店｜原法国总会｜茂名南路58号｜石膏

图10 和平饭店北楼｜原沙逊大厦｜中山东一路20号｜石膏、墙布

图11 交通银行｜原金城银行｜江西中路200号｜石膏

图13 外滩华尔道夫酒店｜原上海总会｜中山东一路2号｜石膏

图14 PRADA展示中心｜原荣氏花园住宅｜陕西北路186号｜石膏

图15 花园饭店｜原法国总会｜茂名南路58号｜石膏

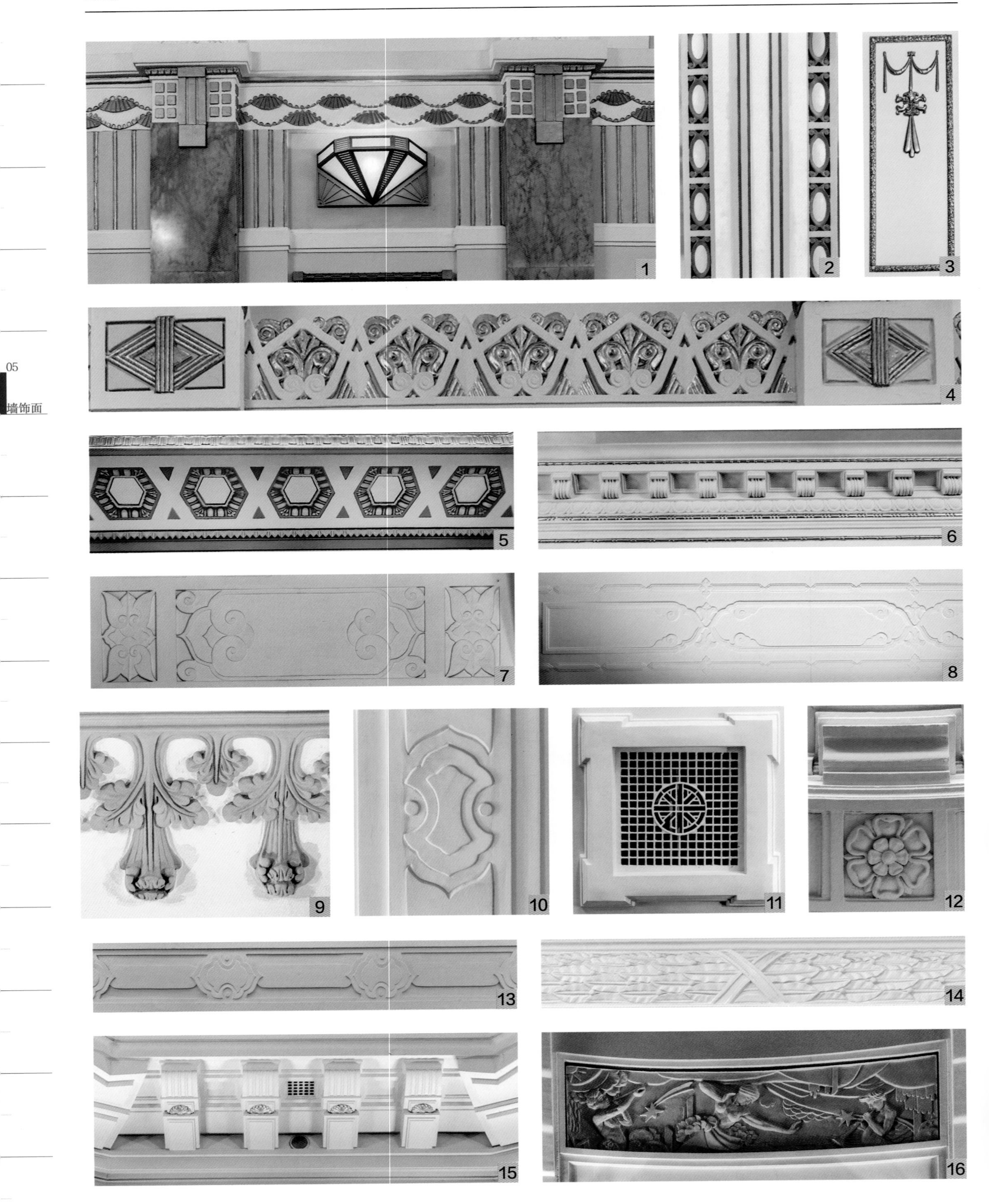
1
2
3
4
5
6
7
8
9
10
11
12
13
14
15
16

图1、图A 花园饭店 | 原法国总会 | 茂名南路 58 号 | 石膏、石材

图2、图B 和平饭店北楼 | 原沙逊大厦 | 中山东一路 20 号 | 石膏

图3、图C 科学会堂 | 原老法国总会 | 南昌路 47 号 | 石膏

图4、图D 和平饭店北楼 | 原沙逊大厦 | 中山东一路 20 号 | 石膏

图5、图E 和平饭店北楼 | 原沙逊大厦 | 中山东一路 20 号 | 石膏

图6、图F 外滩华尔道夫酒店 | 原上海总会 | 中山东一路 2 号 | 石膏

图7、8 图G、H 中国银行 | 中山东一路 23 号 | 石膏

图9、图I 徐家汇天主堂 | 徐家汇浦西路 158 号 | 石膏

图10、图J 中国银行 | 中山东一路 23 号 | 石膏

图11、图K 外滩华尔道夫酒店 | 原上海总会 | 中山东一路 2 号 | 石膏

图12、图L 上海历史博物馆 | 原跑马总会 | 南京西路 325 号 | 石膏

图13、图M 中国银行 | 中山东一路 23 号 | 石膏

图14、图N 外滩华尔道夫酒店 | 原上海总会 | 中山东一路 2 号 | 石膏

图15 浦东发展银行 | 原汇丰银行大楼 | 中山东一路 10 号 | 石膏

图16 花园饭店 | 原法国总会 | 茂名南路 58 号 | 石膏

1

2

3

4

5

6

7

8

9

10

11

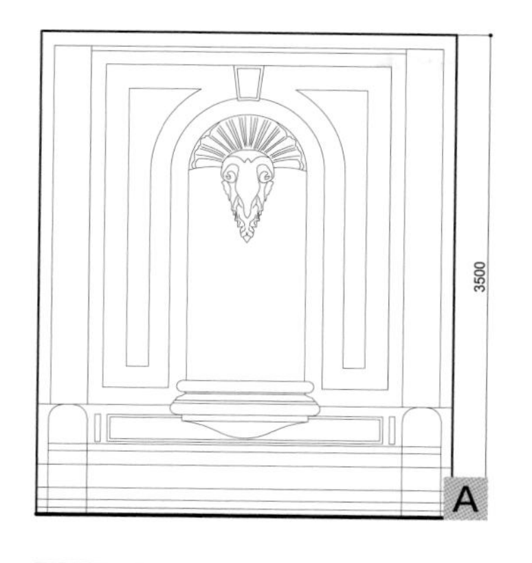

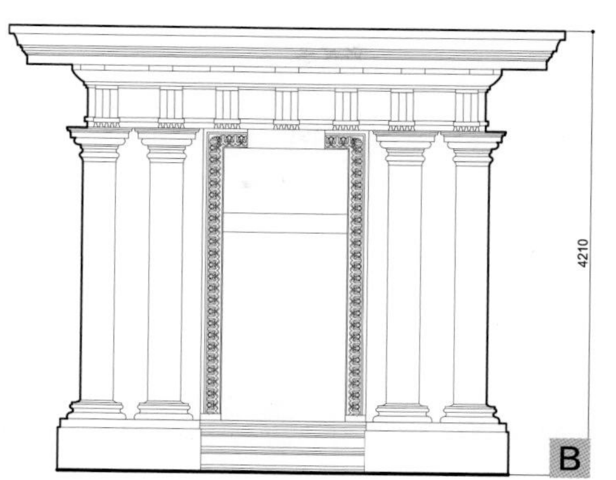

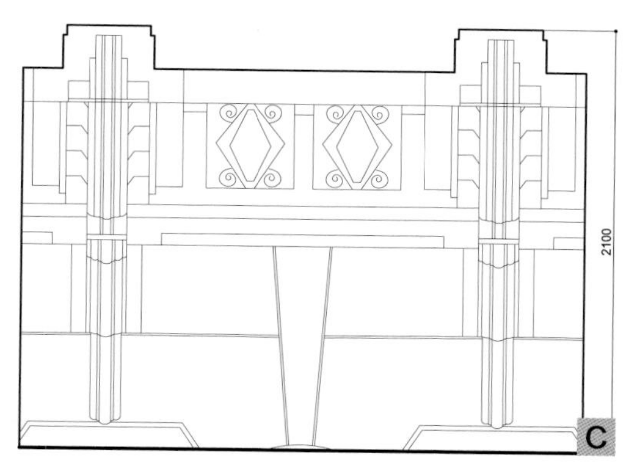

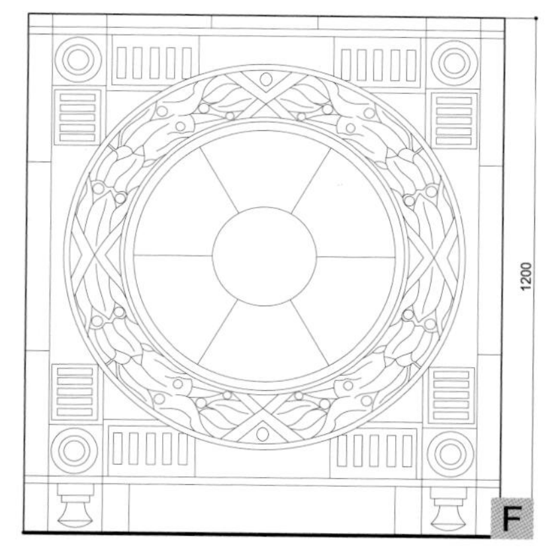

图1、图A 上生新所｜原哥伦比亚总会｜延安西路 1262 号｜马赛克、石材

图2、图B 市教育局礼堂｜原西摩会堂｜陕西北路 500 号｜石材

图3、图C 都城饭店｜江西中路 180 号｜石材

图4、图D 市教育局礼堂｜原西摩会堂｜陕西北路 500 号｜石材

图5、图E 交通银行｜原金城银行｜江西中路 200 号｜石材

图6、图F 上海历史博物馆｜原跑马总会｜南京西路 325 号｜石材

图7、图G 外滩源 1 号｜原英国领事馆｜中山东一路 33 号｜石材

图8、图H 中一大楼｜原中一信托公司｜北京东路 270 号｜石材

图9 金门大酒店｜原华安人寿保险公司｜南京西路 104 号｜石材

图10 基督教青年会宾馆｜原八仙桥基督教青年会｜西藏南路 123 号｜石材

图11 历史博物馆｜原跑马总会｜南京西路 325 号｜石材

图12 工商银行｜原横滨正金银行｜中山东一路 24 号｜石材

1

2

3

4

5

6

7

8

9

10

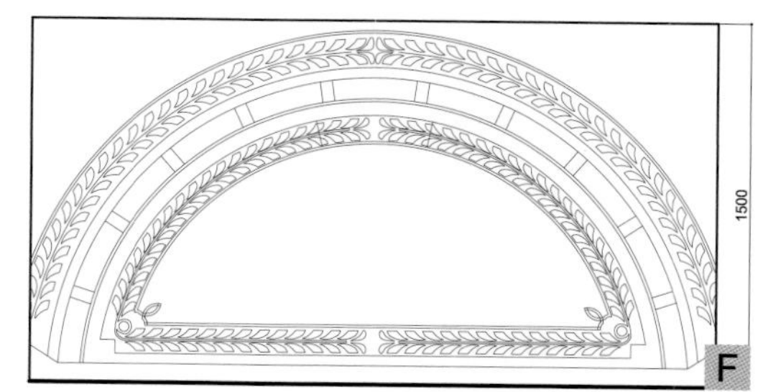

图1、2、图A、B 金门大酒店｜原华安人寿保险公司｜南京西路104号｜石材

图3、图C 金门大酒店｜原华安人寿保险公司｜南京西路104号｜大理石

图4、图D 花园饭店｜原法国总会｜茂名南路58号｜马赛克

图5、图E 沐恩堂｜原基督教慕尔堂｜西藏中路316号｜大理石

图6、图F 友邦大厦｜原字林西报大楼｜中山东一路17号｜马赛克、石材

图7 浦东发展银行｜原汇丰银行大楼｜中山东一路10号｜大理石

图8 光大银行｜原东方汇理银行｜中山东一路29号｜石材

图9 历史博物馆｜原跑马总会｜南京西路325号｜石材

图10 金门大酒店｜原华安人寿保险公司｜南京西路104号｜大理石

图11 交通银行｜原金城银行｜江西中路200号｜大理石

1

2

3

4

5

6

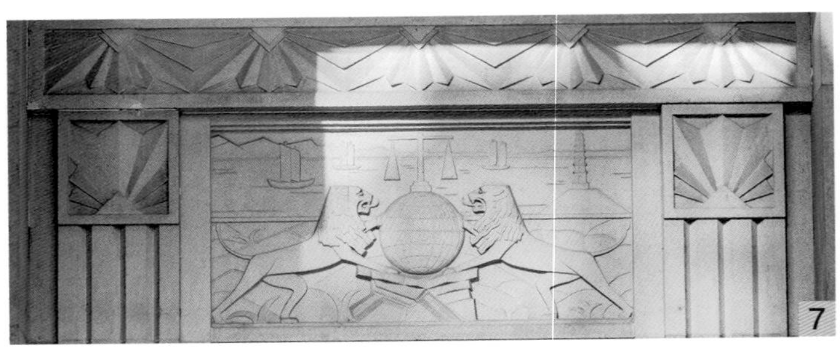
7

8

9

10

11

12

13

14

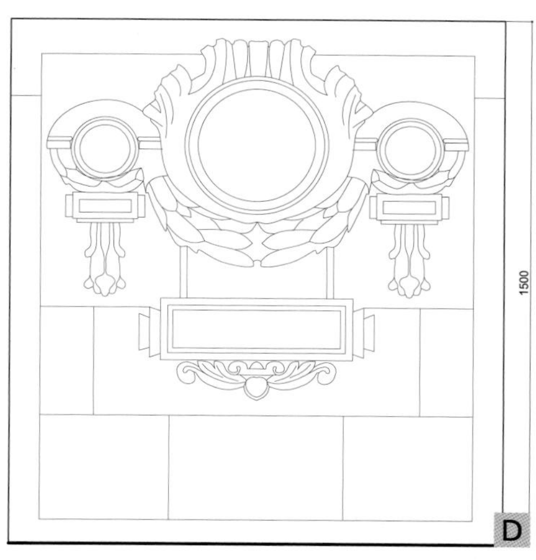

图1、图A 光大银行｜原东方汇理银行｜中山东一路 29 号｜石材

图2、图B 时装公司｜原先施公司｜南京东路 690 号｜石材

图3、图C 外滩 18 号｜原麦加利银行｜石材石

图4、图D 招商银行｜原台湾银行｜中山东一路 16 号｜石材

图5、图E 中国银行｜中山东一路 23 号｜石材

图6、图F 和平饭店南楼｜原汇中饭店｜中山东一路 19 号｜石材

图7、图G 上海信托投资公司｜原大陆银行｜九江路 111 号｜石材

图8 上海银行｜原四行储蓄会大楼｜四川中路 261 号｜大理石

图9 时装公司｜原先施公司｜南京东路 690 号｜水泥砂浆

图10 外滩 3 号｜原有利银行｜水刷石

图11 中国外汇交易中心｜原华俄道胜银行｜中山东一路 15 号｜石材

图12 外滩华尔道夫酒店｜原上海总会｜中山东一路 2 号｜石材

图13 历史博物馆｜原跑马总会｜南京西路 325 号｜石材

图14 罗斯福大楼｜原怡和洋行｜中山东一路 27 号｜大理石

图1、图A 基督教青年会宾馆｜原八仙桥基督教青年会｜西藏南路123号｜石材

图2、图B 金门大酒店｜原华安人寿保险公司｜南京西路104号｜大理石

图3、4、图C、D 和平饭店北楼｜原沙逊大厦｜中山东一路20号｜大理石

图5、图E 中国银行｜中山东一路23号｜大理石

图6、图F 和平饭店北楼｜原沙逊大厦｜中山东一路20号｜大理石砖

图7、图G 外滩源1号｜原英国领事馆｜中山东一路33号｜水刷石

图8、9、图H、I PRADA展示中心｜原荣氏花园住宅｜陕西北路186号｜瓷砖

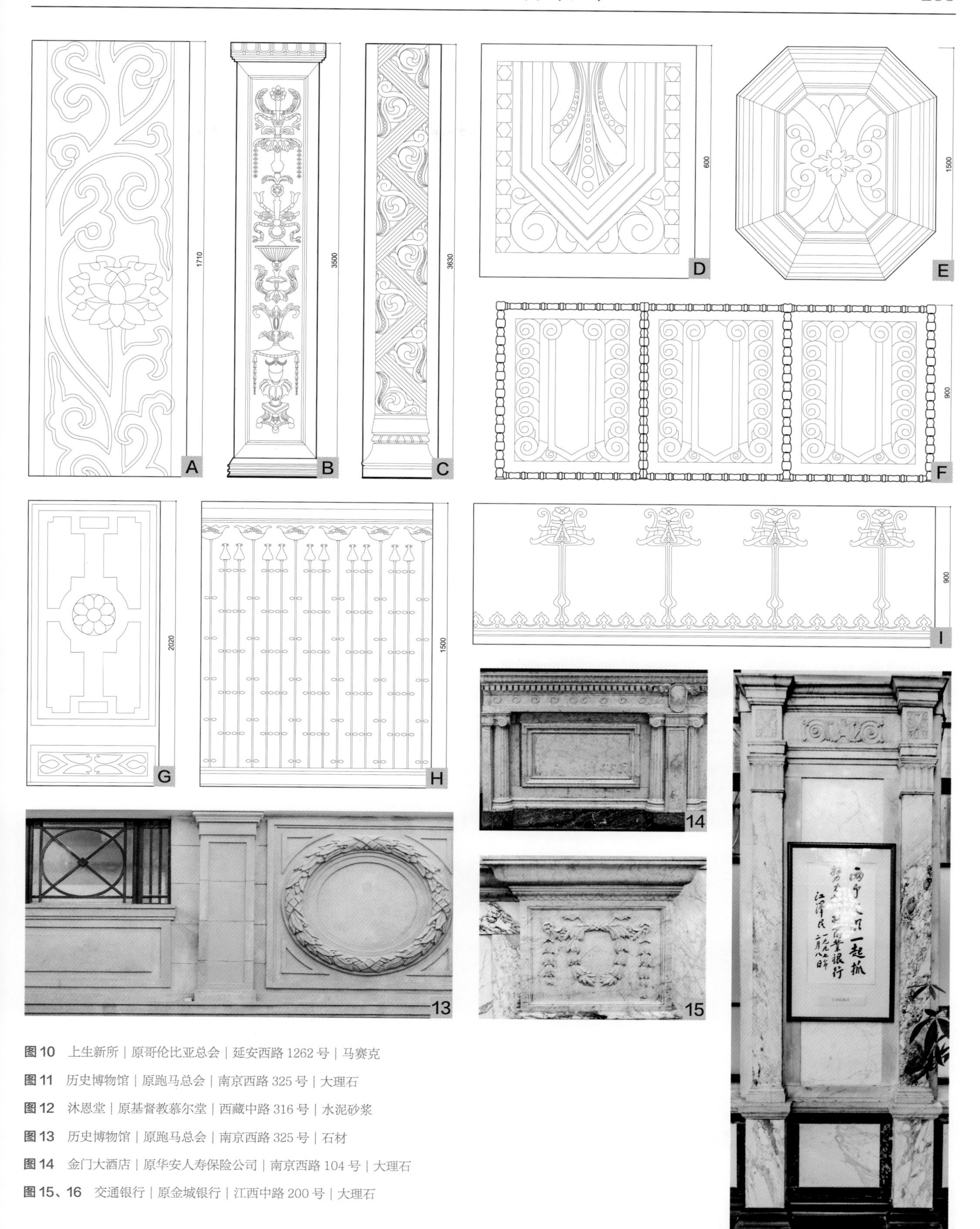

图 10 上生新所｜原哥伦比亚总会｜延安西路 1262 号｜马赛克

图 11 历史博物馆｜原跑马总会｜南京西路 325 号｜大理石

图 12 沐恩堂｜原基督教慕尔堂｜西藏中路 316 号｜水泥砂浆

图 13 历史博物馆｜原跑马总会｜南京西路 325 号｜石材

图 14 金门大酒店｜原华安人寿保险公司｜南京西路 104 号｜大理石

图 15、16 交通银行｜原金城银行｜江西中路 200 号｜大理石

1
2
3
4
5
6
7
8
9
10
11
12
13
14
15

图1、图A 基督教青年会宾馆｜原八仙桥基督教青年会｜西藏南路 123 号｜石材

图2、图B 上海银行｜原四行储蓄会大楼｜四川中路 261 号｜大理石

图3、图C 扬子饭店｜汉口路 740 号｜石材

图4、图D 上海历史博物馆｜原跑马总会｜南京西路 325 号｜石材

图5、图E 上海历史博物馆｜原跑马总会｜南京西路 325 号｜石材

图6、图F 徐汇区安福路某住宅｜水刷石

图7、图G 基督教青年会宾馆｜原八仙桥基督教青年会｜西藏南路 123 号｜石材

图8、图H 体育大厦｜原西桥青年会｜南京西路 150 号｜石材

图9 金门大酒店｜原华安人寿保险公司｜南京西路 104 号｜石材

图10、11 交通银行｜原金城银行｜江西中路 200 号｜大理石

图12 金融法院｜原美国花旗银行｜福州路 209 号｜大理石

图13 花园饭店｜原法国总会｜茂名南路 58 号｜马赛克、石材

图14 历史博物馆｜原跑马总会｜南京西路 325 号｜石材

图15 浦东发展银行｜原汇丰银行大楼｜中山东一路 10 号｜石材

图16 金门大酒店｜原华安人寿保险公司｜南京西路 104 号｜石材

图17 上海银行｜原四行储蓄会大楼｜四川中路 261 号｜大理石

1

2

3

4

5

6

7

8

9

10

11

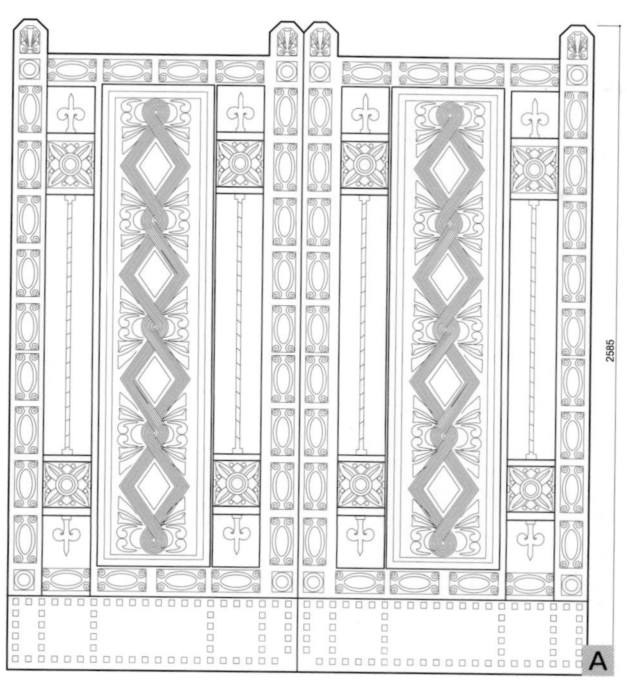

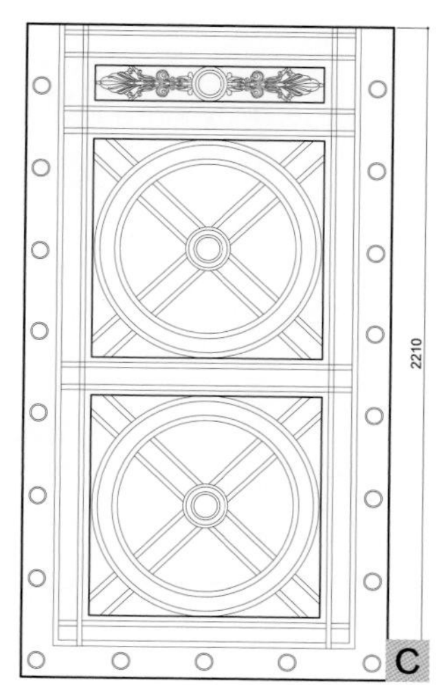

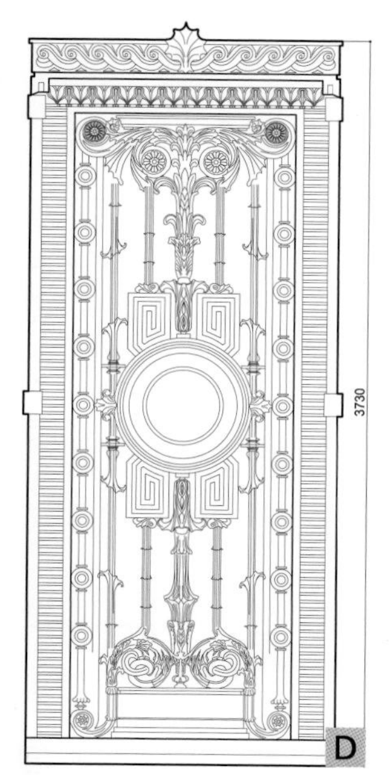

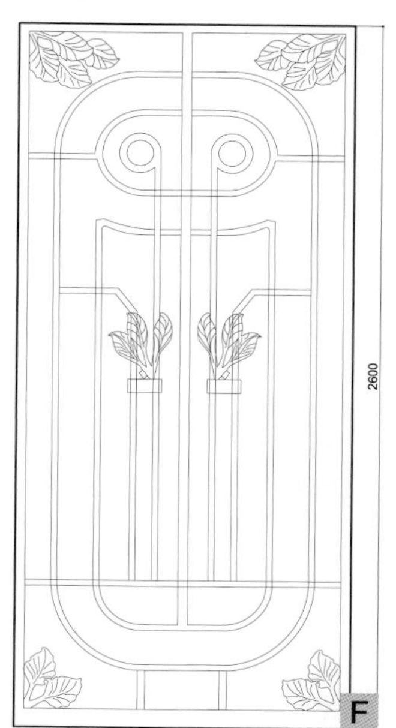

图1、图A 和平饭店北楼 | 原沙逊大厦 | 中山东一路 20 号 | 铜

图2、图B 友邦大厦 | 原字林西报大楼楼 | 中山东一路 17 号 | 铸铁、铜

图3、图C 招商银行 | 原台湾银行 | 中山东一路 16 号 | 铜

图4、图D 浦东发展银行 | 原汇丰银行大楼 | 中山东一路 10 号 | 铜

图5、图E 中国外汇交易中心 | 原华俄道胜银行 | 中山东一路 15 号 | 铜

图6、图F 中国外汇交易中心 | 原华俄道胜银行 | 中山东一路 15 号 | 铸铁、玻璃

图7、图G 瑞金宾馆 | 原瑞金二路住宅 | 瑞金二路 18 号 | 铸铁、玻璃

图8、图H 中国银行 | 中山东一路 23 号 | 铜

图9、10 外滩华尔道夫酒店 | 原上海总会 | 中山东一路 2 号 | 铸铁、铜

图11 浦东发展银行 | 原汇丰银行大楼 | 中山东一路 10 号 | 铜

图1、图A 外滩18号 | 原麦加利银行 | 中山东一路18号 | 铜

图2、图B 上海银行 | 原四行储蓄会大楼 | 四川中路261号 | 铜

图3、图C 上海市邮政局 | 北苏州河路250号 | 铜

图4、图D 金门大酒店 | 原华安人寿保险公司 | 南京西路104号 | 铸铁

图5、图E 和平饭店南楼 | 原汇中饭店 | 中山东一路19号 | 铜

图6、图F 和平饭店北楼 | 原沙逊大厦 | 中山东一路20号 | 铸铁、玻璃

图7、图G 浦东发展银行 | 原汇丰银行大楼 | 中山东一路10号 | 铜

图8、图H 友邦大厦 | 原字林西报大楼楼 | 中山东一路17号 | 铸铁、铜

图9 益丰外滩源 | 原益丰洋行 | 北京东路31-91号 | 铜、石材

图10 罗斯福大楼 | 原怡和洋行 | 中山东一路27号 | 铜

图11 贝轩大公馆 | 原贝宅 | 北京西路1301号 | 铜

1500
A
3090
B
1150
C
2440
D
1800
E
1500
F
1050
G
1020
H
10
11

1 2 3 4 5 6 7 8 9 10 11 12 13 14

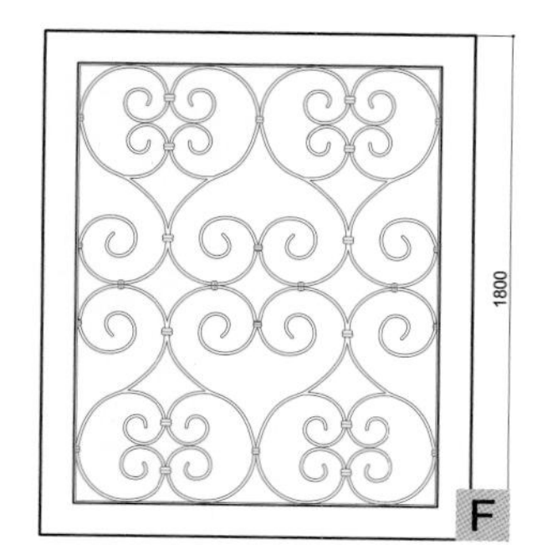

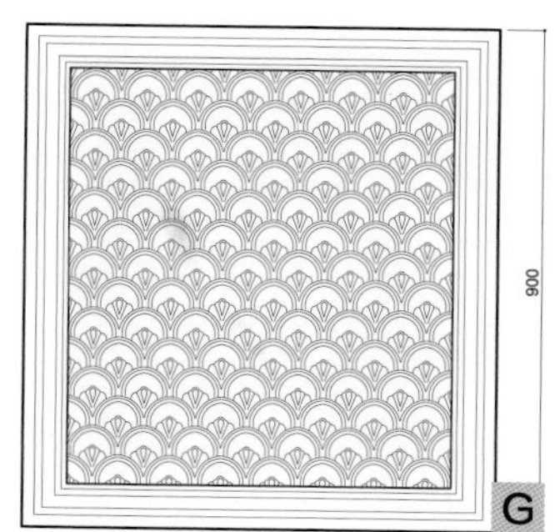

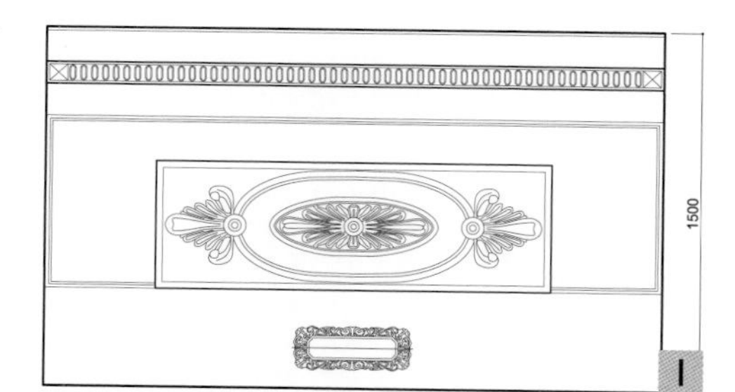

图1、图A 上海市医学会｜原共济会堂｜北京西路1623号｜铸铁

图2、图B 金门大酒店｜原华安人寿保险公司｜南京西路104号｜铜

图3、图C 金门大酒店｜原华安人寿保险公司｜南京西路104号｜铸铁

图4、图D 徐汇区某住宅｜安福路｜铸铁

图5、图E 中国外汇交易中心｜原华俄道胜银行｜中山东一路15号｜铸铁、玻璃

图6、图F 贝轩大公馆｜原贝宅｜北京西路1301号｜铸铁

图7、图G 上海银行｜原四行储蓄会大楼楼｜四川中路261号｜铸铁、木

图8、图H 中国外汇交易中心｜原华俄道胜银行｜中山东一路15号｜铸铁、玻璃

图9、图I 都城饭店｜江西中路180号｜铜

图10 上海外滩美术馆｜原博物院大楼｜虎丘路20号｜铜

图11 历史博物馆｜原华跑马总会｜南京西路325号｜铁

图12 锦江宾馆｜原华懋公寓｜长乐路109号｜铸铁

图13 上海银行｜原四行储蓄会大楼｜四川中路261号｜铜

图14 兰心大戏院｜茂名南路57号｜铸铁

图15 银行公会大楼｜香港路59号｜铸铁

图16 交通银行｜原金城银行｜江西中路200号｜铜、玻璃

1

2

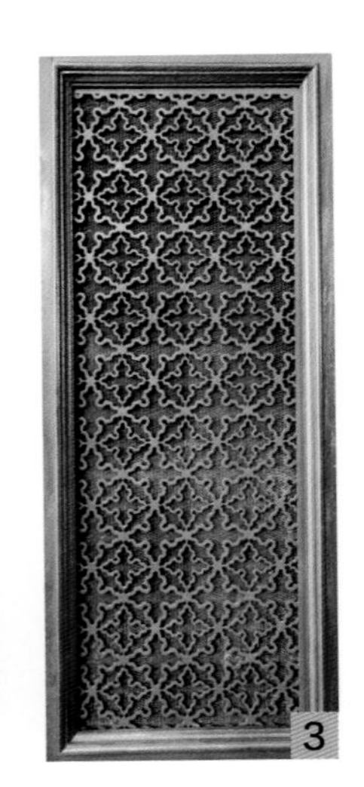
3

4

5

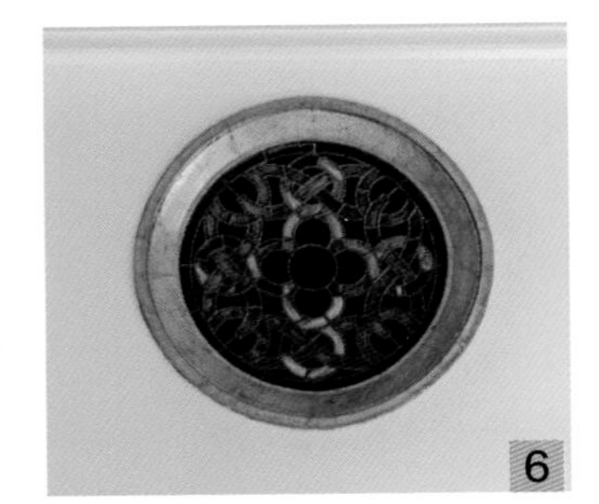
6

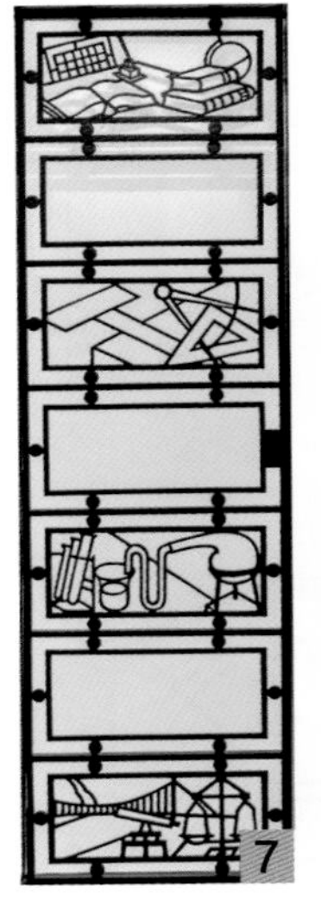
7

8

9

10

11

12

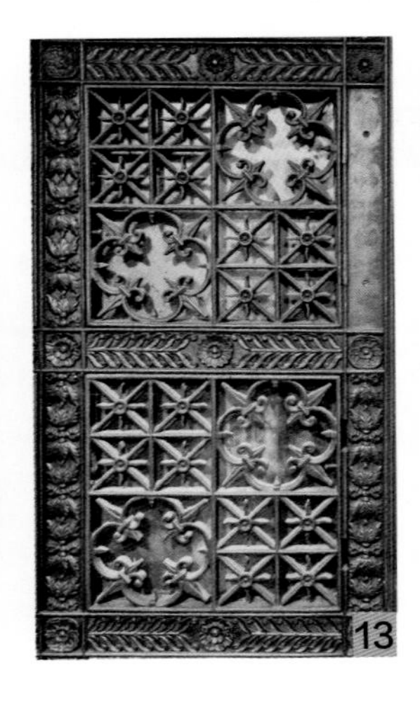
13

14

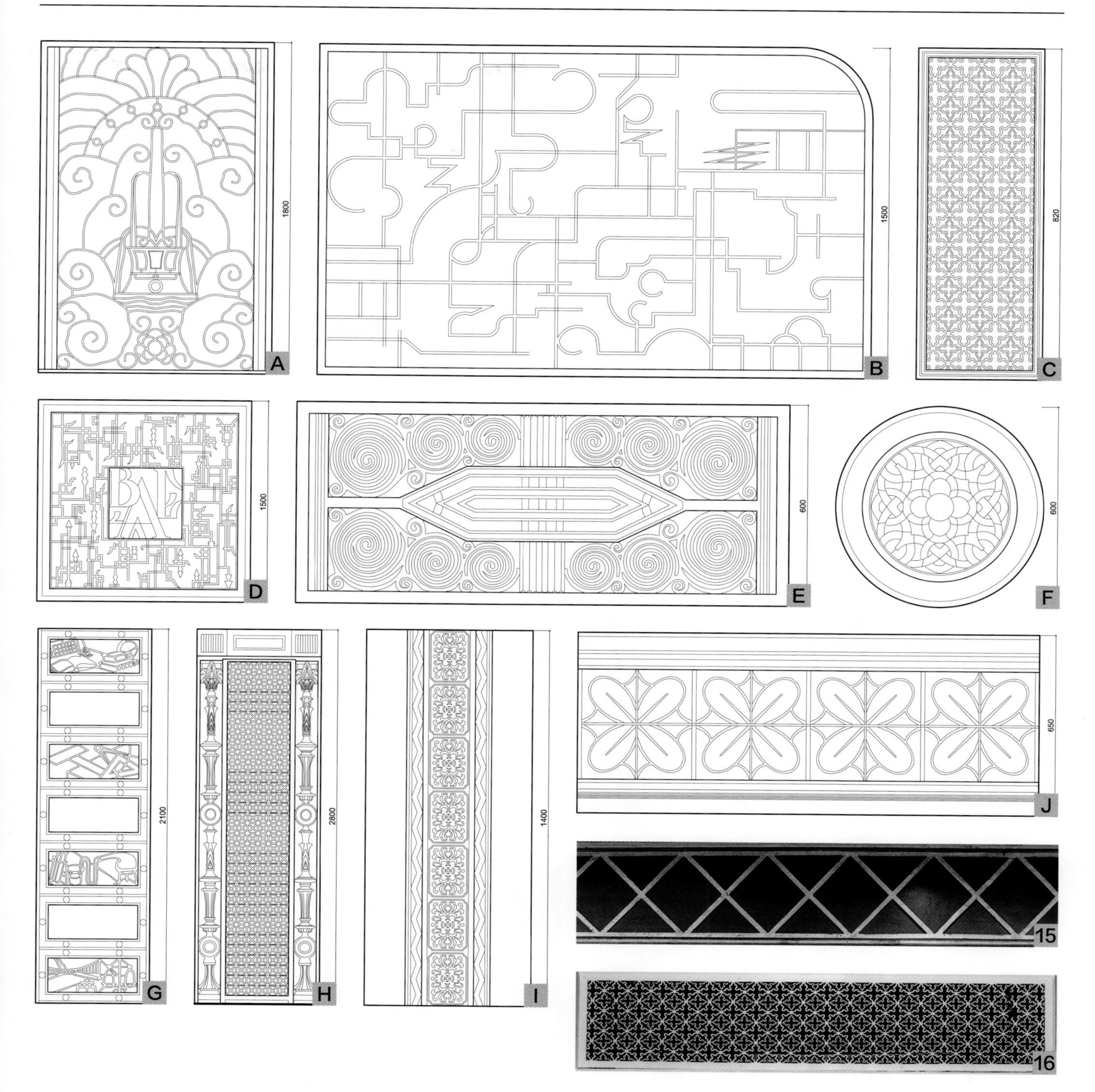

图 1、图 A 花园饭店｜原法国总会｜茂名南路 58 号｜铜

图 2、图 B 大光明电影院｜原大光明大戏院｜南京西路 216 号｜铜

图 3、图 C 外滩华尔道夫酒店｜原上海总会｜中山东一路 2 号｜木、铜

图 4、图 D 东亚银行｜原东亚大楼｜四川中路 299 号｜铜

图 5、图 E 和平饭店北楼｜原沙逊大厦｜中山东一路 20 号｜铜

图 6、图 F 和平饭店南楼｜原汇中饭店｜中山东一路 19 号｜铜

图 7、图 G 历史博物馆｜原华跑马总会｜南京西路 325 号｜铸铁、玻璃

图 8、图 H 浦东发展银行｜原汇丰银行大楼｜中山东一路 10 号｜铜

图 9、图 I 和平饭店北楼｜原沙逊大厦｜中山东一路 20 号｜铜

图 10、图 J 体育大厦｜原西桥青年会｜南京西路 150 号｜云石玻璃、铜

图 11 中国银行｜中山东一路 23 号｜铜

图 12 浦东发展银行｜原汇丰银行大楼｜中山东一路 10 号｜铜

图 13 金门大酒店｜原华安人寿保险公司｜南京西路 104 号｜铜

图 14 大光明电影院｜原大光明大戏院｜南京西路 216 号｜铜

图 15 国际饭店｜原四行储蓄会大楼｜南京西路 170 号｜铜

图 16 外滩华尔道夫酒店｜原上海总会｜中山东一路 2 号｜铜

1
2
3
4
SHANGHAI PUDONG DEVELOPMENT BANK
12 ZHONGSHAN DONG YI LU
5
6

7
8

9

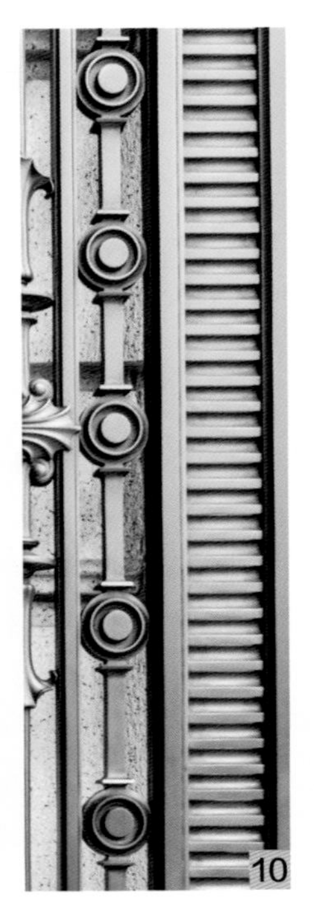
10

11

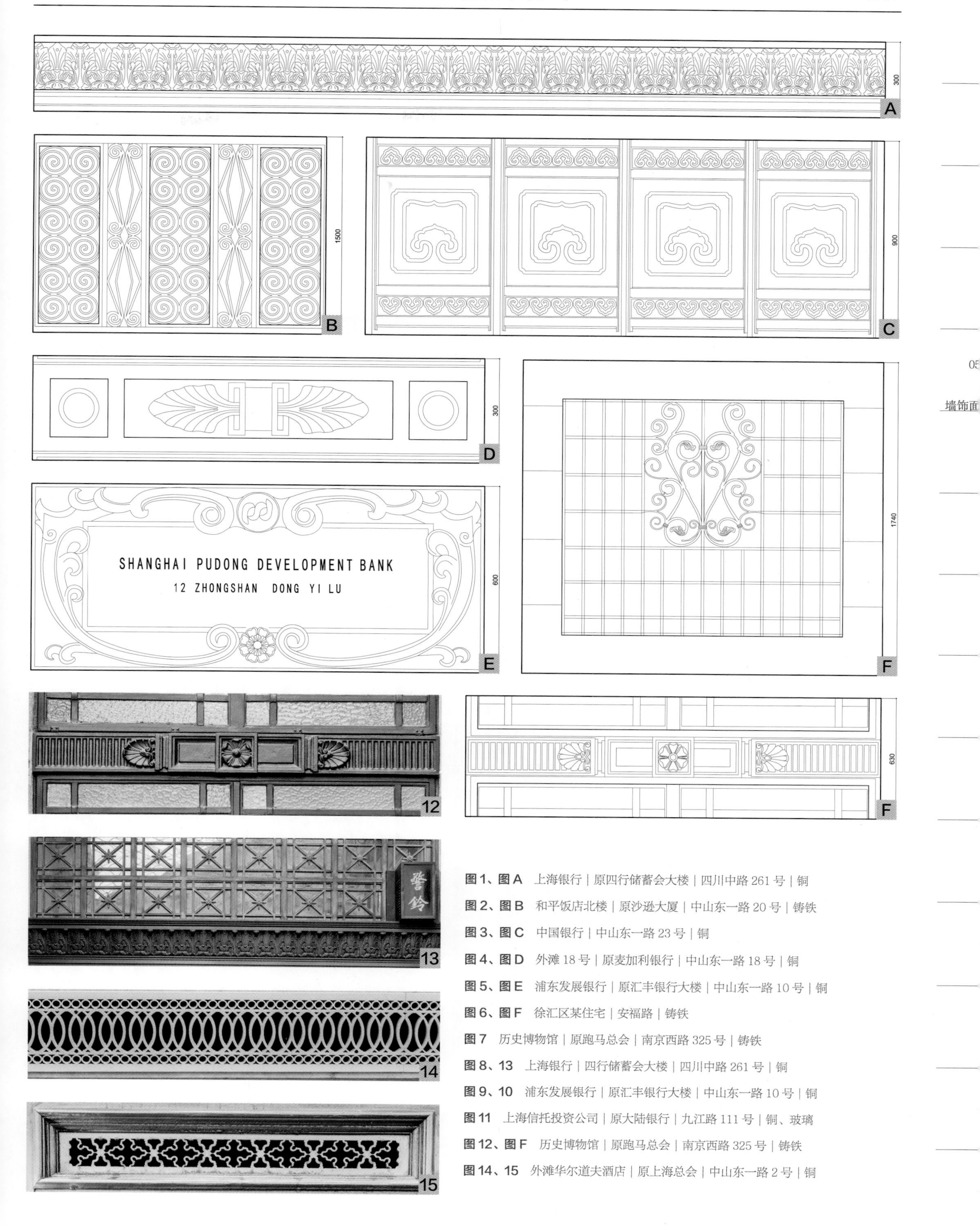

图1、图A 上海银行 | 原四行储蓄会大楼 | 四川中路261号 | 铜

图2、图B 和平饭店北楼 | 原沙逊大厦 | 中山东一路20号 | 铸铁

图3、图C 中国银行 | 中山东一路23号 | 铜

图4、图D 外滩18号 | 原麦加利银行 | 中山东一路18号 | 铜

图5、图E 浦东发展银行 | 原汇丰银行大楼 | 中山东一路10号 | 铜

图6、图F 徐汇区某住宅 | 安福路 | 铸铁

图7 历史博物馆 | 原跑马总会 | 南京西路325号 | 铸铁

图8、13 上海银行 | 四行储蓄会大楼 | 四川中路261号 | 铜

图9、10 浦东发展银行 | 原汇丰银行大楼 | 中山东一路10号 | 铜

图11 上海信托投资公司 | 原大陆银行 | 九江路111号 | 铜、玻璃

图12、图F 历史博物馆 | 原跑马总会 | 南京西路325号 | 铸铁

图14、15 外滩华尔道夫酒店 | 原上海总会 | 中山东一路2号 | 铜

图1、2、7 徐汇区某住宅｜安福路｜铸铁

图3、4 瑞金宾馆｜原瑞金二路住宅｜瑞金二路 18 号｜铸铁

图5 徐家汇天主堂｜徐家汇浦西路 158 号｜铸铁

图6 徐汇区某住宅｜安福路｜铜

图8 科学会堂｜原老法国总会｜南昌路 47 号｜铸铁

图9 浦东发展银行｜原汇丰银行大楼｜中山东一路 10 号｜铜、玻璃

图10 百乐门舞厅｜愚园路 218 号｜铜

06

第六章

顶棚

顶棚的定义是通过平面或立体设计，采用合适的材料和构造方法，充分利用室内顶部结构特点及室内净空高度，形成具有功能与美学目的的建筑装饰部分[1]。

历史记录表明，古代中式建筑的顶棚装饰最为经典的是藻井，其结构是向上隆起的井状形式，像提水的方井一样，也有圆形或多边形，通过艺术彩绘、纹饰，达到华丽精美的装饰效果。这类顶棚装饰多见于宫殿、庙宇建筑，南方的戏台顶棚也经常采用这种藻井形式。普通民居一般都没有特殊的顶棚装饰，只有露明梁、檩、椽条、望板、望砖形式的直接式顶棚形式。

15 世纪的欧洲只有为数不多的建筑采用顶棚装饰工艺，作为提升室内空间舒适性和美观性的手段。那时的顶棚非常简单，只是对头顶上楼板的底面稍加装饰。16 世纪初，顶棚装饰开始普遍运用，一些较好的住宅将楼板下面部分的托梁用木板或者板条抹灰的方式包裹覆盖起来，形成新的顶棚，形式大部分是平的或有简单的雕刻，也有用石膏线条图案进行装饰，并将顶棚分成网格形小方格子。16 世纪后期，顶棚的方格网具有更多的可变性，石膏格子肋条开始带镶线装饰，图案样式赋予有机母题，在肋条及带型线条的相交点挂上石膏浮雕垂饰。由此，顶棚装饰也就逐渐成为建筑装饰不可缺少的重要组成部分，一直延续至今。

现代建筑功能越来越多元化，室内各种管网线路日益复杂，为了满足室内环境使用的要求，顶棚的装饰要求也越来越高，顶棚装饰手法愈加多样丰富。充分利用顶棚空间不仅能改善室内的声、光、热环境，对于室内环境的艺术创造和提高舒适性水平也能起到非常重要的作用。

1. 西式建筑顶棚[2]

(1) 巴洛克时期

巴洛克前期顶棚装饰已基本普及，但装饰的复杂性与系统性逐渐被强化。1640 年左右，较之于早期的石膏顶棚已有很大的变化，开始出现一种试图仿制古代经典建筑倾向，由于墙面逐渐采用古典建筑形式，它们与顶棚的结合部位必须通过檐口标识出来，即使非常简洁的墙面与顶棚，也是如此。直至 17 世纪早期，顶棚装饰让人感到迷茫，巴洛克式顶棚虽然保留了密集的装饰区，但常采用一些完全简洁的平面区将其分开，也有采用网络式的顶棚装饰造型。17 世纪末期，古典故事开始在顶棚中出现。

(2) 乔治亚时期

标准的乔治亚时期顶棚结构非常复杂，在楼板下的托梁底面钉上木板条，然后统一用抹灰覆盖，四周边缘采用石膏装饰，中心部分设置一个环形元素。17 世纪后期开始盛行的这种繁琐的装饰，逐步让位凸显线浮雕细部的帕拉第奥风格的装饰造型。18 世纪的 30-40 年代，不对称的洛可可设计，也就是自由的树叶、贝壳及鸟形的雕刻变得越来越流行，直到 18 世纪 50-60 年代，它才被严格的新古典主义细部驱散。

在乔治亚时期的初期，精细的顶棚彩画是一种流行时尚，但仅局限于在宏伟富丽的一类建筑中使用，而较小面积的绘画布景普遍用于中小型建筑。

(3) 联邦和帝国时期

联邦时期的建筑已普遍采用石膏顶棚，在豪华的建筑中一直受到英国的影响，石膏装饰工艺应有尽有。与此同时，顶棚使用树叶、垂花、花环、阳光四射和新古典主义图样的石膏装饰开始流行。18 世纪后期，顶棚被油漆成强烈的色彩，凸出的石膏线条采用白色油漆或描金处理。

(4) 维多利亚时期

在维多利亚时代，大量新建的建筑为石膏装饰顶棚提供了机会。精细的垂花、肋状线条及花卉结彩，如同檐口缠结的图案纹样，充分表现出石膏装饰的特质。一些较为朴素的建筑采用模板浇铸的檐口和简单的圆形中央式玫瑰浮雕。1856 年，纤维石膏板获得了专利，由于采用帆布内衬，较大面积的石膏板、各类石膏线脚花饰精细的檐口、玫瑰花型及圆形浮雕均能在场外预制后到现场安装。石膏装饰构件预制技术在这一时期取得了惊人的进步。

(5) 工艺美术运动时期

工艺美术运动时代的早期，建筑师尽到了最大的可能，来保持顶棚与中世纪后期的一致性，使用挖槽去角的梁配合石膏顶棚装饰构件，强调点缀石膏肋条、线脚及浮雕。一些唯美主义的顶棚显示出来自东方的影响，它们带有复杂的藻井形式，凸出的花饰线脚表面施涂油漆或描金处理，由于这种精细手工工艺成本甚高，市场接受度较低，唯美主义运动成熟期开始偏重于简洁实用。20 世纪早期，复杂的预制石膏制品开始规模性地流行起来。

(6) 新艺术运动时期

新艺术运动强调室内设计，一些室内设计的先驱者常常用处理墙面的手法处理顶棚，但采取这样的装饰方式并不是主流。在英国和美国，工艺美术运动的影响是存在的，梁和顶棚的装饰表现为比较简洁，而除此之外几乎所有的细部都可能是新艺术运动风格。在新艺术运动时期，大多数建筑的顶棚还是采用了传统的做法，即使那些采用了大量新艺术运动风格细部的建筑，顶棚也往往是中央圆形花雕加线脚的装饰形式。一种手法是通过带有新艺术运动风格的涡卷图案顶棚贴纸，赋予室内现代气息，贴纸表面可以刷上颜色，保持和墙面的协调；还有一种方式是简单地将顶棚及带型装饰都刷上彩色。白色顶棚在这个时期被看成是冷漠的，即使不要装饰，也采用浅色如奶油色或蓝灰色。

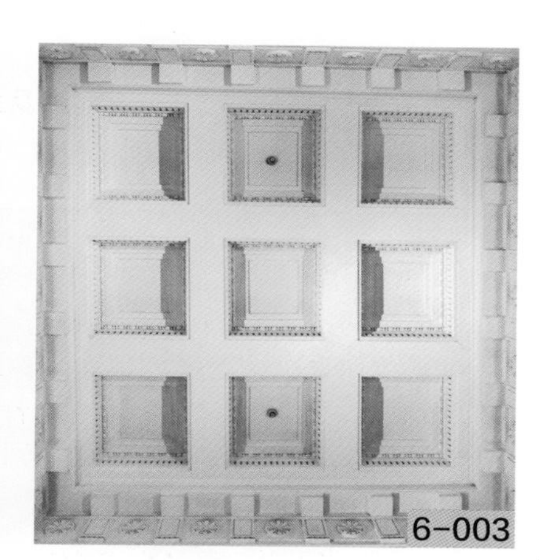

图 6-001 金门大酒店
图 6-002 金门大酒店
图 6-003 外滩 18 号
图 6-004 上海海关

⑺ 现代主义建筑运动时期

20 世纪 20 年代以后的室内装饰中，有一种流行的处理方式是将墙壁凹进天花板，凹进去的地方被看作是天花板的一部分，并绘以相同的颜色，较低的边界用装饰性的边框来区分。到了 20 世纪 30 年代，内凹的手法仍然很流行，但当时的天花板上仅使用简单的几何线条，产生浮雕的效果，并与墙壁的处理方式取得协调。此时，华丽的装饰模式及彩色边框的顶棚形式依然被使用到一些建筑中。战后的现代主义引进了一种更为有机的形式，天花板可以使用不太僵直的线条来装饰。在美国，作为墙面的一种延续，木制天花板逐渐流行起来。

2. 海派建筑顶棚

海派建筑始终站在近现代建筑演变浪潮的前端，它是中国近现代建筑发展的一个缩影。19 世纪末 20 世纪初，随着欧美建筑技术的引进和新材料的发展，当时国际比较流行的建筑构造技术已被很好地融入到了上海的建筑营造活动中，如精美的石膏顶棚构造细部做法已被广泛地吸纳消化，并逐渐形成了独具特色的海派顶棚装饰构造工艺。

其中，希腊复兴风格、文艺复兴风格、新古典主义风格在海派建筑中石膏顶棚装饰中比较多见，如今留存下来的石膏顶棚大多为这些风格形式。

⑴ 希腊复兴风格顶棚

希腊复兴风格顶棚将装饰通常限制在檐口和顶棚的边缘部分，以及中央玫瑰藻井部分，同时受人喜爱的形式和图样变得越来越粗犷，在变细的叶形边缘装饰形式或者流动的檐口装饰上，模仿希腊式花瓶或纹样，同样中心玫瑰藻井是吊灯悬挂的地方，依赖于更多朴素的照明灯具，展示出一个极富变化的形式（图 6-001，图 6-002，图 6-003，图 6-004）。希腊复兴样式往往结合了花丛、蔷薇花饰以及希腊云卷花纹镶边组合装饰。

⑵ 新古典主义风格顶棚

新古典主义风格顶棚的中央部分也是石膏玫瑰圆形大浮雕，其他部位使用树叶、垂花、花环、阳光四射这些新古典主义图样的石膏装饰。顶棚通常呈现强烈的色彩，凸出的石膏线

图 6-005 东亚银行
图 6-006 荣氏老宅
图 6-007 上海工艺美术博物馆
图 6-008 上海历史博物馆
图 6-009 和平饭店南楼
图 6-010 花园饭店
图 6-011 上海银行

条采用白色油漆或描金贴金处理（图 6-005，图 6-006，图 6-007，图 6-008）。

(3) 文艺复兴风格顶棚

此类石膏顶棚中央部分为文艺复兴模式大浮雕，较宽的古典风格的石膏檐口线标识着墙面与天棚的交界，凸出的石膏线脚被十分丰富地雕上花纹或描金贴金，将一个整面分成许多块（图 6-009，图 6-010，图 6-011）。意大利文艺复兴样式是将天花做成一格格深顶，中心饰以花卉图案，再用金色使雕花更富有生气。西班牙文艺复兴式顶棚与此相近，但一般装饰较少，颜色较深。

(4) 装饰艺术派风格顶棚

装饰艺术派风格顶棚的特点是呼应建筑及室内空间的设计手法，采用直接明了的几何元素构图，表达装饰艺术运动所主张的机械美学的特征，形成具有时代感的室内空间效果。20 世纪 20~30 年代，这类顶棚形式在一些追求时尚的海派建筑中时有出现（图 6-012，图 6-013，图 6-014，图 6-015）。

3. 石膏顶棚装饰构件的制作

(1) 石膏的性能

人们知道，石膏能够作为胶凝材料使用是一个偶然发现。远古时代，人们发现由于雷击引起森林大火使石膏石受热分解，遇到大雨又能凝结硬化，于是，逐渐知道了石膏可以利用。可以说在史前人类已经利用石膏了，当然这是极粗糙的使用。

石膏石是一种普遍存在于地壳层内的一种岩石矿物，一般呈白色、无色或者灰色。材料专业技术表明，制取石膏的过程并不复杂。从地壳层中挖掘出石膏矿，经过特定的热处理使矿石部分脱水，再经过研磨形成细小的白色粉末，这种粉末通常被称为“熟石膏”，加水后就会凝结硬化。石膏在建筑装饰方面的应用自古有之，并且随着技术的进步，石膏在建筑领域中的应用范围在不断拓展。石膏自身具有良好的性能，非常适合应用于各种建筑系统。首先，石膏属于无机材料，具有不燃性。其最终水化产物二水硫酸钙中含有两个结晶水，其分解温度约在1070℃至1700℃之间。因此，当遇到火情时，只有等到其中的两个结晶水全部分解完毕后，温度才能在1000℃左右的基础上继续升高；而且在其分解过程中产生的大量水蒸气还能对火焰的蔓延起阻隔作用。因此，石膏具有良好的耐火性能，在一定程度上能保证建筑的安全。第二，石膏属于一种多孔材料，有利于自动调节室内微环境。在配制石膏浆体时，水灰比一般在0.6~0.8之间[3]，经水化硬化后，大量未参与水化反应的游离水将被蒸发，在制品中留下大量孔隙而形成一个多孔材料，其体积密度小于1.0。石膏建材的多孔性优势体现在：当室内湿度大时，这些孔隙可将水分吸入；反之，室内湿度小时又可将孔隙中的水分释放出来，自动调节室内的湿度，提高人的舒适度。第三，石膏制品生产过程简便灵活，可满足人们对室内不同功能的要求。石膏建材制品适用于室内的顶、墙、地，通过选用不同的品种和不同的构造组合，可分别满足对室内保温、隔声、防火、灵活分隔等功能要求，同时还是室内很好的装饰材料。

图 6-012 上投大厦
图 6-013 和平饭店
图 6-014 国际饭店
图 6-015 衡山宾馆

(2) 石膏装饰构件的制作

有两种传统的制作石膏装饰构件的方法：在现场就地（或在工作台上）制作；或在作坊用模具制作。无表面饰纹的普通石膏线通常有两种制作方式，一种是直接在墙面制作成型，另一种方式是，首先在工作台等水平表面上制成石膏线，待石膏线凝固后再将其贴到墙上。天花板花格镶板、天花灯盘、涡卷饰件、牛腿、齿状装饰、柱式等装饰构件，是在场外作坊用皮胶（明胶）模具或石膏模具浇铸的，且往往是分块浇铸，然后运到建筑内进行组装和安装。这要依项目所需而定。完整性、尺寸精确度、对历史风格的注重，这是成功制作模型的关键因素。模型的每一部分都有名称，如齿饰、扭索饰、卷草纹嵌线或凸嵌线、飞檐托饰、卵箭饰。历史上，檐口、天花灯盘、方格天花镶板三类石膏花饰，构成了石膏花饰行业的大部分业务。不论建筑风格怎样改变，这三种石膏花饰在18世纪到20世纪之间一直存在，或单独使用，或组合使用。

如精致的客厅檐口由平直的石膏线构成，石膏线在房间四周顶部的临时格条内放样制成，成分为石膏与石灰。制作放样石膏线的工具有一块轮廓与石膏线剖面相同的金属叶片，而金属叶片嵌在木板上斜接使用的是石膏和石灰混合制成的腻子，在节点处通过斜接杆完成。叶状花饰、卵箭饰、半圆饰等重点装饰物，是先在作坊中浇铸成型，然后再以石膏做黏合剂固定在放样件上。接下来进行粉刷、涂刷油漆，甚至是贴金。客厅天花灯盘是最引人注目的一类石膏花饰。美国住宅中往往使用放样的同心圆天花灯盘，灯具从中心垂下，通常悬在嵌入天花搁栅中的锻铁勾上。更为精致的灯盘由预铸件组合而成，如茛菪叶与花状饰纹或其他饰纹组合使用。灯盘通常与屋内檐口风格相契合；灯盘的周围，可以选装放样的石膏线脚。

另一种重要的石膏顶棚构件是方格天花板。镶板要预先制作好，可以在作坊或是施工现场制作，再用悬线将镶板固定，形成顶棚。不同风格的顶棚镶板，在深度、镶板形状及装饰复杂度方面都有所不同。顶棚镶板不仅见于平屋顶，也见于穹顶、筒形拱顶及交叉拱顶，以及顶棚的肋拱与拱腹两侧。镶板的中心通常有圆花饰，圆花饰也常用于装饰镶板的镶边，从而达到点缀交接处边线的效果。水平的天花镶板从平面格局上看完全相同；在穹顶、筒形拱顶上，镶板每一块实际上均不相同，但这是为了从不同的角度看上去一致。方格天花板的饰面处理手法往往能够展现油漆工的技艺水平。

参考资料

［1］韩建新，刘广洁. 建筑装饰构造（第二版）［M］. 北京：中国建筑工业出版社，2004.

［2］史蒂芬·科罗维. 世界建筑细部风格（上、下）［M］. 香港：香港国际文化出版有限公司，2006.

［3］符芳，钱士英，王永奎. 建筑装饰材料［M］. 南京：东南大学出版社，1994.

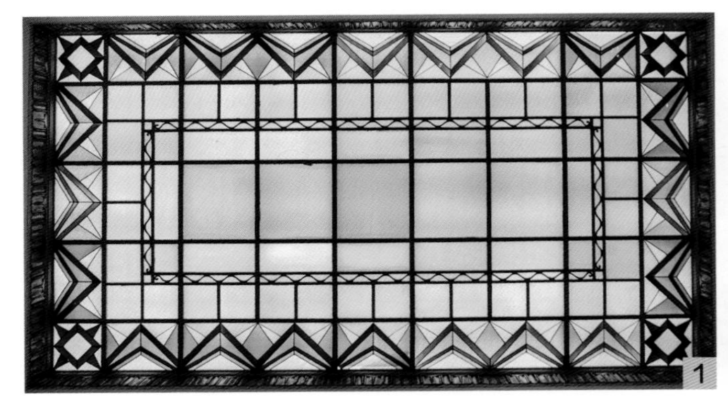
1

2

3

4

5

6

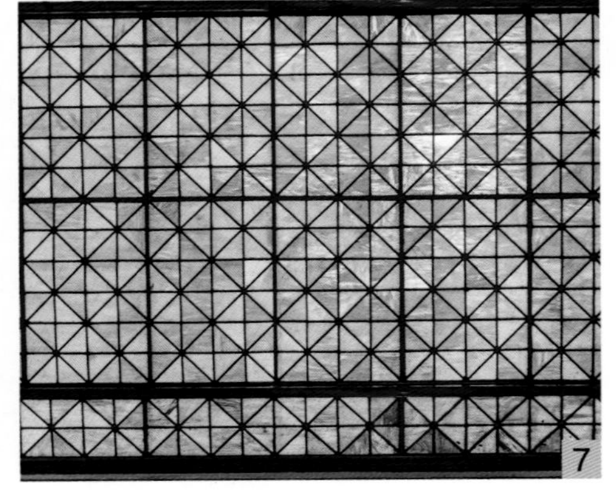
7

10

8

9

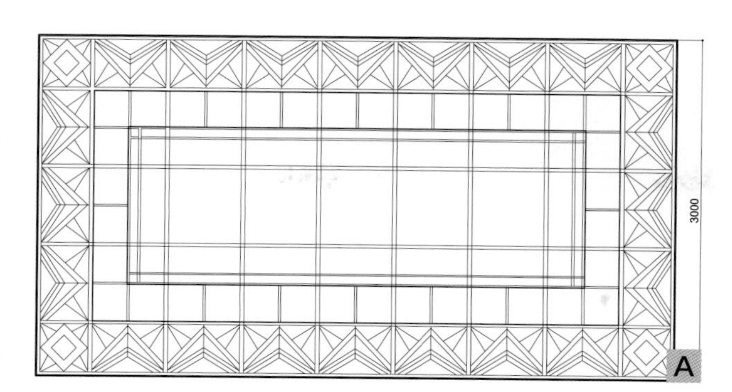

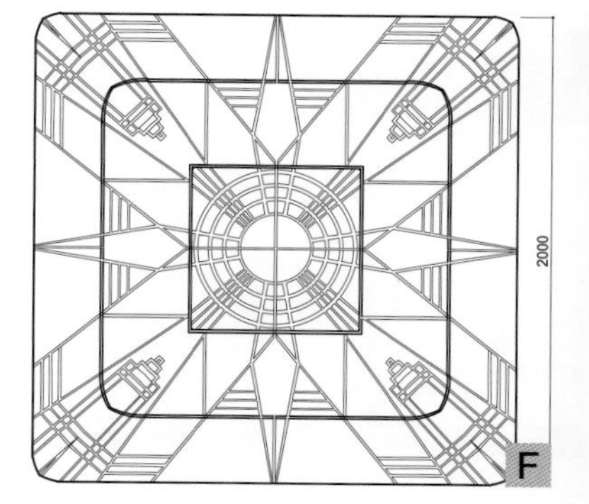

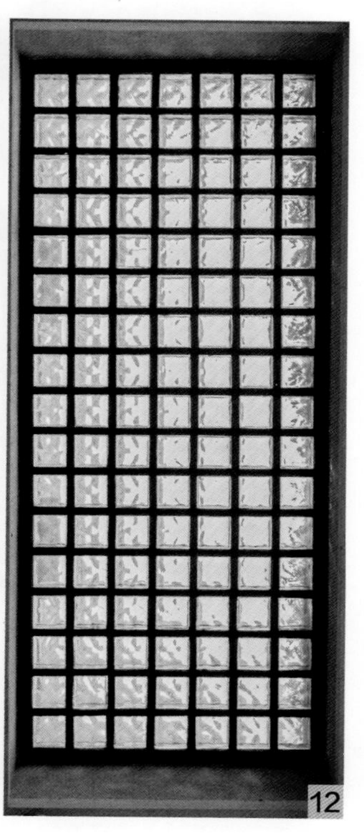

图1、图A 和平饭店北楼 | 原沙逊大厦 | 中山东一路 20 号 | 彩绘玻璃、木、金属

图2、图B 马勒别墅酒店 | 原马勒住宅 | 陕西南路 30 号 | 彩绘玻璃、木

图3、图C 扬子饭店 | 汉口路 740 号 | 彩绘玻璃、木、金属

图4、图D 体育大厦 | 原西桥青年会 | 南京西路 150 号 | 彩绘玻璃、木、金属

图5、图E 中国外汇交易中心 | 原华俄道胜银行 | 中山东一路 15 号 | 彩绘玻璃、木、石膏

图6、图F 国际饭店 | 原四行储蓄会大楼 | 南京西路 170 号 | 彩绘玻璃

图7 体育大厦 | 原西桥青年会 | 南京西路 150 号 | 彩绘玻璃、木、金属

图8 和平饭店北楼 | 原沙逊大厦 | 中山东一路 20 号 | 彩绘玻璃、木、金属、石膏

图9 PRADA 展示中心 | 原荣氏花园住宅 | 陕西北路 186 号 | 彩绘玻璃、木、金属

图10 浦东发展银行 | 原汇丰银行大楼 | 中山东一路 10 号 | 玻璃、木、金属

图11 PRADA 展示中心 | 原荣氏花园住宅 | 陕西北路 186 号 | 彩绘玻璃、木

图12 上海信托投资公司 | 原大陆银行 | 九江路 111 号 | 玻璃砖、木、金属

1
2
3
4
5
6
7
8
9
10

图1 百乐门舞厅 | 愚园路 218 号 | 云石玻璃、木、金属

图2 花园饭店 | 原法国总会 | 茂名南路 58 号 | 彩绘玻璃、木、金属、石膏

图3 金门大酒店 | 原华安人寿保险公司 | 南京西路 104 号 | 玻璃、金属

图4 上海海关 | 原江海关 | 中山东一路 13 号 | 彩绘玻璃、木、金属、石膏

图5、6 PRADA 展示中心 | 原荣氏花园住宅 | 陕西北路 186 号 | 彩绘玻璃、木、金属

图7 衡山宾馆 | 原毕卡迪公寓 | 衡山路 534 号 | 彩绘玻璃、木、金属

图8 邬达克纪念馆 | 原邬达克住宅 | 番禺路 135 号 | 彩绘玻璃、木、金属

图9 九江路邮电局 | 原中华邮政储金汇业局 | 九江路 36 号 | 玻璃、木、金属、石膏

图10 和平饭店北楼 | 沙逊大厦 | 中山东一路 20 号 | 彩绘玻璃、金属

图11 花园饭店 | 原法国总会 | 茂名南路 58 号 | 彩绘玻璃、木、金属

图12 锦江宾馆 | 原华懋公寓 | 长乐路 109 号 | 玻璃、金属

图13 瑞金宾馆 | 原瑞金二路住宅 | 瑞金二路 18 号 | 彩绘玻璃、木、金属

图14 瑞金宾馆 | 原瑞金二路住宅 | 瑞金二路 18 号 | 玻璃、金属

图15 外滩华尔道夫酒店 | 原上海总会 | 中山东一路 2 号 | 玻璃、金属

图16 锦江宾馆 | 原华懋公寓 | 长乐路 109 号 | 云石玻璃、木、金属

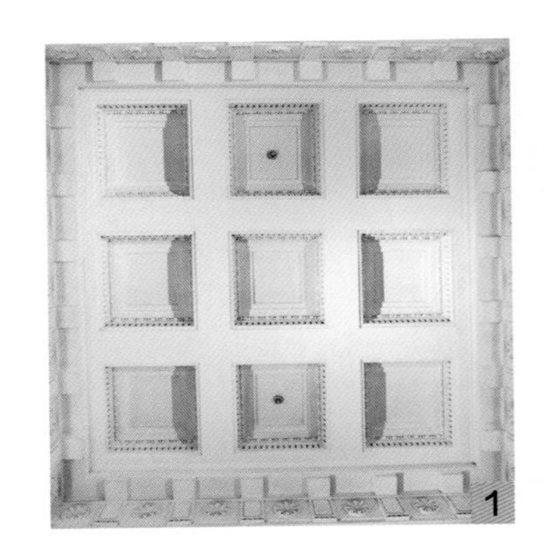
1

2

3

4

5

6

7

8

9

10

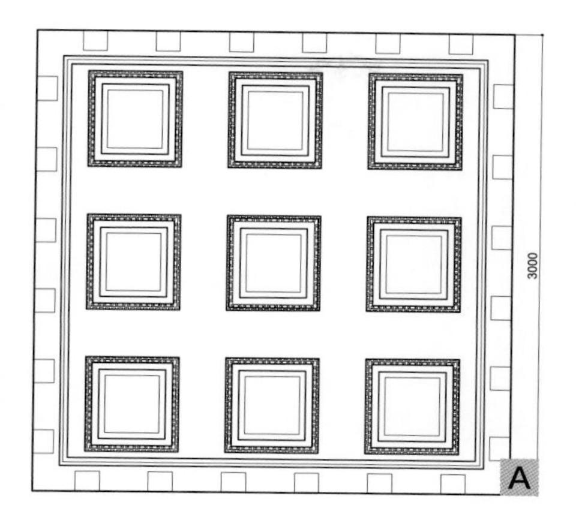

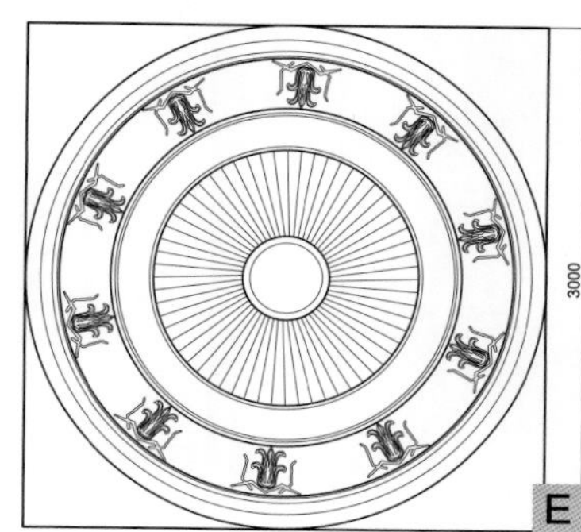

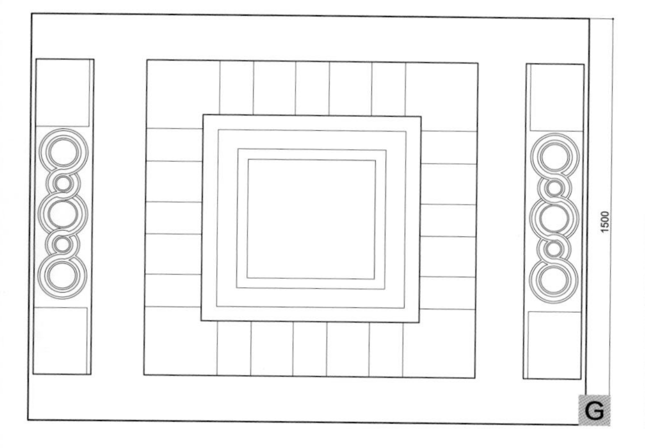

图1、图A 外滩18号｜原麦加利银行｜中山东一路18号｜石膏

图2-4、图B-D 科学会堂｜原老法国总会｜南昌路47号｜石膏、金属

图5、图E 东亚银行｜四川中路299号｜石膏

图6、图F 罗斯福大楼｜原怡和洋行｜中山东一路27号｜石材

图7、图G 浦东发展银行｜原汇丰银行大楼｜中山东一路10号｜石材

图8、图H 斯福大楼｜原怡和洋行｜中山东一路27号｜石膏

图9、图I 招商银行｜原台湾银行｜中山东一路16号｜石材

图10 科学会堂｜原老法国总会｜南昌路47号｜石膏、金属

1

2

3

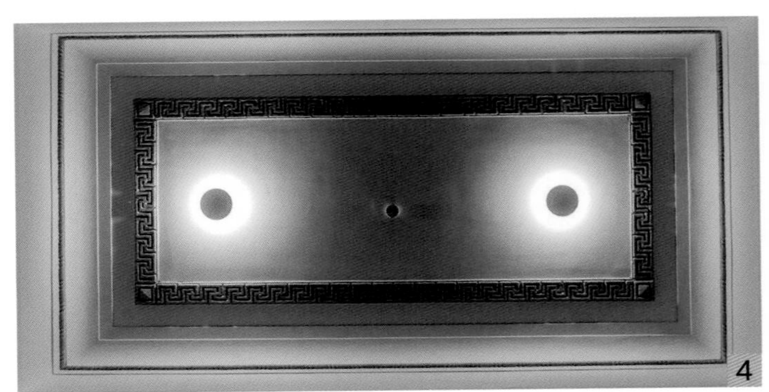
4

5

6

7

8

9

10

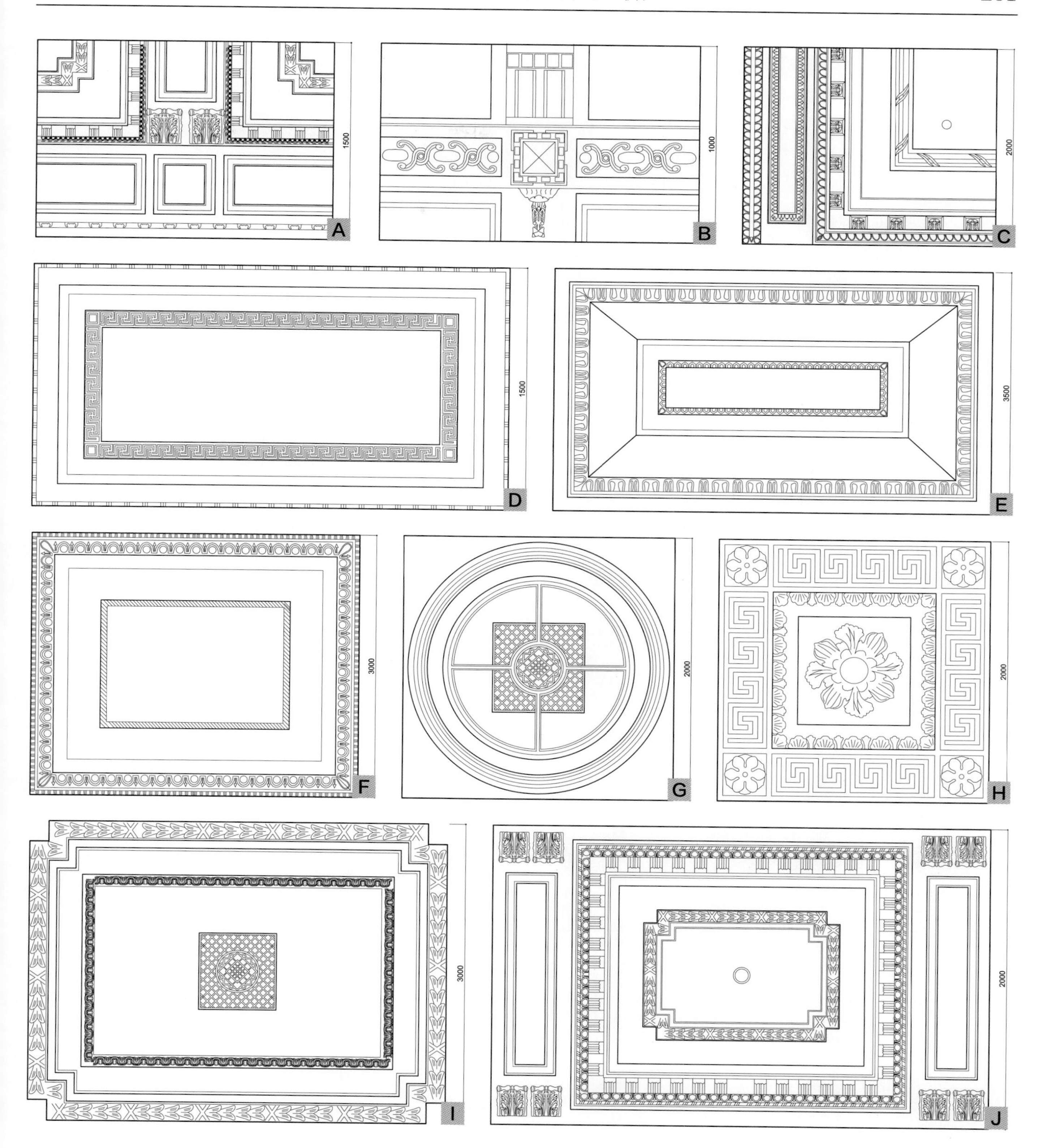

图 1-3、图 A-C 外滩华尔道夫酒店｜原上海总会｜中山东一路 2 号｜石膏

图 4、图 D 历史博物馆｜原跑马总会｜南京西路 325 号｜石膏

图 5、图 E 花园饭店｜原法国总会｜茂名南路 58 号｜石膏

图 6、图 F 交通银行｜原金城银行｜江西中路 200 号｜石膏

图 7、9、10、图 G、I、J 外滩华尔道夫酒店｜原上海总会｜中山东一路 2 号｜石膏

图 8、图 H 金门大酒店｜原华安人寿保险公司｜南京西路 104 号｜石膏

1

2

3

4

5

6

7

8

9

10

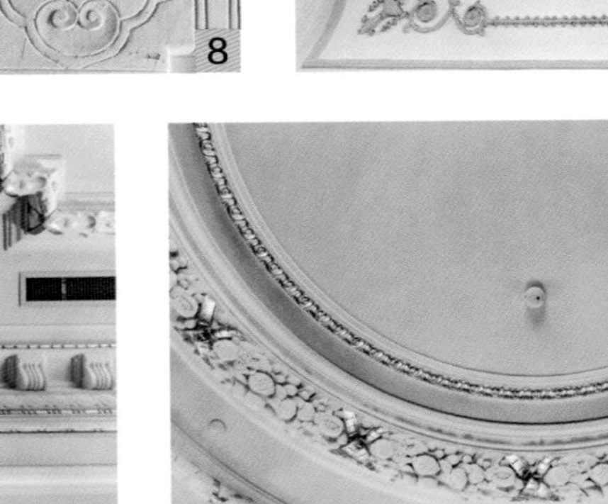
11

12

13

14

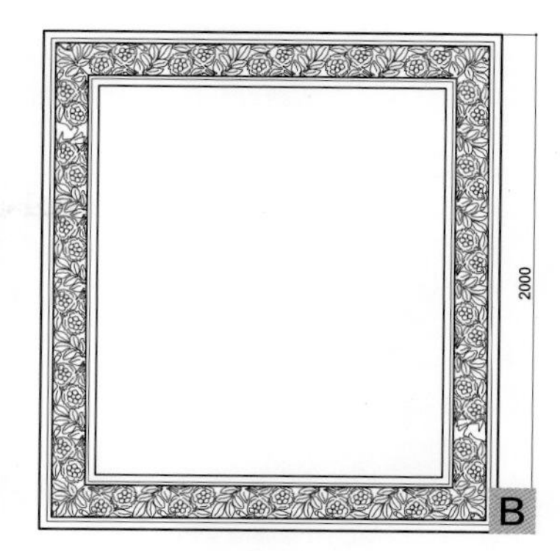

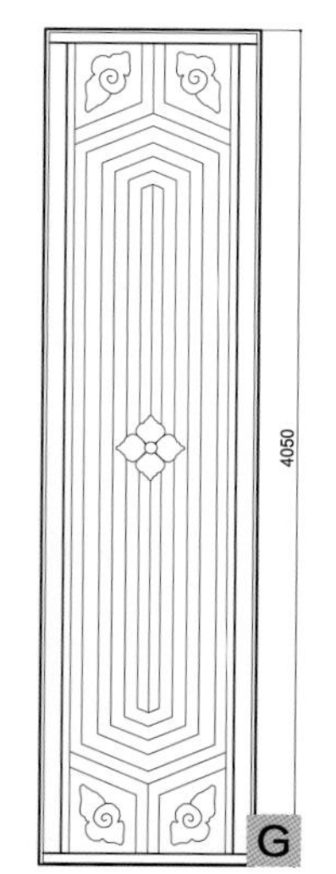

图 1、图 A 国际饭店 | 原四行储蓄会大楼 | 南京西路 170 号 | 石膏

图 2、3、图 B、C 历史博物馆 | 原跑马总会 | 南京西路 325 号 | 石膏

图 4、图 D 中国银行 | 中山东一路 23 号 | 石膏

图 5、图 E 罗斯福大楼 | 原怡和洋行 | 中山东一路 27 号 | 石膏

图 6–8、图 F–H 中国银行 | 中山东一路 23 号 | 石膏

图 9 上海工艺美术博物馆 | 原法租界公董局总董官邸 | 汾阳路 79 号 | 石膏

图 10、图 I 外滩华尔道夫酒店 | 原上海总会 | 中山东一路 2 号 | 石膏

图 11 外滩华尔道夫酒店 | 原上海总会 | 中山东一路 2 号 | 石膏、金属

图 12 孙科别墅 | 原孙科住宅 | 延安西路 1262 号 | 石膏

图 13 瑞金宾馆 | 原瑞金二路住宅 | 瑞金二路 18 号 | 石膏、金箔

图 14 上海市医学会 | 原共济会堂 | 北京西路 1623 号 | 石膏

图 15 PRADA 展示中心 | 原荣氏花园住宅 | 陕西北路 186 号 | 石膏

图 16 扬子饭店 | 汉口路 740 号 | 石膏

图 17 上海信托投资公司 | 原大陆银行 | 九江路 111 号 | 石膏

图 18 锦江宾馆 | 原华懋公寓 | 长乐路 109 号 | 石膏

1

2

3

4

5

6

7

图1 圣三一基督教堂 | 九江路 201 号 | 木、砖

图2 花园饭店 | 原法国总会 | 茂名南路 58 号 | 木

图3 浦东洲际酒店 | 原中国酒精厂 | 世博村 A 地块 | 木

图4 历史博物馆 | 原跑马总会 | 南京西路 325 号 | 木

图5 科学会堂 | 原老法国总会 | 南昌路 47 号 | 木

图6、9 PRADA 展示中心 | 原荣氏花园住宅 | 陕西北路 186 号 | 木

图7、8 马勒别墅酒店 | 原马勒住宅 | 陕西南路 30 号 | 木

图10–13 上海工艺美术博物馆 | 原法租界公董局总董官邸 | 汾阳路 79 号 | 木

图1、2、图A、B 和平饭店北楼｜原沙逊大厦｜中山东一路 20 号｜石膏

图 3–5、图 C–E 金门大酒店｜原华安人寿保险公司｜南京西路 104 号｜石膏

图 6、图 F 友邦大厦｜原字林西报大楼｜中山东一路 17 号｜马赛克、水泥

图 7–10、图 G–J 体育大厦｜原西桥青年会｜南京西路 150 号｜石膏

图 11 金门大酒店｜原华安人寿保险公司｜南京西路 104 号｜石膏

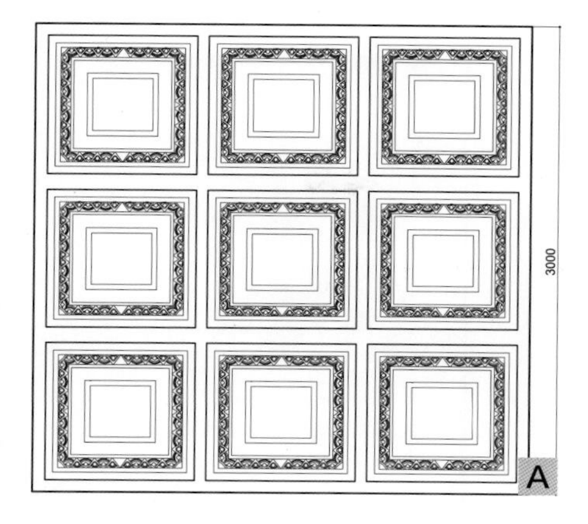
3000
A

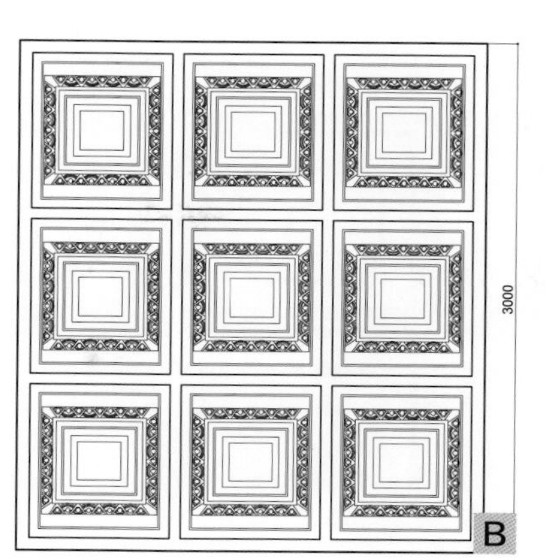
3000
B

2000
C

2000
D

1500
E

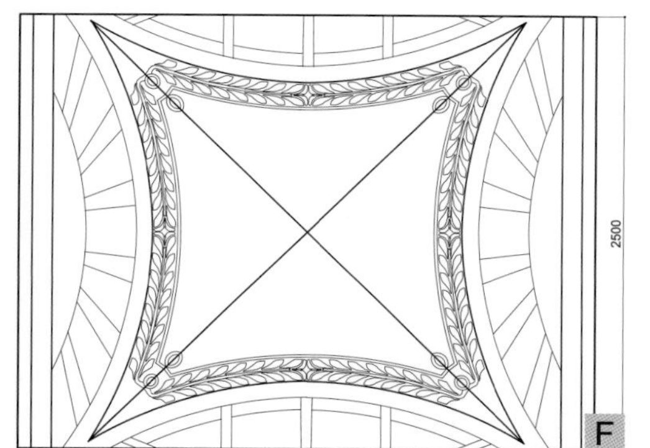
2500
F

1500
G

1500
H

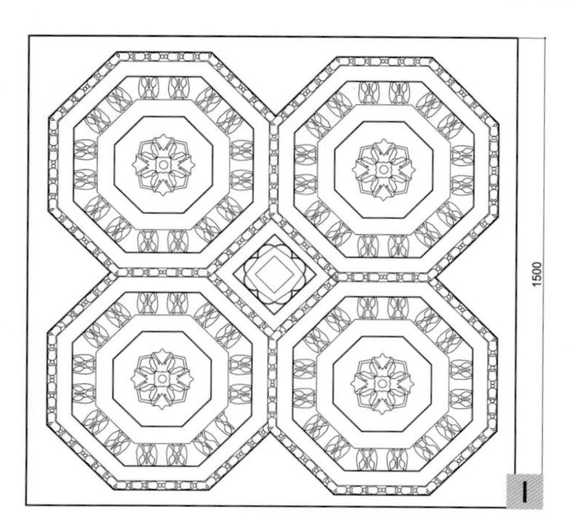
1500
I

2000
J

1
2
3
4
5
6
7
8
9
10
11
12
13
14

图1、2、图A、B 九江路邮电局 | 原中华邮政储金汇业局 | 九江路 36 号 | 木、石膏

图3、图C 和平饭店北楼 | 原沙逊大厦 | 中山东一路 20 号 | 石膏

图4、5、图D、E 体育大厦 | 原西桥青年会 | 南京西路 150 号 | 石膏

图6、图F 历史博物馆 | 原跑马总会 | 南京西路 325 号 | 水泥、石膏

图7、图G 和平饭店北楼 | 原沙逊大厦 | 中山东一路 20 号 | 石膏

图8、图H 上海银行 | 原四行储蓄会大楼 | 四川中路 261 号 | 石膏

图9、图I 体育大厦 | 原西桥青年会 | 南京西路 150 号 | 石膏

图10 百乐门舞厅 | 愚园路 218 号 | 木、石膏

图11 交通银行 | 原金城银行 | 江西中路 200 号 | 石膏

图12 历史博物馆 | 原跑马总会 | 南京西路 325 号 | 石膏、水泥

图13 和平饭店北楼 | 原沙逊大厦 | 中山东一路 20 号 | 石膏、水泥

图14 PRADA 展示中心 | 原荣氏花园住宅 | 陕西北路 186 号 | 石膏

图15、图J 金门大酒店 | 原华安人寿保险公司 | 南京西路 104 号 | 石膏

图1–5、图A–E 基督教青年会宾馆｜原八仙桥基督教青年会｜西藏南路 123 号｜石膏、水泥

图6 基督教青年会宾馆｜原八仙桥基督教青年会｜西藏南路 123 号｜石膏、水泥

图7、8、图F、G 上海银行｜原四行储蓄会大楼｜四川中路 261 号｜水泥、石膏

图9、图H 上海市邮政局｜原上海邮政总局｜北苏州河路 250 号｜石膏

图10、图I 基督教青年会宾馆｜原八仙桥基督教青年会｜西藏南路 123｜石膏、水泥

图11 圣三一基督教堂｜九江路 201 号｜木、砖、金属

图12、图J 上海银行｜原四行储蓄会大楼｜四川中路 261 号｜木、石膏

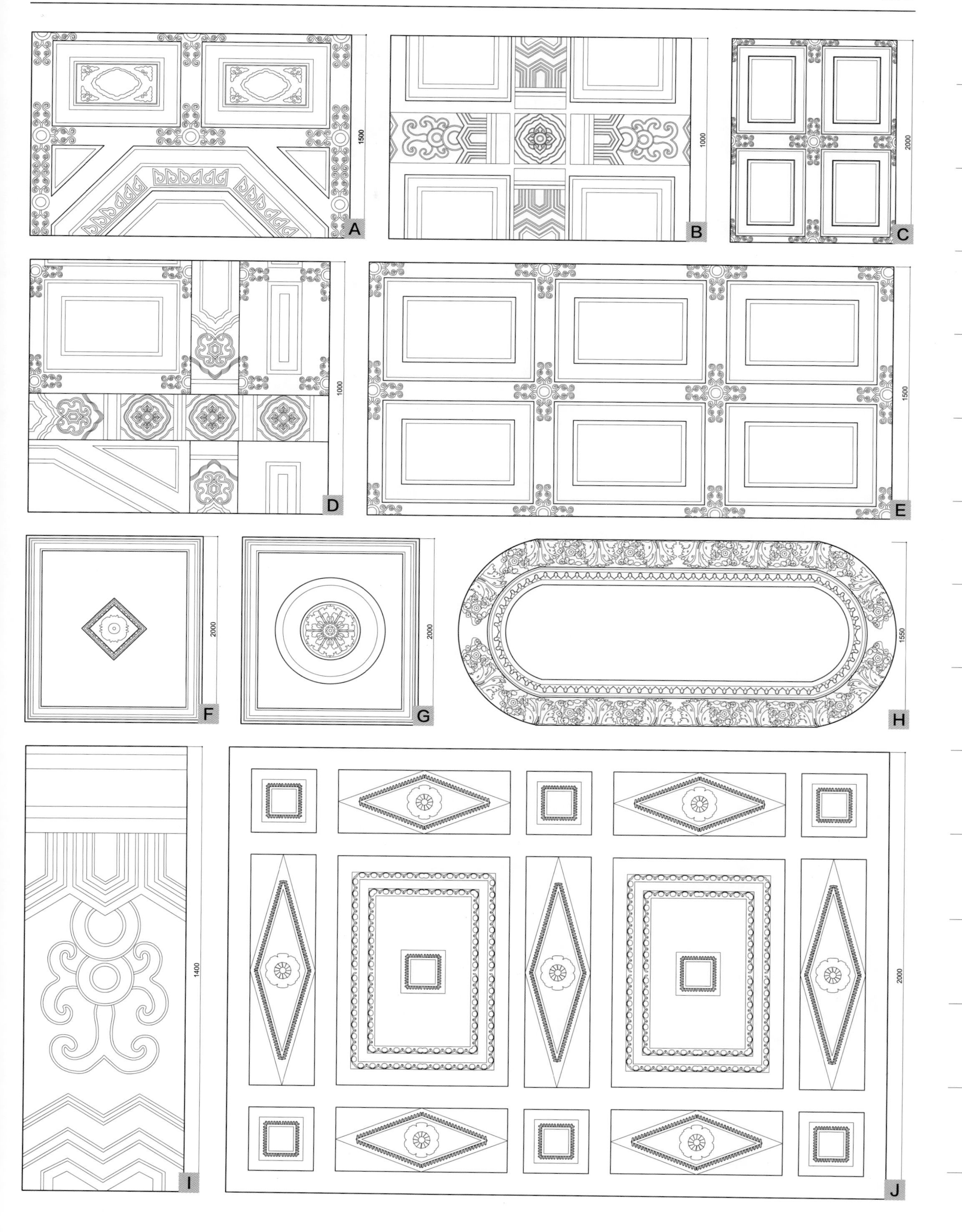
1500
A
1000
B
2000
C
1000
D
1500
E
2000
F
2000
G
1550
H
1400
I
2000
J

1

10

11

2

3

12

13

THEIR FOUR TOKYO
4

5

14

15

6

7

8

9

16

17

图1-34 浦东发展银行｜原汇丰银行大楼｜中山东一路10号｜石膏、马赛克

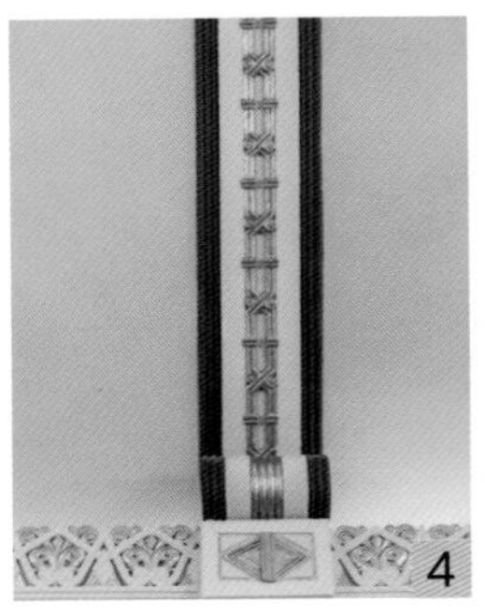
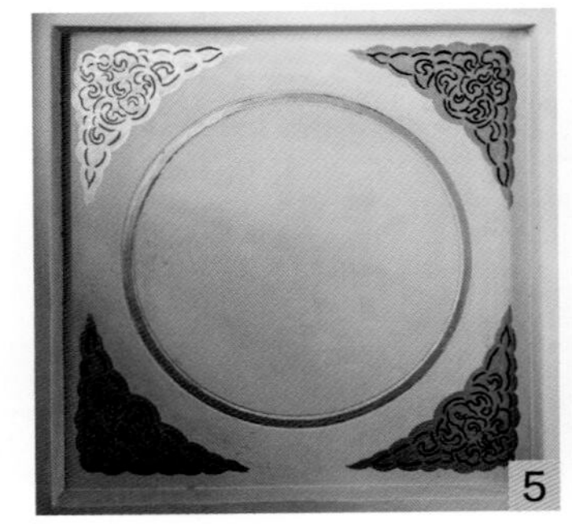

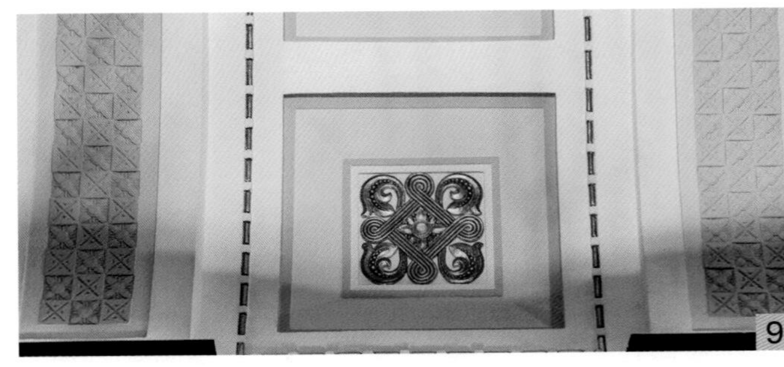

图1、2 交通银行｜原金城银行｜江西中路200号｜石膏

图3 上海海关｜原江海关｜中山东一路13号｜石膏、水泥

图4 和平饭店北楼｜原沙逊大厦｜中山东一路20号｜石膏、水泥

图5、6 基督教青年会宾馆｜原八仙桥基督教青年会｜西藏南路123号｜石膏、水泥

图7 浦东发展银行｜原汇丰银行大楼｜中山东一路10号｜石材、石膏

图8 和平饭店北楼｜原沙逊大厦｜中山东一路20号｜石膏

图9 和平饭店北楼｜原沙逊大厦｜中山东一路20号｜石膏、水泥

图10 交通银行｜原金城银行｜江西中路200号｜石膏

07

第七章

灯具

灯光一直是人们赖以生存的照明手段，伴随着人类度过了数千年的漫漫长夜。自从人类的祖先发现钻木取火以来，人类经历了动物油灯、植物油灯、蜡烛灯的照明历程，这些灯具沿用直到18世纪中期。1853年后，石油蒸馏工艺的发明，石油的衍生物——煤油随之出现，德国人将煤油引入照明，在此之后煤油灯具大受欢迎[1]。同期有另外两种照明燃料——天然气和煤气问世，1884年，首次使用煤气作为灯具的燃料。从煤气灯具到电力灯具的发展经过了一段漫长的等待。19世纪70年代末，爱迪生发明了第一盏白炽灯。从此以后，白炽灯直到20世纪前期都是家庭照明的工具。基于照明光源的革命性变化，灯具设计在之前巴洛克、乔治亚、维多利亚时期蜡烛或油脂或煤气光源的壁灯、枝形吊灯等灯具造型基础上产生了新的飞跃，具有现代意义的灯饰应运而生。

近现代灯具发展的历史表明，灯具设计风格的演变是依附于整个工业设计的发展过程的。因此，可以按照时间的先后顺序从工业设计史的启蒙、成型、成熟和多元化四个时期来划分并说明灯具设计风格的演进历程[2]。

7-001

1. 工业设计启蒙时期

19世纪末20世纪初，最初在欧洲和美国形成并传播开来，引发了巨大影响的工艺美术运动和新艺术运动是在工业设计史上拥有重要地位的一次“装饰艺术”的运动。当时流行风格相对多样化，就使得各范围内的团体能够相互聚集，并不断地发展其他团体的特点，推进了当时流行风格的改良，属于现代主义的前奏。工艺美术运动时期，当时的英国和美国不仅生产中央大吊灯，而且有大量的壁灯提供市场，文艺复兴风格的铜制灯具非常流行。新艺术运动时期的灯具设计风格主要体现为彻底走向自然风格，倾向于植物的有机形态。模仿植物枝干的金属灯架由一条根从顶棚上悬垂下来，并配以多个灯具，这种形式一度成为时尚。

2. 工业设计成型期

在工业设计的成型期，对灯具设计影响较大的就是包豪斯时期的设计风格了。具体特征表现为高度理性、较好的功用性和十分简约的造型，包豪斯时期的灯具是现代设计中非常杰出的产品设计。

在美国的富裕社会环境下，流线型风格应运而生并迅速风靡。流线型设计风格最大的特点是产品的外形采用圆滑的流线型，最先在汽车和火车类的交通产品中流行起来，随之风靡了整个美国各类产品包括灯具的造型设计。

欧洲斯堪的纳维亚风格的灯具造型特点为整洁的外观、协调的线形、自然舒适的色调和光滑的功能件。斯堪的纳维亚设计将落脚点立于大众生活之中，利用设计连接实际生活和艺术追求。

3. 工业设计成熟期

工业设计的成熟期，工业设计逐渐走向职业化。现代主义风格是以包豪斯的理论为基础发展而来的，在20世纪40-50年代几乎垄断了美国和欧洲的工业设计，成为主流的设计风格。它的特点表现为在造型上采用简单的几何形态，拒绝装饰，推崇功能主义，由此明确它的服务人群为平民大众，推翻了几千年来的设计对象只为显贵服务的准则。

在诸多政治原因下，很多欧洲的设计巨匠来到了美国，也

图 7-001 上海银行
图 7-002 上海工艺美术博物馆
图 7-003 上海市医学会

带来了现代主义设计的风向。而美国的社会环境与欧洲不同，美国的富人很多且在设计上有较多的需求。这些设计大师们便将原本的设计风格和美国国情结合起来，形成了一种新的设计风格——国际主义风格。国际主义在造型上对几何的形状有着极致的追求，设计上也带有商业性质，成为资本主义企业形象和符号。

4. 工业设计多元化时期

在工业设计多元化时期，多种设计风格出现，打破了现代主义对市场的垄断。形形色色的设计风格和派别此起彼伏。后现代主义、新现代主义、高新技术风格、波普风格、孟菲斯、解构主义、绿色设计等设计风格纷纷兴起，使得灯具设计大放光彩。灯具设计风格特点的发展趋势主要是由复杂—简单—多元化的演变，服务人群也由权贵—平民—多样化人群发生了改变。因此，灯具设计风格的发展规律是可循的，随着社会结构的变动，人们在不同时期的不同需求和不同时期的科技水平推动着灯具设计风格的不断发展和演变，也让我们如今的生活更加的丰富多彩。

5. 海派灯具

中国灯具工业最早起源于上海。开埠后的上海是我国最早建立的现代城市，使用现代灯具也最早，1879 年，中国第一盏电灯出现在上海公共租界工部局。乍浦路的仓库里。1882 年英国商人在南京路江西路西北角创办了第一家小型发电厂。1898 年，中国人自办的上海南市电厂建成发电。20 世纪初，作为兼照明与装饰功能一体的艺术灯饰开始进入如花园洋房、独立式别墅、西式公寓等住宅建筑及高档饭店、写字楼等公共建筑的室内空间，这些建筑所配置的灯饰基本保持了与国际同步的款式，是海派灯具的集中代表。

当时流行的海派艺术灯饰大多为进口产品，样式多元，制作精良，每一款灯饰都是工艺品，具有豪华、典雅、大气的造型，精良、高贵、耐用的材质以及精致、细腻、流畅的做工，为建筑空间增添了多重艺术效果。

如在厅堂使用的法国式吊灯，由铜质制成的灯链灯杆灯架等构件表面均采用了镀金工艺，装有水晶灯罩（图 7-001）；仿安妮女皇时期吊灯，带有铜把手、华美的分枝灯臂造型，也成为一种时尚（图 7-002，图 7-003）。在高档住宅的卧室和走廊使用玻璃罩的小吊灯十分流行（图 7-004，图 7-005）。采用铜质灯架、铅焊彩绘玻璃灯罩的吊灯（图 7-006，图 7-007、图 7-008）及台灯销量比较大（图 7-009）。

20 世纪 30 年代后，新型的海派灯饰不断涌现。中央吊灯辅以壁式烛台成为一种常用的固定式灯具的配置形式，系列化的淡色调或大理石玻璃的吊灯面市，其外形是倒置的碗形（图

图 7-004 瑞金宾馆
图 7-005 孙科别墅
图 7-006 荣氏老宅
图 7-007 少儿图书馆
图 7-008 交响乐博物馆
图 7-009 科学会堂
图 7-010 友邦大厦
图 7-011 荣氏老宅
图 7-012 上海市邮政局

图 7-013 荣氏老宅
图 7-014 少儿图书馆
图 7-015 贝轩大公馆
图 7-016 金门大酒店
图 7-017 金门大酒店
图 7-018 科学会堂

7-010，图 7-012，图 7-013）用铜质链子将其固定在天花板凸出的雕饰灯盘之上，壁灯灯罩通常是扇形或贝壳形的与吊灯同样的玻璃。

随着装饰艺术主义思潮的盛行，一些时尚人士府邸中开始安装几何形状有趣的灯饰（图 7-014，图 7-015，图 7-016）。半球形灯、向上的碗式或枝形球灯等造型简洁的灯饰开始流行（图 7-017，图 7-018）。

参考资料

［1］ 煤油灯的起源［EB/OL］. https: // bike.so.com/doc/5945722-6158658.html.2017-05-25

［2］ 陈欣. 灯具设计风格流行趋势探析［J］. 大众文艺 ,2018,439(13):101-102.

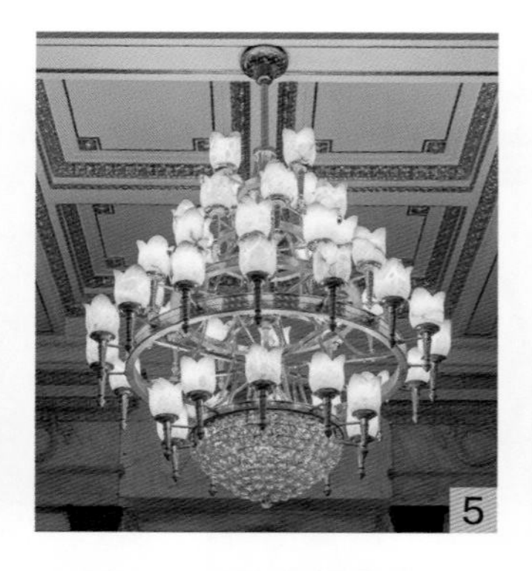

图1 科学会堂｜原法国总会（老）｜南昌路 47 号｜水晶玻璃、金属

图2 罗斯福大楼｜原怡和洋行｜中山东一路 27 号｜水晶玻璃、金属

图3、11 外滩华尔道夫酒店｜原上海总会｜中山东一路 2 号｜水晶玻璃、金属

图4 瑞金宾馆｜原瑞金二路住宅｜瑞金二路 18 号｜水晶玻璃、金属

图5 交通银行｜原金城银行｜江西中路 200 号｜水晶玻璃、金属

图6、9 马勒别墅酒店｜原马勒住宅｜陕西南路 30 号｜水晶玻璃、金属

图7 和平饭店北楼｜原沙逊大厦｜中山东一路 20 号｜水晶玻璃、金属

图8 和平饭店南楼｜原汇中饭店｜中山东一路 19 号｜水晶玻璃、金属

图10 浦东洲际酒店｜原中国酒精厂｜世博村 A 地块｜烛型玻璃、金属

图12 益丰外滩源｜原益丰洋行｜北京东路 31-91 号｜水晶玻璃、金属

图13 基督教青年会宾馆｜原八仙桥基督教青年会｜西藏南路123号｜水晶玻璃、金属

图14 瑞金宾馆｜原瑞金二路住宅｜瑞金二路18号｜水晶玻璃、金属

图15-17 外滩华尔道夫酒店｜原上海总会｜中山东一路2号｜水晶玻璃、金属

图18 和平饭店北楼｜原沙逊大厦｜中山东一路20号｜云石玻璃、金属

图19 友邦大厦｜原字林西报大楼｜中山东一路17号｜云石玻璃、金属

图20 罗斯福大楼｜原怡和洋行｜中山东一路27号｜玻璃、金属

图21 体育大厦｜原西桥青年会｜南京西路150号｜云石玻璃、金属

图22 和平饭店北楼｜原沙逊大厦｜中山东一路20号｜金属

图23 华联商厦｜原永安公司｜南京东路627-635号｜云石玻璃、金属

图24 浦东发展银行｜原汇丰银行大楼｜中山东一路10号｜云石玻璃、金属

图25 上海邮政总局｜北苏州河路250号｜玻璃、金属

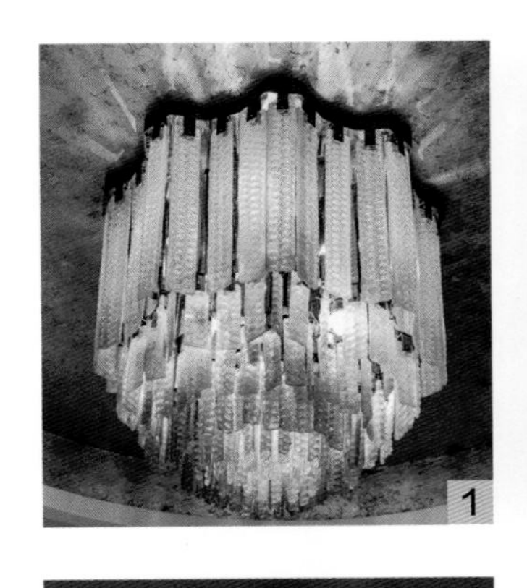

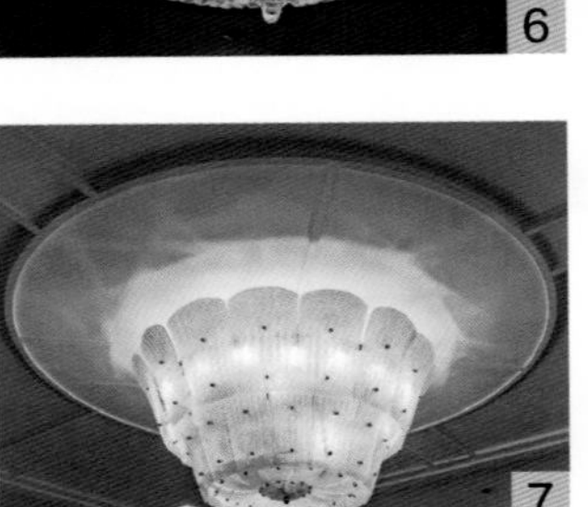

图 1 瑞金宾馆 | 原瑞金二路住宅 | 瑞金二路 18 号 | 水晶玻璃、金属

图 2 贝轩大公馆 | 原贝宅 | 北京西路 1301 号 | 玻璃、金属

图 3 外滩华尔道夫酒店 | 原上海总会 | 中山东一路 2 号 | 水晶玻璃、金属

图 4 基督教青年会宾馆 | 原八仙桥基督教青年会 | 西藏南路 123 号 | 水晶玻璃、金属

图 5 上海信托投资公司 | 原大陆银行 | 九江路 111 号 | 水晶玻璃、金属

图 6 花园饭店 | 原法国总会 | 茂名南路 58 号 | 水晶玻璃、金属

图 7 花园饭店 | 原法国总会 | 茂名南路 58 号 | 玻璃、金属

图 8 外滩 18 号 | 原麦加利银行 | 中山东一路 18 号 | 布艺、金属

图 9 历史博物馆 | 原跑马总会 | 南京西路 325 号 | 金属

图 10 浦东洲际酒店 | 原中国酒精厂 | 世博村 A 地块 | 金属

图 11 浦东洲际酒店 | 原中国酒精厂 | 世博村 A 地块 | 烛型玻璃、金属

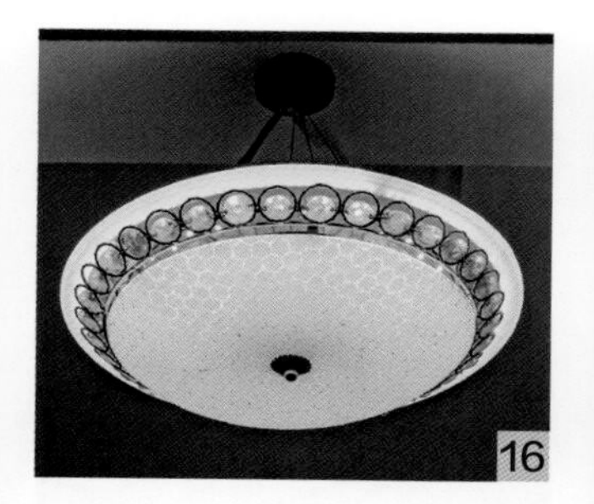

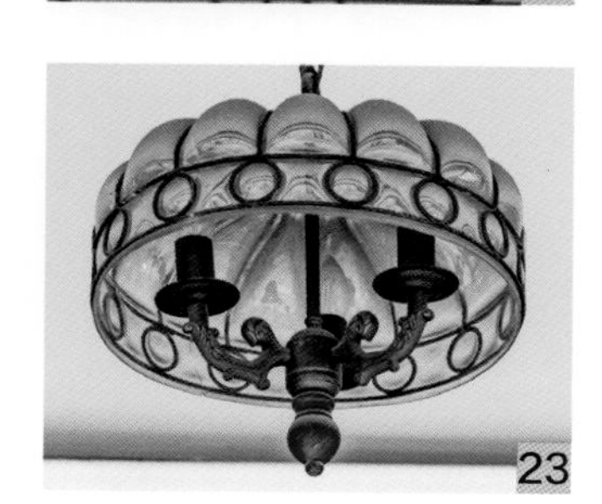

图12、22 金门大酒店 | 原华安人寿保险公司 | 南京西路 104 号 | 玻璃、金属

图13、18 上海工艺美术博物馆 | 原法租界公董局总董官邸 | 汾阳路79号 | 玻璃、金属

图14 辞书出版社 | 原何东住宅 | 陕西北路 457 号 | 玻璃、金属

图15 少儿图书馆 | 原切尔西住宅 | 南京西路 962 号 | 云石玻璃、金属

图16 华业大楼 | 原华业公寓 | 陕西北路 175 号 | 玻璃、金属

图17、20 科学会堂 | 原老法国总会 | 南昌路 47 号 | 玻璃、金属

图19 市三女中 | 原中西女中 | 江苏路 155 号 | 玻璃、金属

图21、23 瑞金宾馆 | 原瑞金二路住宅 | 瑞金二路 18 号 | 玻璃、金属

图24 邬达克纪念馆 | 原邬达克住宅 | 番禺路 135 号 | 云石玻璃、金属

1

2

3

4

5

6

7

8

9

10

11

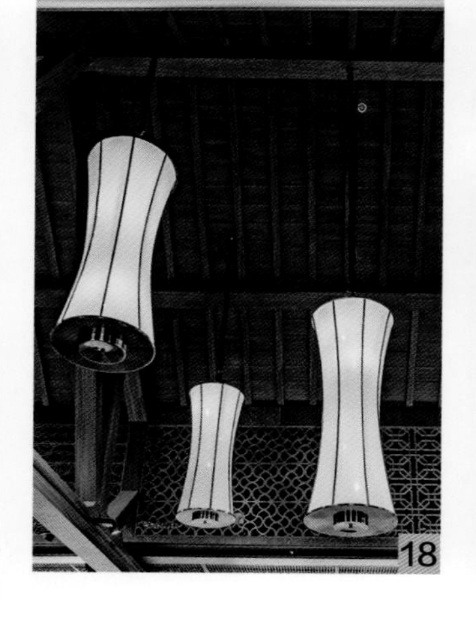

图 1 上海交响乐博物馆｜原花园别墅｜茂宝庆路 3 号｜玻璃、金属

图 2 马勒别墅｜原马勒住宅｜陕西南路 30 号｜玻璃、金属

图 3 少儿图书馆｜原切尔西住宅｜南京西路 962 号｜玻璃、金属

图 4 PRADA 展示中心｜原荣氏花园住宅｜陕西北路 186 号｜玻璃、金属

图 5 历史博物馆｜原跑马总会｜南京西路 325 号｜玻璃、金属

图 6 外滩华尔道夫酒店｜原上海总会｜中山东一路 2 号｜玻璃、金属

图 7 中国银行｜中山东一路 23 号｜玻璃、金属

图 8 上海清算所｜原格林邮船大楼｜北京东路 2 号｜玻璃、金属

图 9 礼和洋行｜原礼记洋行｜江西中路 255 号｜云石玻璃、金属

图 10 上海工艺美术博物馆｜原法租界公董局总董官邸｜汾阳路 79 号｜玻璃、金属

图 11 科学会堂｜原老法国总会｜南昌路 47 号｜玻璃、金属

图 12 浦东洲际酒店｜原中国酒精厂｜世博村 A 地块｜布艺、金属

图 13 交通银行｜原金城银行｜江西中路 200 号｜布艺、金属

图 14 邬达克纪念馆｜原邬达克住宅｜番禺路 135 号｜烛型玻璃、金属

图 15 马勒别墅｜原马勒住宅｜陕西南路 30 号｜布艺、金属

图 16 和平饭店北楼｜原沙逊大厦｜中山东一路 20 号｜布艺、金属

图 17 外滩源 1 号｜原英国领事馆｜中山东一路 33 号｜烛型玻璃、金属

图 18 外滩华尔道夫酒店｜原上海总会｜南昌路 47 号｜布艺、金属

图 19 上海养云安缦酒店｜元江路 6161 号｜布艺、金属

图 20 瑞金宾馆｜原瑞金二路住宅｜瑞金二路 18 号｜云石玻璃、金属

图 21 浦东发展银行｜原汇丰银行大楼｜中山东一路 10-12 号｜玻璃、金属

图 1、2、15 和平饭店北楼 | 原沙逊大厦 | 中山东一路 20 号 | 玻璃、金属

图 3 国际饭店 | 原四行储蓄会大楼 | 南京西路 170 号 | 云石玻璃、金属

图 4 百乐门舞厅 | 愚园路 218 号 | 水晶玻璃、金属

图 5 花园饭店 | 原法国总会 | 茂名南路 58 号 | 水晶玻璃、金属

图 6、13 花园饭店 | 原法国总会 | 茂名南路 58 号 | 玻璃、金属

图 7 国际饭店 | 原四行储蓄会大楼 | 南京西路 170 号 | 玻璃、金属

图 8 贝轩大公馆 | 原贝宅 | 北京西路 1301 号 | 玻璃、金属

图 9 马勒别墅酒店 | 原马勒住宅 | 陕西南路 30 号 | 玻璃、金

图 10 外滩源 1 号 | 原英国领事馆 | 中山东一路 33 号 | 玻璃、金属

图 11 益丰外滩源 | 原益丰洋行 | 北京东路 31-91 号 | 玻璃、金属

图 12 外滩华尔道夫酒店 | 原上海总会 | 中山东一路 2 号 | 水晶玻璃、金属

图 14 兰心大戏院 | 茂名南路 57 号 | 云石玻璃、金属

图 16 上海昆剧团 | 原沙爱麦虞限路 9 号宅 | 绍兴路 9 号 | 玻璃、塑料

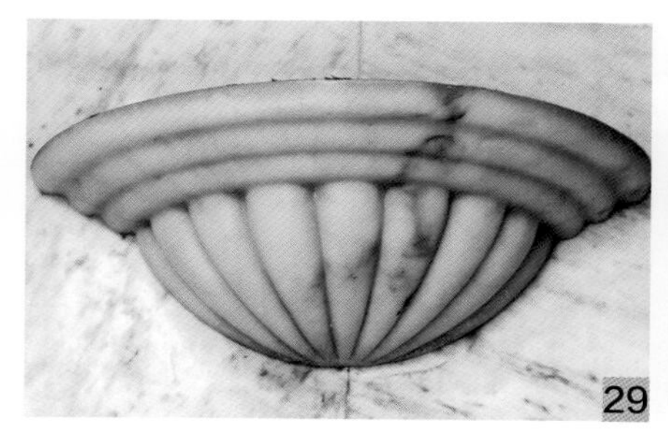

图 17 交通银行 | 原金城银行 | 江西中路 200 号 | 玻璃、金属

图 18 邬达克纪念馆 | 原邬达克住宅 | 番禺路 135 号 | 玻璃、金属

图 19 罗斯福大楼 | 原怡和洋行 | 中山东一路 27 号 | 玻璃、金属

图 20 外滩华尔道夫酒店 | 原上海总会 | 南昌路 47 号 | 水晶玻璃、金属

图 21 锦江宾馆 | 原华懋公寓 | 长乐路 109 号 | 玻璃、金属

图 22 科学会堂 | 原老法国总会 | 南昌路 47 号 | 水晶玻璃、金属

图 23 外滩源 1 号 | 原英国领事馆 | 中山东一路 33 号 | 布、金属

图 24 上海工艺美术博物馆 | 原法租界公董局总董官邸 | 汾阳路 79 号 | 玻璃、金属

图 25、30 花园饭店 | 原法国总会 | 茂名南路 58 号 | 玻璃、金属

图 26 上海造币厂 | 原中国造币厂 | 南京西路 170 号 | 云石玻璃、金属

图 27 国际饭店 | 四行储蓄会大楼 | 江西中路 200 号 | 布艺、金属

图 28 花园饭店 | 原法国总会 | 茂名南路 58 号 | 玻璃、金属

图 29 上海市邮政局 | 原上海邮政总局 | 北苏州河路 250 号 | 玻璃、金属

图 31 中国银行办公楼 | 原大清银行 | 汉口路 50 号 | 玻璃、金属

1

2

3

4

5

6

7

8

9

10

11

12

13

14

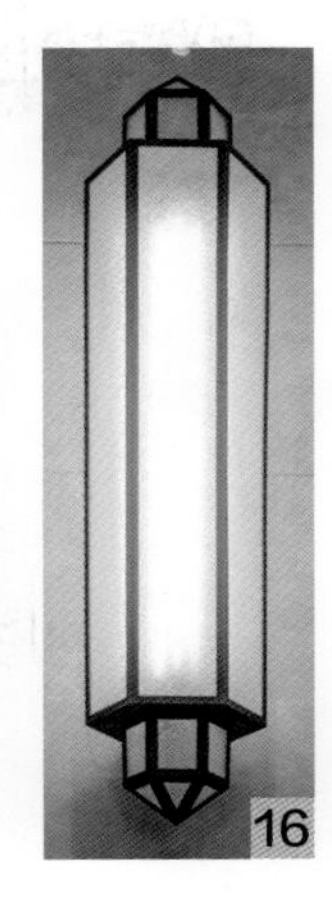

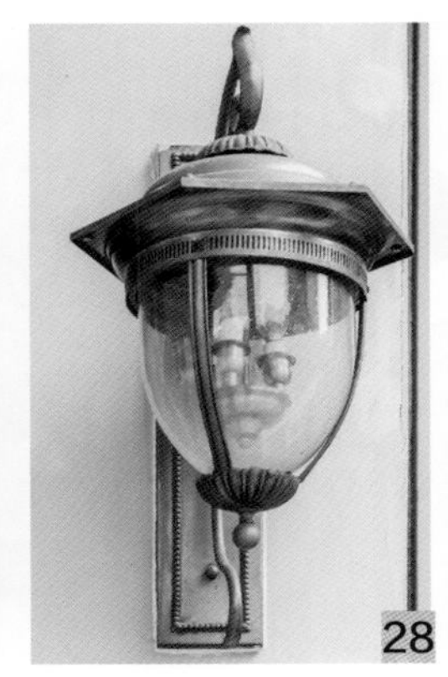

图1、12 外滩华尔道夫酒店｜原上海总会｜南昌路 47 号｜布、金属

图2 科学会堂｜原老法国总会｜南昌路 47 号｜布、水晶玻璃、金属

图3 国际饭店｜原四行储蓄会大楼｜南京西路 170 号｜云石玻璃、金属

图4 马勒别墅酒店｜原马勒住宅｜陕西南路 30 号｜水晶玻璃、金属

图5 上海工艺美术博物馆｜原法租界公董局总董官邸｜汾阳路 79 号｜玻璃、金属

图6 中国银行办公楼｜原大清银行｜汉口路 50 号｜玻璃、金属

图7 扬子饭店｜汉口路 740 号｜玻璃、金属

图8、26 邬达克纪念馆｜原邬达克住宅｜番禺路 135 号｜玻璃、金属

图9、11 外滩华尔道夫酒店｜原上海总会｜南昌路 47 号｜水晶玻璃、金属

图10、23 圣三一基督教堂｜九江路 201 号｜玻璃、金属

图13 上海交响乐博物馆院｜原花园别墅｜茂宝庆路 3 号｜云石玻璃、金属

图14 瑞金宾馆｜原瑞金二路住宅｜瑞金二路 18 号｜布、金属

图15 瑞金宾馆｜原瑞金二路住宅｜瑞金二路 18 号｜玻璃、金属

图16 上海信托投资公司｜原大陆银行｜九江路 111 号｜玻璃、金属

图17 黄浦区某酒店｜新闸路｜云石玻璃、金属

图18 花园饭店｜原法国总会｜茂名南路 58 号｜玻璃、金属

图19 市三女中｜原中西女中｜江苏路 155 号｜玻璃、金属

图20 锦江宾馆｜原华懋公寓｜长乐路 109 号｜玻璃、金属

图21 衡山宾馆｜原毕卡迪公寓｜衡山路 534 号｜玻璃、金属

图22、24 上海邮政总局｜北苏州河路 250 号｜玻璃、金属

图25 罗斯福大楼｜原怡和洋行｜中山东一路 27 号｜玻璃、金属

图27 宋家老宅｜陕西北路 369 号｜玻璃、金属

图28 科学会堂｜原老法国总会｜南昌路 47 号｜玻璃、金属

图29 贝轩大公馆｜原贝宅｜北京西路 1301 号｜玻璃、金属

1

2

3

4

5

6

7

8

9

10

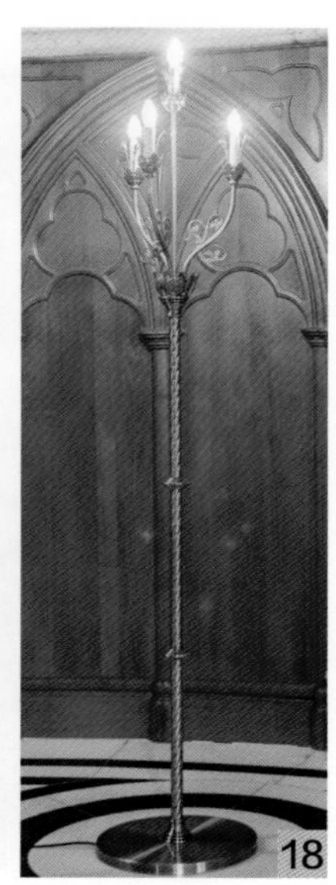

图1、2 外滩华尔道夫酒店 | 原上海总会 | 南昌路47号 | 布、金属

图3 外滩华尔道夫酒店 | 原上海总会 | 南昌路47号 | 玻璃、金属

图4、5、7、13 科学会堂 | 原法国总会（老）| 南昌路47号 | 布、金属

图6 和平饭店北楼 | 原沙逊大厦 | 中山东一路20号 | 布、金属

图8 罗斯福大楼 | 原怡和洋行 | 中山东一路27号 | 布、玻璃、金属

图9 外滩源1号 | 原英国领事馆 | 中山东一路33号 | 玻璃、木

图10、12 和平饭店北楼 | 原沙逊大厦 | 中山东一路20号 | 玻璃、金属

图11 国际饭店 | 原四行储蓄会大楼 | 南京西路170号 | 玻璃、金属

图14 国际饭店 | 原四行储蓄会大楼 | 南京西路170号 | 云石、玻璃、金属

图15 外滩华尔道夫酒店 | 原上海总会 | 南昌路47号 | 玻璃、金属

图16 罗斯福大楼 | 原怡和洋行 | 中山东一路27号 | 玻璃、金属

图17 科学会堂 | 原老法国总会 | 南昌路47号 | 玻璃、金属

图18 圣三一基督教堂 | 九江路201号 | 玻璃、金属

1
2
3
4
5
6
7
8
9
10
11
12
13
14
15
16
17
18
19
20
21

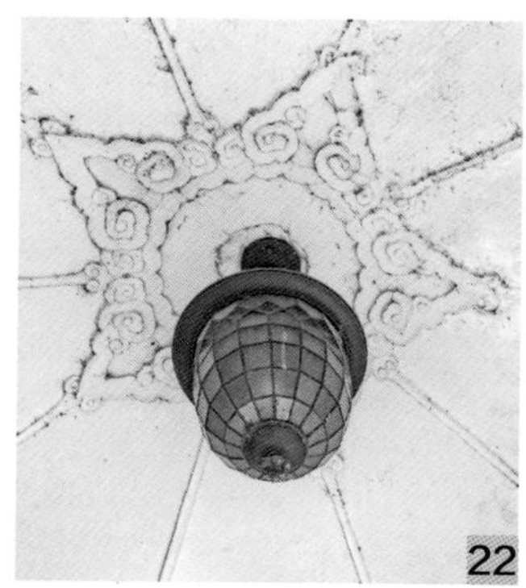
22

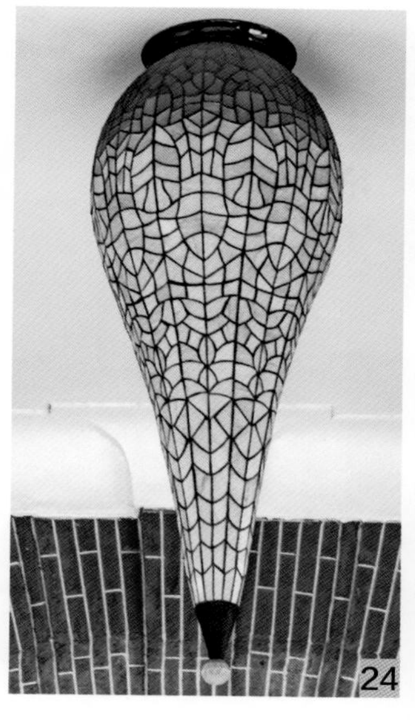
24

23

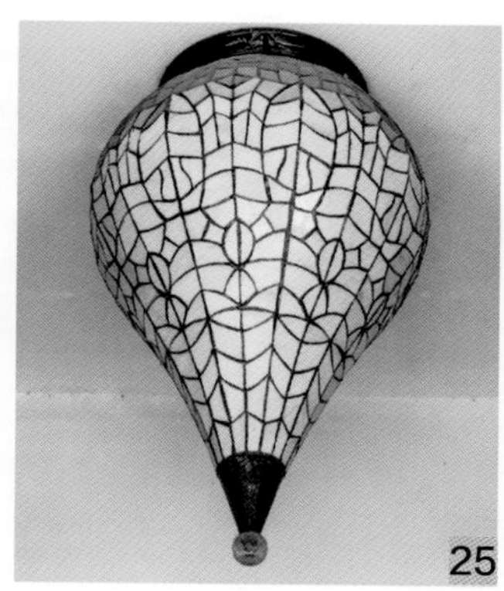
25

26

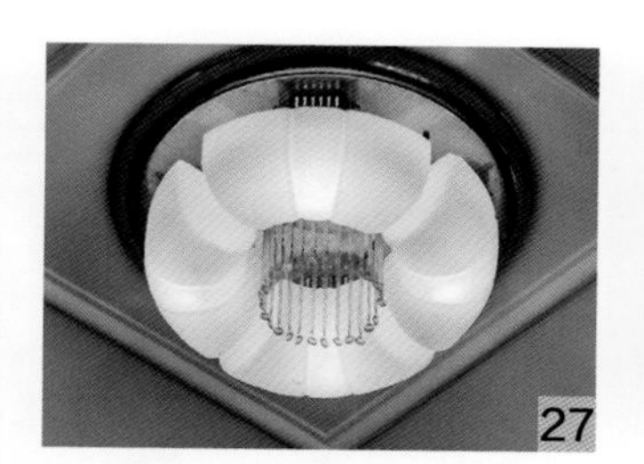
27

28

29

30

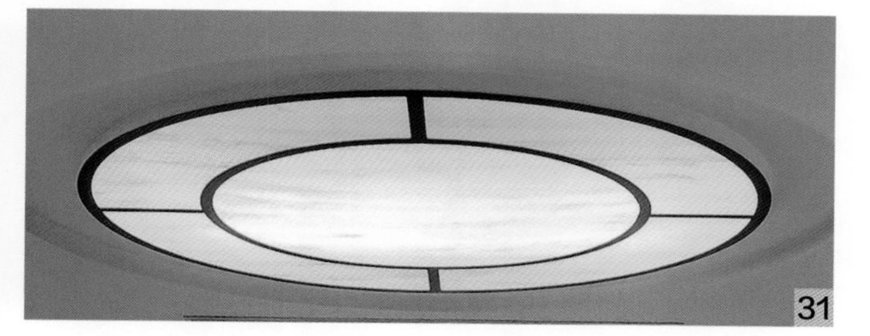
31

图1、23 瑞金宾馆｜原瑞金二路住宅｜瑞金二路 18 号｜玻璃、金属

图2、11、28 和平饭店北楼｜原沙逊大厦｜中山东一路 20 号｜云石玻璃、金属

图3、5 和平饭店北楼｜原沙逊大厦｜中山东一路 20 号｜玻璃、金属

图4 金门大酒店｜原华安人寿保险公司｜南京西路 104 号｜玻璃、金属

图6 和平饭店南楼｜原汇中饭店｜中山东一路 19 号｜木、玻璃、金属

图7 罗斯福大楼｜原怡和洋行｜中山东一路 27 号｜玻璃、金属

图8 东亚银行｜原东亚大楼｜四川中路 299 号｜玻璃、金属

图9 中国银行办公楼｜原大清银行｜汉口路 50 号｜玻璃、金属

图10 上海市医学会｜原共济会堂｜北京西路 1623 号｜玻璃、木

图12 科学会堂｜原老法国总会｜南昌路 47 号｜玻璃、金属

图13 益丰外滩源｜原益丰洋行｜北京东路 31-91 号｜玻璃、木

图14、30 锦江宾馆｜原华懋公寓｜长乐路 109 号｜云石玻璃、金属

图15 上海海关｜原江海关｜中山东一路 13 号｜云石玻璃、金属

图16 百乐门舞厅｜愚园路 218 号｜水晶玻璃、金属

图17-19 瑞金宾馆｜原瑞金二路住宅｜瑞金二路 18 号｜水晶玻璃、金属

图20 PRADA 展示中心｜原荣氏花园住宅｜陕西北路 186 号｜木、玻璃、金属

图21 百乐门舞厅｜愚园路 218 号｜木、水晶玻璃、金属

图22 贝轩大公馆｜原贝宅｜北京西路 1301 号｜玻璃、金属

图24、25 瑞金宾馆｜原瑞金二路住宅｜瑞金二路 18 号｜玻璃、木

图26 上海邮政总局｜北苏州河路 250 号｜玻璃、金属

图27 科学会堂｜原老法国总会｜南昌路 47 号｜水晶玻璃、玻璃、木

图29 和平饭店北楼｜原沙逊大厦｜中山东一路 20 号｜玻璃、金属

图31 中国银行｜中山东一路 23 号｜玻璃、金属

图 1 瑞金宾馆 | 原瑞金二路住宅 | 瑞金二路 18 号 | 玻璃、金属

图 2 瑞金宾馆 | 原瑞金二路住宅 | 瑞金二路 18 号 | 玻璃、铸铁

图 3 上海交响乐博物馆 | 原花园别墅 | 宝庆路 3 号 | 玻璃、铸铁

图 4 浦东发展银行 | 原汇丰银行大楼 | 中山东一路 10 号 | 玻璃、铸铁

图 5、15 马勒别墅酒店 | 原马勒住宅 | 陕西南路 30 号 | 玻璃、金属

图 6、14 锦江宾馆 | 原华懋公寓 | 长乐路 109 号 | 玻璃、金属

图 7 黄浦区历史建筑 | 南京东路 | 云石玻璃、金属

图 8 外滩源 1 号 | 原英国领事馆 | 中山东一路 33 号 | 玻璃、金属

图 9 浦东发展银行 | 原汇丰银行大楼 | 中山东一路 10 号 | 混凝土、玻璃、铸铁

图 10 浦东发展银行 | 原汇丰银行大楼 | 中山东一路 10-12 号 | 玻璃、金属

图 11 科学会堂 | 原老法国总会 | 南昌路 47 号 | 玻璃、金属

图 12 历史博物馆 | 原跑马总会 | 南京西路 325 号 | 玻璃、铸铁

图 13 工商银行 | 原横滨正金银行 | 中山东一路 24 号 | 玻璃、金属

图 16 徐家汇天主堂 | 徐家汇浦西路 158 号 | 玻璃、铸铁

图 17 金门大酒店 | 原华安人寿保险公司 | 南京西路 104 号 | 玻璃、铸铁

08

第八章

家具

1. 中式家具

中国的家具文化是中华艺术宝库中的重要组成部分。几千年来，通过祖先们的劳动创造，逐步形成了中国特色的不同时期各具风格的家具体系。中国家具的艺术成就，对东西方都产生过不同程度的影响，在世界家具体系中占有重要的地位[1]。

商周至三国年间，矮型家具时期。迎合了当时人们席地而坐的习惯，造型古拙、纹样秀丽、用色绚丽多彩。

两晋、南北朝至隋唐，矮型向高型的过渡时期。家具造型简明、线条流畅、朴素大方。

宋元年间，高型家具的流行及发展时期。在造型与结构上变化较大讲求合理性，在涂饰方面，崇尚朴素、淡雅、不尚华丽之风格。

明清两朝期间，明代、清代是家具发展的鼎盛时期。尤其是明式家具造型简洁结构合理，线条挺秀舒展，比例适度，注意使用功能，风格上素雅端庄、极富自然美。相比之下，清代家具过分注重雕饰，显雍容华丽，有炫官耀祖之嫌。明及清代前期家具制造业空前繁荣，大致上可归于两个原因，一是城乡商品经济普遍发达起来，社会时尚的追求也从另一个侧面刺激了家具的供需数量；另一个原因可能与海运开放有关，硬质木材大量涌入，使工匠们有发挥的空间，竞相制造出在坚固程度和美观实用等方面都超越了前代的家具。

1840 年以后，近代中国家具不断借鉴西方各种设计风格。20 世纪 40 年代盛行“流线型”家具，比较简化的榫结构开始流行。到 20 世纪 80 年代，流行“组合式”家具，在黑色聚酯家具盛行的同时，显现木纹的实木家具和用珍贵薄木贴面装饰的家具身价日高。20 世纪 90 年代发展进入一个新时期，讲求审美情趣，突显了家具的艺术个性[2]。

2. 西式家具[3]

(1) 古埃及家具

公元前 3100—前 311 年，尼罗河流域文化孕育的特色家具，非洲东北部尼罗河下游的埃及，家具的榫接技术和雕刻加工工艺已相当熟练。古埃及家具特征：由直线组成，直线占优势；用色鲜明、富有象征性；凳和椅是家具的主要组成部分，有为数众多的柜子用作储藏衣被、亚麻织物。古埃及家具对英国摄政时期、维多利亚时期及法国帝国时期影响显著。

(2) 古希腊家具

公元前 650—前 30 年的古希腊，当时人们生活节俭，家具简单朴素、比例优美、装饰简朴，出现旋木技术，优美的曲线成为当时的时尚。但已有丰富的织物装饰，其中著名的“克利奈”椅（Klisn1os）是最早的形式，有曲面靠背，前后腿呈“八”字形弯曲，凳子样式比较普通，长方形三腿桌是典型的样式。床长而直，通常较高，且需要脚凳。

(3) 古罗马家具

公元前 753—公元 365 年，古罗马家具设计是希腊式样的变体，家具厚重，装饰复杂、精细，采用镶嵌与雕刻，旋车盘腿脚、动物足、狮身人面及带有翅膀的鹰头狮身的怪兽，桌子常作为陈列或用餐用，腿脚有小的支撑，椅背为凹面板；在家具中结合了建筑特征，采用了建筑处理手法，三腿桌和基座很普遍，使用珍贵的织物和垫层，体现奢华的罗马帝国风范。

拜占庭时期（公元 328—1005 年）家具，继承古罗马风格，掺和波斯细部装饰，以局部以雕刻和镶嵌最多见，整体造型模仿罗马建筑的拱形形式。

(4) 中世纪家具

中世纪时期（公元 12-13 世纪）家具以哥特式为主体，哥特式家具模仿哥特式建筑的风格，尖顶、尖拱，平面空间都被有规律地划成矩形。

(5) 文艺复兴时期的家具

欧洲文艺复兴时期的风格具有冲破中世纪装饰的封建性和闭锁性而重视人性的文化特征。这个时期文化艺术的中心从宫殿移向民众，具有使古典样式再生和充实的意义。文艺复兴开始于 14 世纪的意大利。15-16 世纪时进入繁盛时期，又在欧洲各国逐步形成各自独特的样式。意大利文艺复兴时期的家具多不露结构部件，而强调表面雕饰，多运用细密描绘的手法，具有丰裕华丽的效果；法国文艺复兴时期的室内和家具木雕饰技艺精湛为其主要的装饰手法；英国的文艺复兴样式可见哥特式的特征，室内工艺占据了主要位置。

文艺复兴时期的家具最主要的特征：①雕饰图案：主要表现在扭索（麻花纹）、蛋形、短矛、串珠线脚及叶饰、花饰等。②装饰题材：宗教、历史、寓言故事。③家具主要用材：胡桃木、椴木、橡木、紫檀木等。④镶嵌用材：早期是骨、象牙和色泽不一的木料，盛行期发展到用抛光的大理石、玛瑙、玳瑁和金银等珍贵材料镶嵌成有阿拉伯风格的花饰。⑤蒙面料：采用染有鲜艳色彩的皮革。

(6) 巴洛克时期家具

巴洛克时期家具文化发源于 17 世纪 20 年代的意大利绘画、雕塑和建筑、家具，以后该种风格传遍了整个欧洲，一些著名的艺术大师也参与其中。巴洛克风格占主导地位的家具样式包括古典叶纹装饰、山楣、垂花幔纹、面具、狮爪式器足、包嵌的银片嵌花纹饰以及精工雕铸的人像装饰。使用各种奢侈昂贵的材料，包括半宝石拼嵌、细木镶嵌、用天鹅绒作为家具的蒙面。

造型厚重，富有雕塑感，经常采用弧曲或呈球茎状的线条。

巴洛克时期家具的特点：①雕饰图案：不规则的珍珠壳、美人鱼、半人鱼、海神、海马、花环、涡卷纹等；除了精致的雕刻外，金箔贴面、描金添彩涂漆及薄木拼花装饰亦很盛行。②家具样式：常常运用人体雕像作为桌面的支撑腿，或桌面下的横托装饰。③镶嵌用材：使用各种奢侈昂贵的材料，包括半宝石拼嵌、细木镶嵌。④蒙面料：采用天鹅绒。

⑺ 洛可可时期家具

洛可可家具风格出现于 18 世纪初的法国，从 18 世纪 30 年代开始风行欧洲，这种风格是对巴洛克经典风格过分规范和沉重的一种反潮流，并成为不少现代艺术家的创作灵感来源之一。洛可可风格大量运用玲珑起伏及不对称的形式，特别是 C 形和 S 形涡卷纹的复杂精巧结合。主要包括贝壳式形状、写实性花朵叶簇和中国式纹样。主题性形象包括戏剧人物和田园人物，以及四季风光和四季的拟人化形象。偏爱明亮色彩、轻巧的木材和涂金效果。

洛可可时期家具的特点： ①雕饰图案：有狮子、羊、花叶边饰、叶蔓与矛形图案等，并以白色为基调，在白色基调上镂以优美的曲线雕刻，通过金色涂饰或彩绘贴金，最后再以高级硝基漆来显示美丽纹理的本色涂饰。②家具样式：柔美、回旋的曲折线条和精良、纤巧的造型设计。

⑻ 新古典主义时期家具

新古典主义时期家具是在 18 世纪 50 年代开始发展，出于对洛可可风格轻快和感伤特性的一种反抗，也有对古代罗马城考古挖掘的再现，体现出人们对古代希腊罗马艺术的兴趣。这一风格运用曲线曲面，追求动态变化，到了 18 世纪 90 年代以后，这一风格变得更加单纯和朴素庄重。这个时期的家具雕饰图案包括缠索纹、卵箭式线脚、花束、奇相图案和花束垂环。造型简单质朴，包括希腊古尊、三角祭坛、古瓶形式，在使用装饰时又很节制，表现形象以神话题材为主。颜色搭配沉暗、素淡，唯一例外的是采用伊特鲁里亚风格的红、黑、白搭配方法。新古典家具瘦削呈直线结构，比如法国凡尔赛宫中的家具就体现这一风格。

新古典主义时期家具的特点：①雕饰图案：主要以玫瑰花饰，花束和丝带、杯形等相结合的物品被系上美丽的花结。②家具样式：以直线为基调不作过密的细部装饰，以直角为主体，追求整体比例的和谐与呼应，做工考究，造型精炼而朴素。

⑼ 维多利亚时期家具

维多利亚时期家具在 1880 年后问世，这个时期的工业发展很快，家具由机器制作，采用了很多新材料和新技术，讲求产品的高效能、高精度、低耗能，功能上讲求舒适、方便、简化形体，力求形式同材料及工艺的统一。但是设计趋于退化，构件厚重，. 维多利亚时期家具是 19 世纪混乱风格的代表，不加区别地综合历史上的家具形式。这个时期中产阶级不断扩大，人们对豪华的软垫式家具趋之若鹜。家具在造型上一般都体积大、饱满，有舒适的曲线及圆角，装饰不拘一格。从各种复古风格中衍生的样式应用较广，如洛可可式涡卷纹、哥特式尖塔纹以及文艺复兴式盘绦纹等，常常被结合在一起。装饰中描绘走兽、飞禽、花卉和果实，特别是在为观赏而做的大尺寸的家具上，这种描绘尤多。

维多利亚时期家具的特点：①雕饰图案：包括古典、洛可可、哥特式、文艺复兴、东方的土耳其等十分混杂。②家具样式：家具采用了新材料和新技术，如金属管材、铸铁、弯曲木、层压木板；椅子装有螺旋弹簧，装饰包括镶嵌、油漆、镀金、雕刻等；采用红木、橡木，青龙木、乌木等。

⑽ 现代家具

20 世纪初，首先在欧洲各国出现了一些现代主义运动。较有影响的是荷兰风格派和德国包豪斯，并由此奠定了现代家具的基础。1917 年，风格派接受了立体主义的观点，主张采用纯净的立方体、几何形以及垂直或水平的面来塑造形象，追求明晰、功能和秩序的美学原则，强调抽象化和简练化的艺术风格。著名的红蓝椅就是风格派的成员 G. 里特韦尔的代表作。包豪斯是德国一所综合造型艺术学院的简称，创办于 1919 年，1933 年被德国纳粹政权封闭。虽然只有短短 14 年的历史，但它在现代艺术和设计方面的贡献和影响却是巨大的。包豪斯填平了 19 世纪以前存在于艺术与工艺技术之间的鸿沟，使现代艺术与现代技术获得了完美的统一。由该校毕业并留校任教的著名设计师 M. 布罗伊厄曾设计过许多杰出的现代家具，这些作品充分地体现了包豪斯的注重功能，面向工业化生产，力求形式、材料及工艺的一致等设计特点，从而成为现代家具的典范。包豪斯被封闭后，德国许多著名设计师和教育家先后来到美国，为美国的现代设计运动奠定了基础，并在 1940—1950 年发展形成美国国际风格。美式现代家具以功能为依据，以单纯的几何形作为造型的要素，寻求完美的比例，并以精确的技术和优良的材料作为其质量的保障，充分表现出完美合理、简洁明快和富于秩序的现代感。

第二次世界大战以后，现代家具进入了一个新的发展时期。

3. 海派家具

1843 年上海开埠后，西式家具随着西方文化的渗入渐渐进入上海上层社会的生活当中，由起初的海外购入发展成后来的本土仿制，并在仿制的过程中混入了许多中国传统家具和上海民俗家具的内容。

1864 年以后，虽然上海租界的人口主要是华人，但随着西

8-001

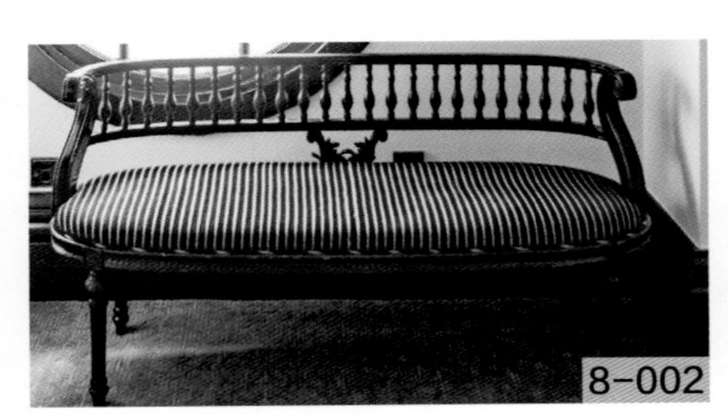
8-002

8-003

方工商人士纷纷来沪办业经商，并在租界陆续定居，有的随家属一起带来了他们西方家具，有的通过洋行购置进口家具，有的则是提出样式和要求来沪定做家具。

20 世纪 10-20 年代，中国发生了新文化运动和国民革命，中国人开始剪辫易服，随之而来的是家具形式的革命，西式家具受到追捧，供不应求。

20 世纪 30 年代开始，普通中国传统家庭也开始大量接受西式家具，当时较为富裕的阶层，追求款式富贵，雕刻纹饰多为花卉和果实图案，由中国木匠仿照西洋款式造出了新式家具，这就是上海海派家具（图 8-001）。其中一些海派家具是纯粹的模仿西方家具风格，而有一些家具是借鉴西方家具风格再与中式家具相结合进行创新而成就的全新风格。海派家具既不是“西洋家具”的模仿，也不是中国传统家具翻版，它形成了自己完整的体系，具有时尚的风格和独特的品质。

随着各西式家具店不断革新，促使上海西式家具的逐渐成熟，到了 20 世纪 30 年代后期至 20 世纪 40 年代，由于工业技术的发展，海派家具迎来了最辉煌的时期(图 8-002，图 8-003)。

8-004

8-005

8-007

8-006

8-008

图 8-001 科学会堂
图 8-002 华尔道夫酒店
图 8-003 科学会堂
图 8-004 贝轩大公馆
图 8-005 罗斯福公寓
图 8-006 荣氏老宅
图 8-007 张爱玲旧居
图 8-008 交响乐博物馆
图 8-009 华尔道夫酒店
图 8-010 瑞金宾馆
图 8-011 贝轩大公馆
图 8-012 罗斯福公馆
图 8-013 华尔道夫酒店
图 8-014 马勒别墅
图 8-015 历史博物馆
图 8-016 历史博物馆
图 8-017 国际饭店

海派家具最主要的特色是注重家具的实用性，强化家具使用的功能性。例如大衣橱、五斗橱、床头柜等；除卧室家具外，还出现了各种以实用为主的功能型新家具，例如转椅、写字台；大餐桌、玻璃橱等，颇受市场欢迎。

在材料结构上，海派家具保留了传统红木家具的工艺特色，首先是用材考究，其中交趾黄檀是首选，花梨瘿等名贵的瘿木常用于镶嵌；其次是结构严谨，仍保存着传统的榫卯结构和攒边打槽的做法。

在造型雕饰方面，海派家具大致可以分为 3 种：①西式中作型（图 8-004，图 8-005，图 8-006，图 8-007）。整体采用西方传统家具的款式和功能，在结构形式和加工工艺方面则保留了中式家具的特征；②中式改良型（图 8-008，图 8-009，图 8-010，图 8-011）。在主要形态方面仍以中国传统家具为主，而在功能、尺寸以及装饰方面则进行了西式的改良；③中西合璧型（图 8-012，图 8-013，图 8-014，图 8-015）。家具的形式、功能、装饰等都是中西文化折中的表现，利用传统红木家具的材料与工艺开发时髦适用的新式红木家具。

然而，无论是哪种形式的海派家具，它们都不同程度地继承了中国传统家具的诸多特点，并以传统的家具技艺为基础，设计理念上以海派思维为特征，迎合当时的潮流，形成了有别于明清家具的造型。多数高档家具非常讲究木材质地，海派家具基本以红木、花梨木为材质。与西式家具所用的白木相比，红木具有材质硬实、持久耐用的特点以及符合传统视觉审美的优势（图 8-016，图 8-017）。

海派家具以“西”为体，以“中”为用，用材考究、结构严密，是中国古典家具的谢幕之作。虽然海派家具存在于华夏大地的时间很短，仅有不到 40 年的时间，但是在我国家具的发展史上留下了重重的一笔浓彩。

参考资料

［1］张天星. 中国传统家具的创新与发展研究［D］. 长沙：中南林业科技大学，2011.

［2］梁启凡. 家具设计学［M］. 北京：中国轻工业出版社，2000.

［3］同［2］

1

2

5

3

4

6

7

8

9

10

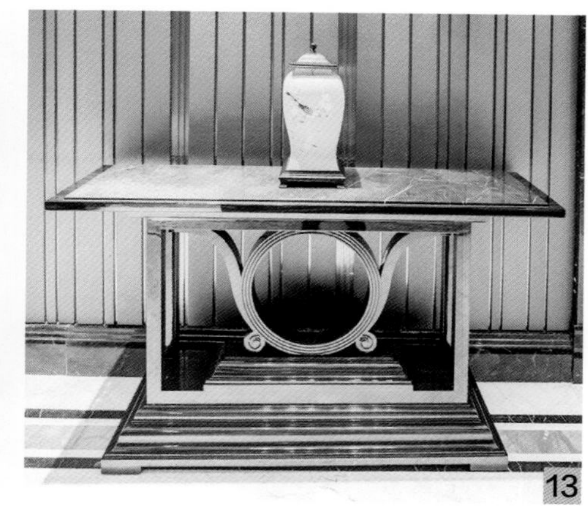

图1 罗斯福大楼｜原怡和洋行｜中山东一路 27 号｜木

图2、4、14、15、18 外滩华尔道夫酒店｜原上海总会｜中山东一路 2 号｜木

图3、5、7 外滩华尔道夫酒店｜原上海总会｜中山东一路 2 号｜木、玻璃

图6、10 圣三一基督教堂｜九江路 201 号｜木

图8 浦东发展银行｜原汇丰银行大楼｜中山东一路 10 号｜木、石材

图9 科学会堂｜原老法国总会｜南昌路 47 号｜木

图11、12、16 马勒别墅酒店｜原马勒住宅｜陕西南路 30 号｜木、石材

图13 瑞金宾馆｜原瑞金二路住宅｜瑞金二路 18 号｜木、石材

图17 外滩华尔道夫酒店｜原上海总会｜中山东一路 2 号｜木、石材

图19 历史博物馆｜原跑马总会｜南京西路 325 号｜木、石材

1

2

3

4

5

6

7

8

9

10

图 1 科学会堂 | 原老法国总会 | 南昌路 47 号 | 木

图 2 马勒别墅酒店 | 原马勒住宅 | 陕西南路 30 号 | 木

图 3 历史博物馆 | 原跑马总会 | 南京西路 325 号 | 木、皮、镜子

图 4 科学会堂 | 原老法国总会 | 南昌路 47 号 | 木、石材

图 5 和平饭店北楼 | 原沙逊大厦 | 中山东一路 20 号 | 石材

图 6 瑞金宾馆 | 原瑞金二路住宅 | 瑞金二路 18 号 | 木、石材

图 7 圣三一基督教堂 | 九江路 201 号 | 金属

图 8 东亚银行 | 原东亚大楼 | 四川中路 299 号 | 石材

图 9 中国银行 | 中山东一路 23 号 | 石材

图 10 金门大酒店 | 原华安人寿保险公司 | 南京西路 104 号 | 石材

图 11 外滩华尔道夫酒店 | 原上海总会 | 中山东一路 2 号 | 木、石材

图 12 外滩源 1 号 | 原英国领事馆 | 中山东一路 33 号 | 木、石材

图 13 瑞金宾馆 | 原瑞金二路住宅 | 瑞金二路 18 号 | 木

图 14 扬子饭店 | 汉口路 740 号 | 金属、玻璃

图 15 浦东洲际酒店 | 原中国酒精厂 | 世博村 A 地块 | 金属、木

图 16 衡山宾馆 | 原毕卡迪公寓 | 衡山路 534 号 | 金属、石材

1

2

3

4

5

6

7

8

9

10

11

12

13

14

15

图1 和平饭店北楼 | 原沙逊大厦 | 中山东一路 20 号 | 木、布

图2、3 马勒别墅酒店 | 原马勒住宅 | 陕西南路 30 号 | 木、皮

图4、10 外滩华尔道夫酒店 | 原上海总会 | 中山东一路 2 号 | 木、布、皮

图5 上海银行 | 原四行储蓄会大楼 | 四川中路 261 号 | 石材

图6-8、13、14 外滩华尔道夫酒店 | 原上海总会 | 中山东一路 2 号 | 木、布

图9 兴国宾馆 1 号楼 | 原兴国路住宅 | 兴国路 72 号 | 木、布

图11 衡山宾馆 | 原毕卡迪公寓 | 衡山路 534 号 | 木、布

图12 瑞金宾馆 | 原瑞金二路住宅 | 瑞金二路 18 号 | 木、布、皮

图15 瑞金宾馆 | 原瑞金二路住宅 | 瑞金二路 18 号 | 木、皮

1

2

3

4

5

6

7

8

9

11

10

12

13

14

15

16

图1 衡山宾馆 | 原毕卡迪公寓 | 衡山路 534 号 | 木、皮

图2 金门大酒店 | 原华安人寿保险公司 | 南京西路 104 号 | 木、布

图3、图4 科学会堂 | 原老法国总会 | 南昌路 47 号 | 木、布

图5 瑞金宾馆 | 原瑞金二路住宅 | 瑞金二路 18 号 | 木

图6 邬达克纪念馆 | 原邬达克住宅 | 番禺路 135 号 | 木、皮

图7 外滩源 1 号 | 原英国领事馆 | 中山东一路 33 号 | 木

图8 历史博物馆 | 原跑马总会 | 南京西路 325 号 | 木

图9 都城饭店 | 江西中路 180 号 | 木、布

图10、15 外滩华尔道夫酒店 | 原上海总会 | 中山东一路 2 号 | 木、布

图11 马勒别墅酒店 | 原马勒住宅 | 陕西南路 30 号 | 木、皮

图12 和平饭店北楼 | 原沙逊大厦 | 中山东一路 20 号 | 木、布、皮

图13 科学会堂 | 原老法国总会 | 南昌路 47 号 | 木、布

图14 建业里嘉佩乐酒店 | 原建业里 | 建国西路 440 弄 | 木、布

图16 张爱玲旧居 | 康定东路 85 号 | 木、皮

1

2

3

4

5

6

7

8

9

10

图 1 罗斯福大楼 | 原怡和洋行 | 中山东一路 27 号 | 木、金属

图 2 PRADA 展示中心 | 原荣氏花园住宅 | 陕西北路 186 号 | 木、玻璃、金属

图 3、11 外滩华尔道夫酒店 | 原上海总会 | 中山东一路 2 号 | 木、玻璃、金属

图 4、9 贝轩大公馆 | 原贝宅 | 北京西路 1301 号 | 木、玻璃、金属

图 5 罗斯福大楼 | 原怡和洋行 | 中山东一路 27 号 | 木、玻璃、金属

图 6、10 上海交响乐博物馆 | 原花园别墅 | 宝庆路 3 号 | 木、玻璃、金属

图 7 外滩源 1 号 | 原英国领事馆 | 中山东一路 33 号 | 木、玻璃、金属

图 8 圣三一基督教堂 | 九江路 201 号 | 木、金属

图 12 张爱玲旧居 | 康定东路 85 号 | 木、玻璃、金属

图 13 历史博物馆 | 原跑马总会 | 南京西路 325 号 | 木、玻璃、金属

图 14 瑞金宾馆 | 原瑞金二路住宅 | 瑞金二路 18 号 | 木、玻璃、金属

图 15 科学会堂 | 原老法国总会 | 南昌路 47 号 | 木、金属

图 16、17 外滩华尔道夫酒店 | 原上海总会 | 中山东一路 2 号 | 木、金属

图 18 科学会堂 | 原老法国总会 | 南昌路 47 号 | 木、石材、金属

图 19 基督教青年会宾馆 | 八仙桥基督教青年会 | 西藏南路 123 号 | 木、玻璃、金属

图 20 基督教青年会宾馆 | 八仙桥基督教青年会 | 西藏南路 123 号 | 木、金属

图 21 百乐门舞厅 | 愚园路 218 号 | 木、石材、金属

1

2

3

4

5

6

7

8

9

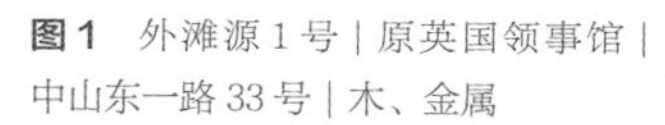

图1 外滩源1号｜原英国领事馆｜中山东一路33号｜木、金属

图2、5、7、8 科学会堂｜原老法国总会｜南昌路47号｜木、金属

图3 浦东洲际酒店｜原中国酒精厂｜世博村A地块｜木、金属

图4 外滩华尔道夫酒店｜原上海总会｜中山东一路2号｜木、金属

图6 外滩华尔道夫酒店｜原上海总会｜中山东一路2号｜木、玻璃、金属

图9 衡山宾馆｜原毕卡迪公寓｜衡山路534号｜木、石材、金属

图10、11 屋里厢博物馆｜太仓路181弄｜木

图12、13 屋里厢博物馆｜太仓路181弄｜木、镜子

图14 科学会堂｜原老法国总会｜南昌路47号｜木、金属

图15 历史博物馆｜原跑马总会｜南京西路325号｜木、金属

图16 新天地一号楼｜兴业路123弄｜木、玻璃

图17、18 屋里厢博物馆｜太仓路181弄｜木、玻璃

图19 屋里厢博物馆｜太仓路181弄｜木、竹子

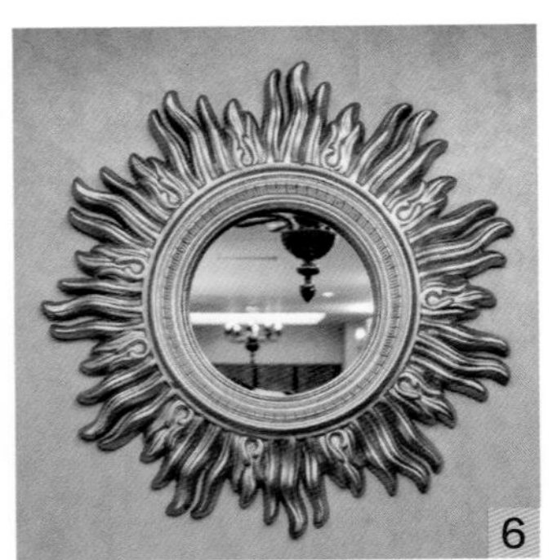

图1 历史博物馆｜原跑马总会｜南京西路 325 号｜金属、石材

图2 上海银行｜原四行储蓄会大楼｜四川中路 261 号｜金属、石材

图3 金门大酒店｜原华安人寿保险公司｜南京西路 104 号｜金属、石材

图4 外滩华尔道夫酒店｜原上海总会｜中山东一路 2 号｜木、镜子

图5 马勒别墅酒店｜原马勒住宅｜陕西南路 30 号｜木、镜子

图6 扬子饭店｜汉口路 740 号｜木、镜子

图7 贝轩大公馆｜原贝宅｜北京西路 1301 号｜金属、木

图8 外滩源 1 号｜原英国领事馆｜中山东一路 33 号｜金属、木

图9 和平饭店北楼｜原沙逊大厦｜中山东一路 20 号｜石、金属

图10 圣三一基督教堂｜九江路 201 号｜木、金属

09

第九章

壁炉

1. 欧式壁炉

壁炉的出现是与人类利用火的历史分不开的。火的使用对于古人的生存质量起着重要作用，火在古代非常神圣，火的延续对于家庭的兴盛、家畜的繁衍密切关联，新的火光总是从上一次余烬中取火而被延燃。追溯壁炉的起源，已无法考证什么时期什么地方什么样式的取暖装置和炉灶设施能算是壁炉的原形。

如大家所知，中世纪的城堡是欧洲封建时期最重要的建筑形式，从现存的城堡建筑中可以发现，城堡墙体一般都由石材砌筑建造，地面铺装着石板或木板，城堡的大厅中央大多有一个烧火用的灶台炉床，墙壁及屋顶设有烟道，中央灶台和烟囱构成了冬季取暖用的炉台。

在英国都铎和詹姆斯一世时期（1485-1625 年）之初，住宅内中央灶台已非常普遍了。16 世纪早期，随着人们生活的改善，住宅内房间逐渐增多，专用的采暖壁炉就从中央灶台的功能中分离出来，并逐渐成为主要的冬季取暖设备。壁炉位置的重新设定，使其成为建筑室内的趣味中心[1]。

最简单的壁炉依靠外墙或某一道内墙，用砖或石材砌筑。在后一种情况下，室内多个壁炉可以共享一个烟道，这些壁炉可以是背靠背，也可以位于不同的楼层，壁炉的装饰比较简单，壁炉上部有木制额枋或石材额枋，也可以是不加雕饰的斜角额枋。壁炉的开口常常跨在一个四心拱之下，拱上有斜面或线脚

9-002

9-001

9-003

图 9-001 历史博物馆壁炉
图 9-002 荣氏老宅壁炉
图 9-003 市三女中壁炉
图 9-004 科学会堂壁炉
图 9-005 荣氏老宅壁炉

装饰，墙裙跨越楣石。

16 世纪 40 年代之后，壁炉开始具有文艺复兴式的诸多细部，侧壁设有古典柱式。壁炉架上方设置壁橱、装饰板、带箍线饰或军装盔甲。

16 世纪到 20 世纪中期，壁炉一直处于室内装饰风格的核心位置，并产生了如文艺复兴风格、巴洛克风格、现代风格等多种样式。同时功能的不断改进反映在壁炉设计上，壁炉也越来越简洁实用。

壁炉这个室内空间的取暖设施，凝聚着社会的发展变迁历程，壁炉的演化发展，不仅是生产关系和生活观念发展变化的缩影和象征，同时也成为时间驻留的容器，承载着历史、文化、艺术等诸多信息。人们在壁炉旁栖息、工作、生活，演绎出人生的精彩片段，壁炉关联着爱、温暖和友谊。当人们观赏壁炉，驻留在壁炉上的时间痕迹让我们能阅读到与之相关的丰富的历史与文化的信息[2]。

2. 海派建筑壁炉

每一个壁炉都是时代的烙印，映射着时代建筑的风格和社会风尚。伴随着东西方文化的交流，壁炉出现在中国这片古老的土地上。开埠后的上海是中国最早出现壁炉的地方，无论是花园洋房、公寓、石库门住宅，还是写字楼、旅馆饭店等公共建筑，壁炉都成为海派建筑不可缺少的一部分。如今，在上海的高档别墅，壁炉仍是当仁不让的主角。

壁炉是艺术、是文化，也是看得见的温暖。壁炉是人文气质的代表符号。如果说，建筑是有生命的，那么壁炉能够让整个空间活起来。在各类海派建筑中，壁炉是室内空间的重心所在，其形制多样，通常有巴洛克风格、乔治亚风格、新古典主义风格、维多利亚风格、新艺术运动风格、装饰艺术派风格、现代主义建筑风格等样式。

(1) 巴洛克风格壁炉

海派巴洛克风格壁炉形式大部分有檐壁或檐口，非常气派（图 9-001，图 9-002）。壁炉上方的饰架作为烟囱上一个组成部分，常用雕刻或者山花加以框定。也有一部分采用比较简洁的石材古典装饰，包括壁柱、檐壁和檐口，甚至采用朴素的大理石嵌板和旋纹和跨越檐口结束。金属炉背也带有装饰设计，支撑木柴的架子或做成古典柱廊风格或在其顶端带有装饰。

(2) 乔治亚风格壁炉

海派乔治亚风格壁炉比较简单的样式是外框为平木框架，或者有两个序号相互垂直的柱和梁，壁炉架采用石材或木材构造，通过圆形浮雕和传统纹样的装饰使其变得丰富多彩（图 9-003，

9-004

9-005

图 9-004）。有一部分是精美样式的石材壁炉，采用不同的大理石镶嵌来丰富装饰，表达新古典的装饰如希腊复兴样式。

(3) 新古典主义风格壁炉

海派新古典主义风格壁炉有明显的古典复兴特色，用爱奥尼柱式或塔司干柱式，希腊云卷纹样，采用白色、黑色或灰色

图 9-006、图 9-007 、图 9-008 外滩华尔道夫酒店壁炉
图 9-009 原大清银行壁炉
图 9-010 上海交响乐博物馆壁炉

图 9-011、图 9-012 宋家老宅壁炉
图 9-013 上海交响乐博物馆壁炉
图 9-014 和平饭店壁炉
图 9-015 瑞金宾馆壁炉

石材表现出来，木壁炉架上运用同样的细部造型。有一部分壁炉外框运用齿饰以及带线脚的嵌板装饰充分体现新古典的图案纹样（图 9-005，图 9-006）。

⑷ 维多利亚风格壁炉

海派维多利亚风格壁炉外框多为采用石材和木材制作，形式多样，有显示安妮女皇复兴风格及伊丽莎白原型样式，甚至还有非常简洁的大理石壁炉形式，仅带有平面瓷砖面板，石材外框为简化的塔司干壁柱，整体朴素大气(图 9-007，图 9-008)。

⑸ 新艺术运动风格壁炉

海派新艺术运动风格壁炉有的采用嵌入式家具的形式，整体比较简洁明快，设计强调新艺术风格细部，炉架周围有直接贴彩色马赛克，有采用清水砖砌或用质朴的砖材和石材过梁组合搭配，别具一格。当然，也有比较复杂的款式，用铜板或铸铁预制成新艺术风格样式，外框有比较多的雕刻（图 9-009，图 9-010）。

⑹ 装饰艺术派风格壁炉

海派装饰艺术派风格壁炉非常有特色，设计简化为清晰的几何造型，外框采用大理石或浅色调瓷砖饰面，几何线条硬朗明快，壁炉几乎简化为简单的长方形开口，周围一圈变得像个雕塑（图 9-011，图 9-012）。炉床只是个简单的由光滑石头做成的厚板。所有壁炉家具由钢制成并镀铬，样式高雅而简洁。

⑺ 现代主义建筑风格壁炉

海派现代主义建筑风格壁炉被大大简化了，常见的形式是与墙面平齐的石砌壁炉。外框装饰极为简单，有的直接用小块瓷砖环绕四周，中心贴有瓷砖，炉床置于地面有一定高度的墙壁凹处（图 9-013，图 9-014，图 9-015）。

参考资料

［1］史蒂芬·科罗维.世界建筑细部风格（上、下）［M］.香港：香港国际文化出版有限公司，2006.

［2］周伟. 壁炉设计——古典 & 现代［M］. 南京：江苏科学技术出版社，2015.

图1、2、5、图A、B、E PRADA 展示中心｜原荣氏花园住宅｜陕西北路 186 号｜木、瓷砖、金属

图3、4、图C、D 外滩华尔道夫酒店｜原上海总会｜中山东一路 2 号｜木、石材、金属

图6、图F 罗斯福大楼｜原怡和洋行｜中山东一路 27 号｜木、石材

图7、图G 科学会堂｜原老法国总会｜南昌路 47 号｜木、砖、瓷砖

图8-10 中科院生理研究所｜原法国领事馆｜岳阳路 319 号｜木、砖

3340
A
2550
B
3340
C
1600
D
2410
E
3800
F
2470
G
8
9
10

图1、图A PRADA 展示中心 | 原荣氏花园住宅 | 陕西北路 186 号 | 木、瓷砖、金属

图2、图B 外滩华尔道夫酒店 | 原上海总会 | 中山东一路 2 号 | 木、石材、金属

图3、图C 兴国宾馆 1 号楼 | 原兴国路住宅 | 兴国路 72 号 | 木、石材、金属、瓷砖

图4、图D 上海工艺美术博物馆 | 原法租界公董局总董官邸 | 汾阳路 79 号 | 木、石材

图5、图E 宋家老宅 | 陕西北路 369 号 | 木、石材、金属、瓷砖

图6 图F 马勒别墅酒店 | 原马勒住宅 | 陕西南路 30 号 | 木、金属

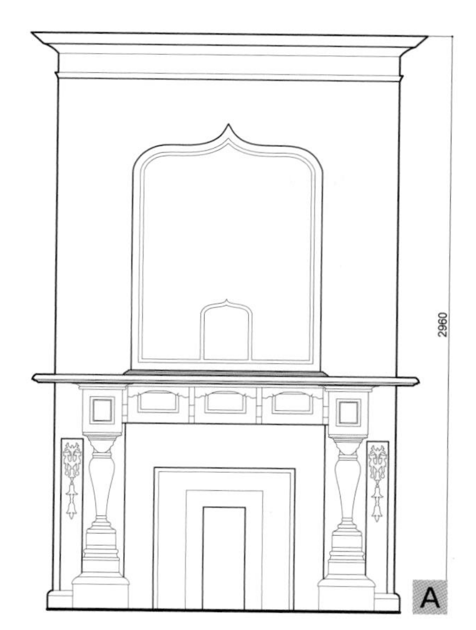

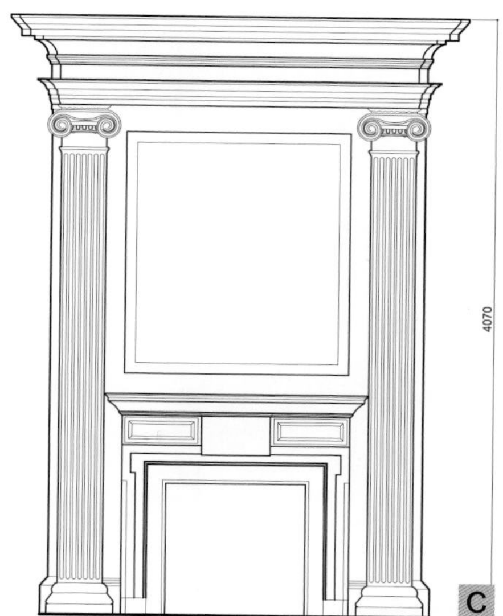

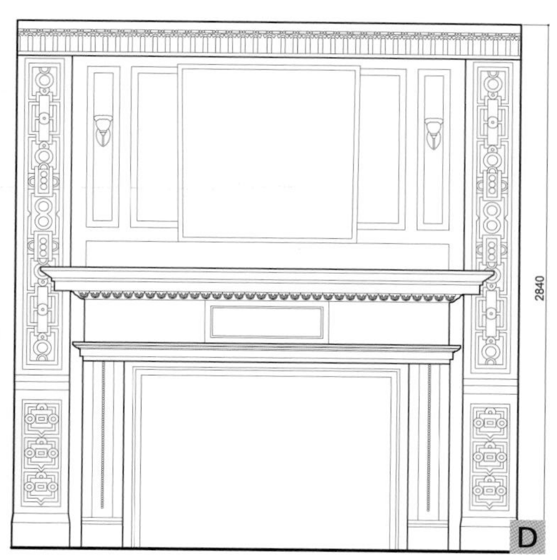

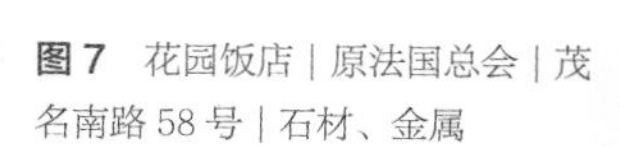

图 7 花园饭店 | 原法国总会 | 茂名南路 58 号 | 石材、金属

图 8 上海工艺美术博物馆 | 原法租界公董局总董官邸 | 汾阳路 79 号 | 木、石材、瓷砖

图 9 和平饭店北楼 | 原沙逊大厦 | 中山东一路 20 号 | 木、金属、石材

图 10 浦东发展银行 | 原汇丰银行 | 中山东一路 12 号 | 木、金属、石材

图 11 爱乐乐团 | 原潘家花园 | 武定西路 1498 弄 | 木、金属、镜子

1

2

3

4

5

6

7

8

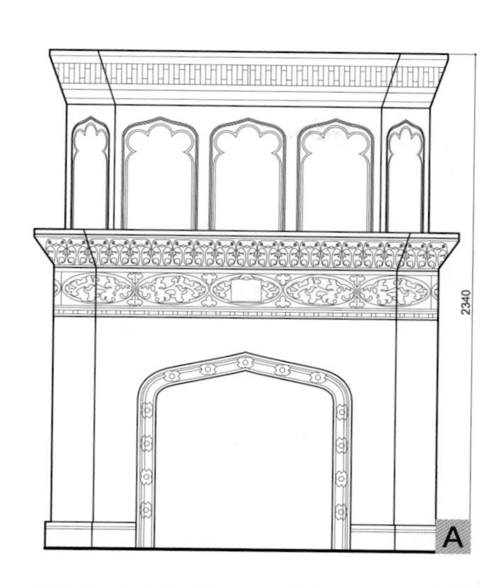

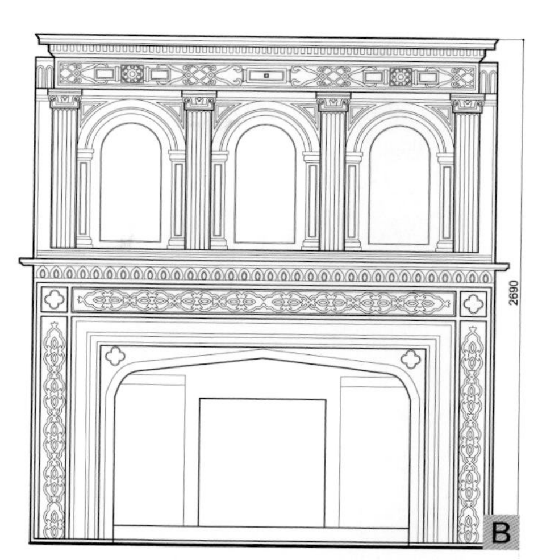

图1、图A 市三女中 | 原中西女中 | 江苏路 155 号 | 石材、金属、瓷砖

图2、图B 历史博物馆 | 原跑马总会 | 南京西路 325 号 | 木、石材、金属、砖

图3、图C 马勒别墅酒店 | 原马勒住宅 | 陕西南路 30 号 | 木、石材

图4、图D 上海工艺美术博物馆 | 原法租界公董局总董官邸 | 汾阳路 79 号 | 石材、金属、瓷砖

图5 马勒别墅酒店 | 原马勒住宅 | 陕西南路 30 号 | 木、金属

图6 上海交响乐博物馆 | 原花园别墅 | 宝庆路 3 号 | 木、石材、砖、瓷砖

图7 PRADA 展示中心 | 原荣氏花园住宅 | 陕西北路 186 号 | 木、金属、瓷砖

图8 邬达克纪念馆 | 原邬达克住宅 | 番禺路 135 号 | 木、砖

图9、14 上影集团 | 原布哈德住宅 | 永福路 52 号 | 木、石材、砖

图10 上影集团 | 原布哈德住宅 | 永福路 52 号 | 石材、砖

图11 上影集团 | 原布哈德住宅 | 永福路 52 号 | 石材

图12 外滩华尔道夫酒店 | 原上海总会 | 中山东一路 2 号 | 木、石材、金属

图13 上海沪剧院 | 原白公馆 | 汾阳路 150 号 | 石材、镜子

图14 上影集团 | 原布哈德住宅 | 永福路 52 号 | 木、石材

图 1 科学会堂 | 原老法国总会 | 南昌路 47 号 | 木、石材、金属、瓷砖

图 2 宋家老宅 | 陕西北路 369 号 | 木、金属、瓷砖

图 3 上海交响乐博物馆 | 原花园别墅 | 宝庆路 3 号 | 木、金属、石材、砖、瓷砖

图 4 上海清算所 | 原格林邮船大楼 | 北京东路 2 号 | 木、瓷砖

图 5 上海市教育发展基金会 | 原住宅 | 陕西北路 80 号 | 木、瓷砖、金属

图 6 上海交响乐博物馆 | 原花园别墅 | 宝庆路 3 号 | 木、石材、砖

图 7 邬达克纪念馆 | 原邬达克住宅 | 番禺路 135 号 | 金属、石材、砖、瓷砖

图 8 中国银行办公楼 | 原大清银行 | 汉口路 50 号 | 木、石材、砖

10

第十章

阳台

阳台通常的定义是建筑二层以上连接室内外的平台，是室内空间的延伸。阳台的功能是为居住于多（高）层建筑内的居住者提供一个舒适的室外活动空间，让人们足不出户就能享受到大自然的新鲜空气和明媚的阳光，可以起到观景、纳凉、晒衣、养花等多种作用，还能改变这些建筑给居住者造成的封闭感和压抑感。是住宅、旅馆等建筑中不可缺少的一部分。

阳台按其与建筑外墙面的关系可以分为凸阳台、凹阳台、半凸半凹阳台；按其在建筑外立面所处的位置又可分为中间阳台、转角阳台[1]。凸阳台，是以向外伸出的悬挑板、悬挑梁板作为阳台的底板，再由各种类型的栏板或栏杆组成一个半室外空间。凹阳台是一个半开敞式建筑空间，与凸阳台相比，无论从建筑本身还是人的感觉上更显得安全一些，由于没有凌空的转角、直角，景观、视野稍有收窄。半凸半凹式阳台是指阳台的一部分悬在外面，另一部分为室内空间，它集凸、凹阳台的优点于一身，阳台的进深与面宽比前者更自由，使用更灵活自如，空间效果显得更丰富。

在中国古代，由于人们习惯于营造木构架建筑，制约了建筑垂直方向空间的发展。在漫长的封建时代，各类官式建筑中严格意义的阳台是不存在的。而在早期的干栏式民居建筑中，已出现户外平台的空间形式，其主要功能是满足居家日常生活的一种需要，这种户外平台集起居、会客、休闲于一体，是一种多功能的户外场所[2]，可以认为它是现在住宅阳台的原型。

欧洲古典建筑以砖石为主要承重体系，结构上具备向空中发展的可能。在古希腊、古罗马时期的许多建筑其沿街立面就出现了真正意义的阳台。通常作为人们举办家宴或举行庆典活动时男女主人迎接宾客的地方。由于结构的限制，早期的阳台形式还比较单一。随着社会的进步和经济的发展，从古希腊、古罗马到文艺复兴、巴洛克及新古典主义、现代建筑运动时期，阳台的造型也经历了不断发生变化的过程。

1. 海派建筑阳台

上海开埠初期，来沪居住的外国人并不多，除了领事官员外，仅有少数商人和传教士。新建的建筑大都是为他们服务的一些西式的如领事馆、住宅、洋行写字楼及教堂。1870 年之后，哥特、巴洛克、维多利亚风格的建筑纷纷在上海登场。1890 年后，随着上海开放程度的不断加深，各种新的建筑类型得以迅速发展，这些建筑在设计上更多地受到西方建筑的影响，大多采用了新技术、新结构、新材料、新形式，大量旧有的中国传统建筑类型在来自西方的经济、文化及生活方式的影响下，逐渐演变成新的建筑形式，如石库门住宅，由此所谓的海派建筑雏形出现。这时，阳台也开始作为一些花园式洋房、西式公寓、石库门住宅、写字楼及旅馆饭店建筑基本的构成元素了。一般

10-001

10-002

图 10-001 外滩 3 号阳台
图 10-002 友邦大厦阳台
图 10-003 历史博物馆阳台
图 10-004 原大清银行阳台

10-003

10-004

情况下，阳台的形式随其依附建筑的形制而变化，而且大多反映在阳台栏杆的材质图案纹样等构成元素上。现存的海派建筑阳台形式比较多的是带有工艺美术运动、新艺术运动、装饰艺术主义及现代建筑运动等不同时期的风格特征。

(1) 工艺美术运动风格阳台

海派建筑工艺美术运动风格阳台的特征是其栏杆有比较简洁的图案纹样形式，一般为简单的几何形或植物图案，大多有唯美主义的细部，材质为铸铁或锻铁，悬挑式的阳台板有一些为设置托架的钢筋混凝土结构形式，也有一些已有现代风格前期那种比较简明无甚装饰的板式结构（图 10-001，图 10-002）。

(2) 新艺术运动风格阳台

海派建筑新艺术运动风格阳台采用的栏杆纹样图案基本是比较简洁的几何形式，也有部分是模仿水生植物或根系的样式，材质是迎合新艺术运动风格的铁艺。悬挑的阳台板大多搁置在简单的托架之上，托架包括底板外檐设有简洁明快的线脚（图 10-003，图 10-004）。

(3) 装饰艺术派风格阳台

海派建筑装饰艺术派风格阳台的栏杆大多为精致的格栅或水平带状蕴含装饰艺术细部的几何形式，材质为钢制或锻铁。直接悬挑阳台板的檐口线条简约明快（图 10-005，图 10-006）。

(4) 现代主义建筑风格阳台

海派建筑现代主义建筑风格阳台采用十分简洁的钢制栏杆，构图形式为竖向线条格栅、水平线条格栅、方格网状，栏杆的视觉重量和空间安排非常讲究，呈现现代主义特色。尽管造型简单，但细节非常精致。阳台板大多为整块现浇的钢筋混凝土结构，板口装饰很少，仅在上下两侧设有线脚（图 10-007）。

2. 铁艺

以制作加工铁件阳台护栏、大门等为主体的装饰艺术，称

图 10-005 徐汇区历史建筑阳台
图 10-006 衡山宾馆阳台
图 10-007 瑞金宾馆阳台

之为铁艺。铁艺有着悠久的历史，铁艺材料和工艺的发展也有着 2000 多年的发展历程。铁器的出现使人类历史产生了划时代的进步。约公元前 1400 年左右居住在小亚细亚的赫梯人发明了世界上最早的人工炼铁技术，约公元前 1300 年至公元前 1100 年间，铁冶炼技术传入两河流域和古埃及，欧洲的部分地区于公元前 1000 年左右也进入铁器时代。但当时铁的冶炼方法都是采用铁矿石加木炭燃料的块炼法工艺，铁的质量及性能不高。一直到中世纪末的 1400 年左右，欧洲人发明了水力鼓风炉以后，才出现比较先进的冶炼生铁技术。真正将铁用作为建筑装饰艺术构件，发生于 17 世纪初期的巴洛克建筑风格盛行时期，铁艺一直伴随着欧洲建筑装饰艺术的发展，传统的欧洲工匠手工打造的铁艺制品，有着古朴、典雅、粗犷的艺术风格和辉煌历史，令人叹为观止，流传至今。

传统的铁艺主要应用于建筑、家居、园林的装饰。在法国、英国、意大利、瑞士、奥地利等欧洲国家的建筑装饰工程中应用颇为广泛，从皇家宫殿到民居建筑、园林公园到大宅庭院大门围栏，从室内楼梯至室外护栏，形态各异，精美绝伦的铁艺装饰比比皆是。如果将这些构件的线条、形态、色彩及图案构成等方面进行比较，具有独特风格和代表性的是英国和法国的铁艺，而两国铁艺又各成风格，英国的铁艺整体形象庄严、肃穆，线条与构图较为简单明朗，而法国的铁艺却充满了浪漫温馨、雍容华贵的气息。如果说英国的铁艺像一个英俊倜傥的绅士，那么法国的铁艺则似一位华冠锦带的贵族。随着时间的流逝，如今金属铁已作为一种极具时代感而又饱含古典美的创造性材料被相关设计师及工匠运用得非常娴熟。铁艺工匠们用现代人的审美与技能，凝炼着这类世上最古老的材料，并用他们独有的思维将铁艺的运用拓展至新的境界，进行着精彩的演绎。近年来，随着社会的发展，装饰艺术和装饰材料的不断更新，各种艺术形式的装饰风格不断涌现，返璞归真的思潮成为一种新的时尚，作为古老的，传统艺术装饰风格的铁艺艺术，被注以新的内容和生命，被广泛地应用在建筑外部装饰，室内装饰，家具装饰及环境装饰之中，因特点鲜明，风格质朴，经济实用，工艺简便，在现代装饰中占有一席之地。

中国开始使用铁器的年代目前尚无定论。考古发现最早的铁器属于春秋时代，其中多数发现于湖南省长沙地区。战国中期以后，出土的铁器遍及当时的七国地区，应用到社会生产和生活的各个方面，在农业、手工业部门中并已占据主要地位，楚、燕等地区的军队，装备基本上也以铁制武器为主。战国时期的铁器还经由朝鲜传入日本。西汉时期，应用铁器的地域更为辽阔，器类的数量显著增加，质量有所提高。东汉时期铁器最终取代了青铜器。

从历史上看，虽然我们的祖先对于金属的利用比较早，但在金属装饰艺术上，却未有很大的发展。而在西方，因冶炼技术的发展和工业化进程的到来，铁艺的使用却相当广泛，并且在 20 世纪初大量流入中国。

(1) 海派铁艺制品特色

开埠后的上海，西方文化长驱直入，上海成为多种文化汇聚的结合点。铁艺技术与其他外来的诸多艺术技术一起传入上海。20 世纪初期，上海出现了一定数量铁艺制品工厂，生产的铁艺制品主要有住宅阳台、庭院大门围栏护栏以及建筑窗用栅栏等品种，铁艺款式大多模仿欧美当时流行的样式，其艺术造型的设计及图案纹样的处理，都带有西方艺术风格的印记，体现着罗马、哥特式、文艺复兴、巴洛克及新艺术运动等西洋风格式样。

20 世纪 10 年代后，经过三次扩张的法租界兴建了大量的花园住宅、西式公寓，建筑外观仿效欧洲住宅风格，气派豪华。许多高端住宅采用了由上海铁艺工厂所制作的铁艺大门阳台护栏及窗户栅栏，这些铁艺构件成为建筑脸面构成的装饰元素。如铁艺大门既可以为建筑增色，又可以引人驻足观赏，在提供安全功能的同时，又不影响通透采光，保持良好的视野，已然成为城市一道亮丽的风景线。

当时的法租界及公共租界已由起初的华洋分居发展到华洋杂居，越来越多的国人涌入租界，用于建筑装饰的铁艺大门、阳台、护栏、窗户栅栏等构件的功能性和美观性被国人接纳，中式纹样也渐渐渗入铁艺构件样式中，充分体现了海派铁艺文化特质。

20 世纪 30 年代前后，上海铁艺工匠凭着自己的智慧完全掌握了西方传统工艺的精髓，创造出的铁艺制品如庭院大门、楼梯阳台护栏等已具有完美的图案构成，独特的制作技艺，堪称海派铁艺精品。海派铁艺将金属铁材质美感充分融合到艺术造型之中，使其艺术性、装饰性巧妙地糅合在一起，呈现出铁艺特有的厚重、古朴、冷峻，极富古典华贵气息，令人心情愉悦，温文尔雅的文化气息荡漾其中，引来了当时建筑业界的青睐。

⑵ 铁艺制品的设计与加工技术

建筑装饰类铁艺包括阳台、大门、门花、窗花、窗栏、围栏、柱花、扶手等。铁艺制品之所以受到人们的喜爱，是源于它有与众不同的特质。铁艺既具有功能性和实用性，又具有很好的艺术观赏性；同时铁艺又是艺术凝铸成的钢铁，是钢铁铸造锻造成就的艺术；铁的质感使铁艺显得淳朴、沉稳、古典，铁的本色使铁艺给人返璞归真和年代久远之感，金属的延展性给了它流畅变化多端的线条，艺术造型设计和精致的铸锻工艺赋予它艺术生命力。

关于铁艺构件的结构及图案设计，现时的流行风格仍是以欧美为主，因人们一向认为，铁艺外观表情应该是体现欧美情调。具体的铁艺图案基本是一种纹理的经营与安排，运用左右、上下、中心对称和水平、垂直的构图来展开设计，数组图案组成画面。形式上有弧线与弧线，弧线与直线，直线与直线的结合。当然，这些都需要依据使用功能和造型需求来确定。

根据加工技术的不同，铁艺制品外形会有不同的观感。以铸造成型的铁艺，具有硬实、粗犷、沉着、大气的感觉；压制成型的铁艺，平整、流畅、精细；机械车磨雕刻成型的铁艺，小巧、精美、亮洁；扭弯曲焊接成型的铁艺，线型强、有飘逸感，图形鲜明；锻打成型的铁艺，形体表现丰富，图案多变，因熟铁较韧，往往是冶炼后锻打成型，可粗可精。锻造或锻打或冲压单个部件后，将数个部件用焊接或铆接的方式进行组合拼装，就能完成整件铁艺的制作。如成熟完美的铁艺护栏在造型上还要具备统筹的动态均衡美、力的传递所呈现的结构美及材质构造的逻辑美，护栏的安全性和通透性是主要的设计制作要素，安全性对人们来说越来越重要，通透性是铁艺构件的基本特质，也就是说铁艺制品既要表现设计者和应用者主观感情的美学意义，又要以人体工程学为根据，使制品结构合理，符合使用功能的要求。

铁艺成型后，为了使构件具有良好的耐久性，需要进行金属表面防腐蚀处理。常用的表面处理方法有“拖漆和烤漆”两种工艺，即根据需要在铁艺上打上不同的底色，表面再涂以防腐油漆进行保护。常用的色彩有黑色、墨绿色、古铜色、金色、银色等。例如以大铁门为例，如果设计成通花形式，可一次铸造成型，再打磨成品。如果是铁皮封闭型，门上的装饰件可用铸叶、铸花件焊接，并可在门上配上矛尖或柱头。阳台和楼梯栏杆及楼梯立柱制作过程也同样如此。因此，设计时除了要考虑铁艺构件的造型、款式、图案外，还要考虑制品中哪些部件是铸造、哪些是冲压、哪些是扭曲成型（用弯曲机），以及它们的结合方式。

铁艺本身是一件金属制品，也是一件艺术品或装饰品。在现代装艺术中，铁艺愈来愈得到人们的青睐。如前所述，传统铁艺多是扶梯栏杆、围墙栏栅、窗栏、大门等。现在，通透花式的装饰铁艺也已用在墙壁、顶棚、内门、玻璃、厅和卧室的装饰。铁艺从实用到装饰功能的转换，反映了人们审美价值观的变化，即从物质价值观变为精神价值观，从传统审美观转为多元审美观。而且，随着经济与科技的进一步发展，铁艺的创作形态和适用范围亦将更多样化、科技化，艺术形态更为丰富。其组成图案也将会脱离传统样式，表现出更多的人文理念。在一个高智能化的建筑时代，金属的运用将会竭尽其所长，在满足产品功能的同时，将科技性、艺术性、装饰性巧妙地糅合在一起，使铁艺制品呈现出一种更加完美的形态。

参考资料

［1］ 李必瑜. 建筑构造（上）［M］. 北京：中国建筑工业出版社，1996.

［2］ 黄向球. 中国城市集合住宅阳台研究［M］. 郑州：郑州大学，2005.

1

2

3

4

5

6

7

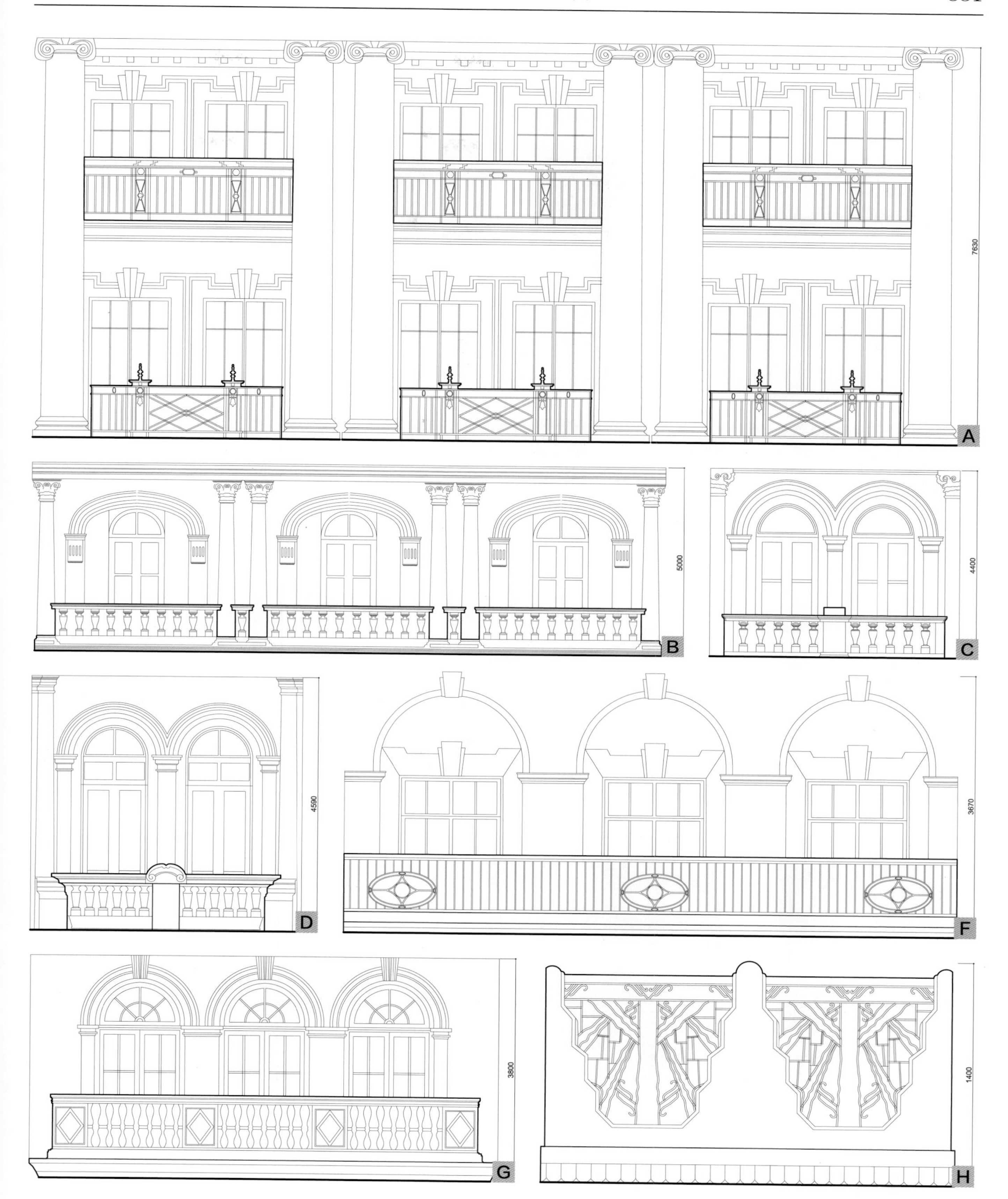

图 1、图 A 亚细亚大楼 | 中山东一路 1 号 | 金属、木

图 2-4、图 B-D 招商局大楼 | 中山东一路 9 号 | 石材

图 5、图 F 上海金融法院 | 原美国花旗银行 | 福州路 209 号 | 金属、木

图 6、图 G 市少年宫 | 原嘉道理爵士住宅 | 延安西路 64 号 | 石材

图 7、图 H 徐汇区某住宅 | 武康路 | 金属、混凝土

图 1、图 A 历史博物馆 | 原跑马总会 | 南京西路 325 号 | 金属

图 2、图 B 华联商厦 | 原永安公司 | 南京东路 627-635 号 | 金属、木

图 3、图 C 外滩华尔道夫酒店 | 原上海总会 | 中山东一路 2 号 | 金属

图 4、图 D 外滩 3 号 | 原有利银行 | 中山东一路 4 号 | 金属

图 5、图 E 瑞金宾馆 | 原瑞金二路住宅 | 瑞金二路 18 号 | 金属、木

图 6、图 F 外滩 18 号 | 原麦加利银行 | 中山东一路 18 号 | 金属

图 7、图 G 历史博物馆 | 原跑马总会 | 南京西路 325 号 | 金属、木

图 8、图 H 外滩 3 号 | 原有利银行 | 中山东一路 4 号 | 金属

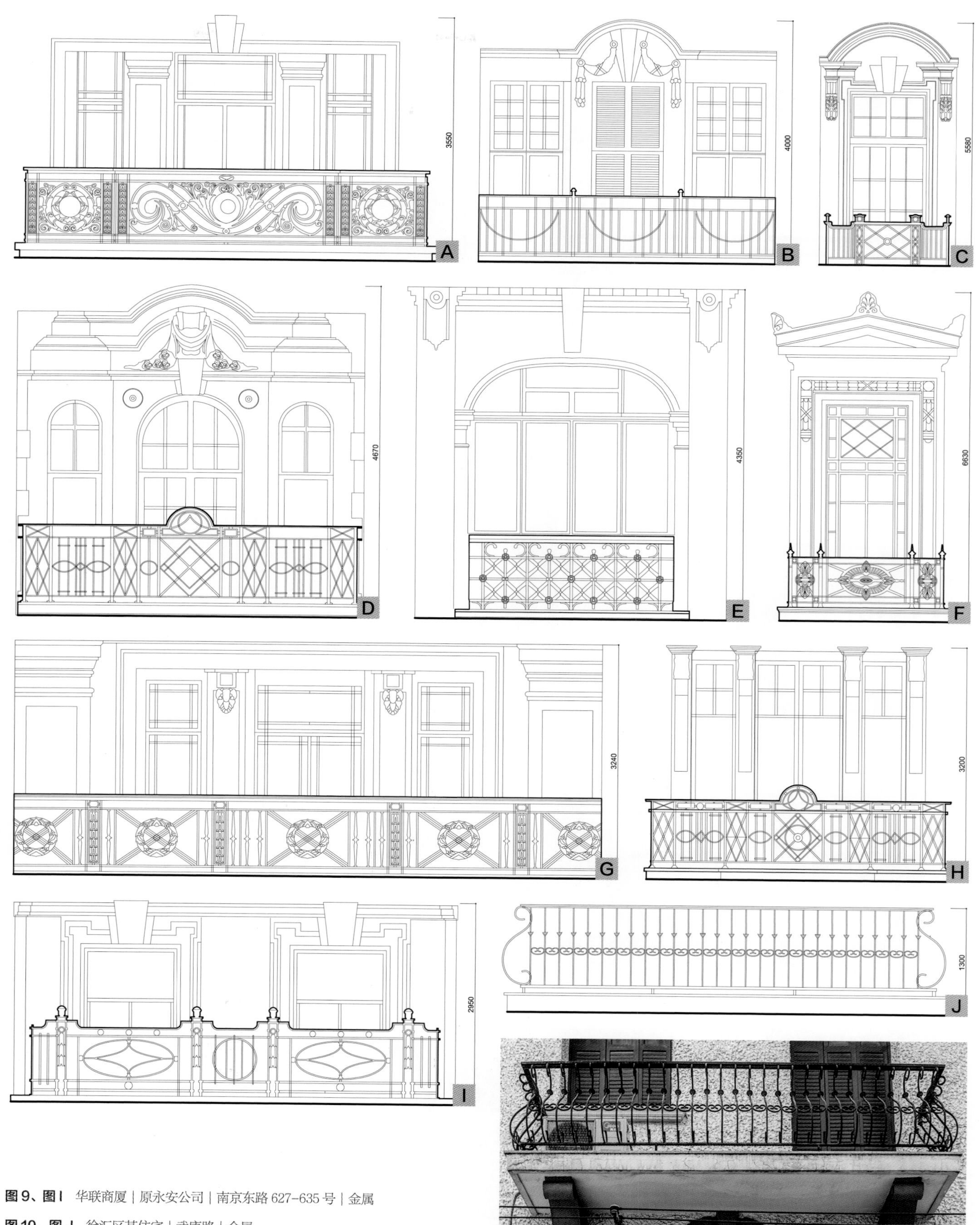

图9、图I 华联商厦 | 原永安公司 | 南京东路627-635号 | 金属

图10、图J 徐汇区某住宅 | 武康路 | 金属

1

2

3

4

5

6

7

8

9

10

11

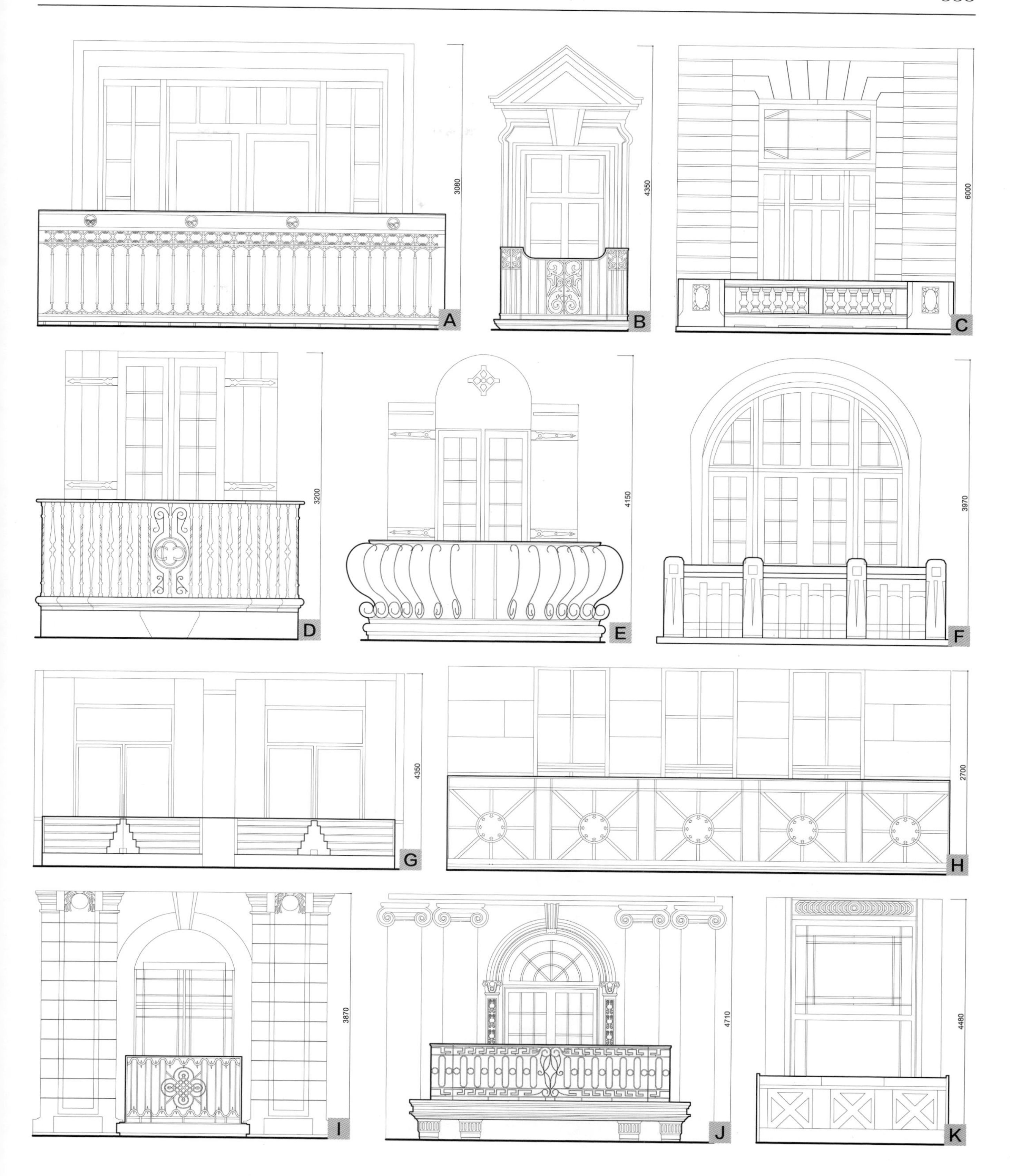

图1、图A 瑞金宾馆｜原瑞金二路住宅｜瑞金二路 18 号｜金属

图2、图B 中国银行办公楼｜原大清银行｜汉口路 50 号｜金属

图3、图C 花园饭店｜原法国总会｜茂名南路 58 号｜石材

图4、5 图D、E 上生新所｜原哥伦比亚总会｜延安西路 1262 号｜金属

图6、图F 科学会堂｜原老法国总会｜南昌路 47 号｜石材

图7、图G 衡山宾馆｜原毕卡迪公寓｜衡山路 534 号｜金属

图8、图H 外滩 18 号｜原麦加利银行｜中山东一路 18 号｜金属

图9、图I 友邦大厦｜原字林西报大楼｜中山东一路 17 号｜金属

图10、图J 辞书出版社｜原何东住宅｜陕西北路 457 号｜金属、木

图11、图K 工商银行｜原横滨正金银行｜中山东一路 24 号｜金属

1

2

3

4

5

6

7

8

9

10

图1、图A 时装公司｜原先施公司｜南京东路690号｜金属

图2、图B 花园饭店｜原法国总会｜茂名南路58号｜金属、木

图3 友邦大厦｜原字林西报大楼｜中山东一路17号｜石材、混凝土

图4 上海市眼科医院｜原花园住宅｜陕西北路805号｜石材、混凝土

图5 友邦大厦｜原字林西报大楼｜中山东一路17号｜石材

图6 外滩5号｜原日清大楼/日清汽船株式会社｜中山东一路5号｜金属

图7 浦东发展银行｜原汇丰银行大楼｜中山东一路10号｜石材

图8 外滩3号｜原有利银行｜中山东一路4号｜石材

图9 外滩华尔道夫酒店｜原上海总会｜中山东一路2号｜金属、木、玻璃

图10 农业银行｜原扬子大楼｜中山东一路26号｜金属

图11 静安区某住宅｜陕西北路｜金属、木

图12 历史博物馆｜原跑马总会｜南京西路325号｜石材

图13 静安区某住宅｜陕西北路｜金属

图14 瑞金宾馆｜原瑞金二路住宅｜瑞金二路18号｜金属、混凝土

图15 瑞金宾馆｜原瑞金二路住宅｜瑞金二路18号｜金属、木

图 1、4 外滩史陈列室 | 原外滩信号台 | 中山东二路 1 号甲 | 金属

图 2 贝轩大公馆 | 原贝宅 | 北京西路 1301 号 | 混凝土

图 3 上海市邮政局 | 原上海邮政总局 | 北苏州河路 250 号 | 金属、木

图 5 市三女中 | 原中西女中 | 江苏路 155 号 | 金属、木

图 6 黄浦区历史建筑 | 圆明园路 | 金属

图 7 辞书出版社 | 原何东住宅 | 陕西北路 457 号 | 金属、木、混凝土

图 8 马勒别墅酒店 | 原马勒住宅 | 陕西南路 30 号 | 金属、砖、琉璃

图 9 瑞金宾馆 | 原瑞金二路住宅 | 瑞金二路 18 号 | 石材、混凝土

11

第十一章

柱式

希腊时期有3种古典柱式，罗马时期发展为5种，文艺复兴时期又对希腊柱式和罗马柱式做了总结整理，形成了固定的规制[1]。

1. 希腊古典柱式[2]

多立克柱式：一般都建在阶座之上，特点是粗大雄壮，柱头是个倒圆锥台，没有柱础。柱身有时雕成20条槽纹，有时是平滑的，柱头没有装饰。柱下部约占全柱1/3的地位槽纹很浅，几乎是平的，往上越来越深。建造比例通常是：柱下径与柱高的比例是1∶5.5；柱高与柱直径的比例是6∶1。关于柱与柱之间的距离，从较古的纪念坊来看，是柱直径的2倍，少数到2.5倍。多立克柱又被称为男性柱。著名的雅典卫城（Athen Acropolis）的帕特农神庙（Parthenon）即采用的是多立克柱式。

爱奥尼柱式：柱身刻有24个平齿凹槽，沟槽较深，并且是半圆形的。上面的柱头有装饰带及位于其上的两个相连的大圆形涡卷所组成，涡卷上有顶板直接楣梁。有种说法是这种柱式形似女人的卵巢，因此，在希腊三大柱式中象征女性。以柱下端的直径D为量度单位，檐部为9/4D，檐口7/8D，檐壁6/8D，额枋5/8D，柱子为9D，柱头1/3或1/2D，柱身8D，柱础1/2D，基座为1/3D。

科林斯柱式：它实际上是爱奥尼克柱式的一个变体，两者各个部位都很相似，比爱奥尼克柱更为纤细，只是柱头以毛茛叶纹装饰，而不用爱奥尼式的涡卷纹。毛茛叶层叠交错环绕，并以卷须花蕾夹杂其间，看起来像是一个花枝招展的花篮被置于圆柱顶端，其风格也由爱奥尼式的秀美转为豪华富丽，装饰性很强，但是在古希腊的应用并不广泛，雅典的宙斯神庙（Temple of Zeus）采用的就是科林斯柱式。

2. 罗马柱式[3]

罗马人继承了希腊的三种柱式，同时又增加了另外两种柱式即塔司干柱式（柱身无槽）和混合柱式（由爱奥尼和科林斯

11-001

11-002

11-003

图 11-001 上海海关
图 11-002 上海造币厂
图 11-003 上海银行
图 11-004 浦发银行
图 11-005 招商银行
图 11-006 上海邮政局

混合）。此外，希腊原有的三种柱式也发生了一些变化，由于罗马帝国骄奢享乐的社会风气，崇尚建筑物的巨大尺度，使罗马的柱式比例更为细长，线脚装饰也更为复杂。

古希腊柱式和古罗马柱式形成了固定的风格和比例。经由文艺复兴时期的建筑师从对古建筑的大量测绘，以罗马柱为基础，将柱式分成檐部、柱子、基座三部分，每个部分以及不同部位之间都制定出了严格的比例数据，固化成一定的法式和柱式规范，作为今天学习古典柱式的蓝本。

3. 海派建筑柱式组合

常见的海派建筑立面柱式组合包括有列柱、壁柱、倚柱、券柱、帕拉第奥母题、巨柱、双柱及叠柱等形式。

(1) 列柱

海派建筑列柱样式，由一排柱子共同支撑着檐部。它可以在建筑的一个面形成柱廊，也可以形成矩形或圆形的围廊。列柱依靠柱子的重复排列而产生一种韵律感，使墙面不致显示单调而起虚实对比的作用。采用不同的柱式和不同的开间比例又会使建筑表现出不同的艺术效果（图 11-001，图 11-002，图 11-003，图 11-004）。

(2) 壁柱

海派建筑壁柱式立面外观，虽然保持着柱子的形式，其实只是墙的一部分，并不独立承受重量，而主要是起装饰或划分墙面的作用（图 11-005，图 11-006），按凸出墙面的多少，壁柱可分为半圆柱，3/4 圆柱和扁方柱等。

(3) 倚柱

海派建筑倚柱式立面，倚柱的柱子是完整的，距墙面很近，主要起装饰作用，倚柱常常和山花共同组成门廊，用来强调建筑的入口部分。在西方古典建筑中，把山墙的一面作为建筑的主要面（主要出入口所在），檐部上面的三角形山花，是立面构图的重点部位（图 11-007，图 11-008）。

(4) 券柱

海派建筑券柱式是仿文艺复兴、古典主义建筑的一种形式。券柱的原型是从古罗马开始的。罗马人用拱券代替了梁枋，使建筑立面构图增加了活泼的曲线，立面上重复安排同样的拱券洞口就叫作“连续券”，在券洞的两侧设置柱子就成了“券柱式”，有效地解决了古典柱式与拱券结构在形式上的矛盾。券柱式中的柱子已经没有结构作用，一般采用壁柱的形式做

11-007

11-008

11-009

11-010

11-011

11-012

成独立于墙外的“倚柱”；券柱廊是由柱子支撑的成行券洞与其后面的墙组成的廊子，是文艺复兴建筑的特征之一（图 11-009，图 11-010）。罗马连续券一般有个常用比例可以借鉴，券洞高为券宽的 2 倍，拱券垫石高为券洞宽的 1.5 倍，两券间墙面为券洞宽的一半。

(5) 帕拉第奥母题

海派建筑帕拉第奥母题源自文艺复兴时期的意大利建筑，又称塞利奥拱、威尼斯窗。意大利建筑师帕拉第奥在两个大柱子间的方形开间内增加两个小柱子，由它们承托券面，这样每个开间就被分割为三部分——左右两个瘦长的小洞口和中间带有发券的大洞口，从而造成柱子有粗细高矮、洞口又有大小曲直的方法变化。他采用这种手法将各个开间左右延续、上下叠合，使建筑物显得更完美和谐，人们以其名字称之为“帕拉第奥”母题。实际上，最初产生此种奇异构图的是意大利建筑师塞利奥，威尼斯的圣马可图书馆的东立面便是其萌芽之作，后经帕拉第奥不断完善，至维琴察的巴西利卡达到巅峰。

(6) 巨柱

巨柱式海派建筑仿文艺复兴、古典主义的一种建筑形式，是柱式在两层和两层以上建筑中的应用，特点是在外墙上设置贯穿两层或数层的柱廊或壁柱。文艺复兴时期严格遵守古典柱式的比例和装饰，19 世纪后期，欧美大多数巨柱式建筑已是取其形而并不恪守其比例法则。巨柱式海派建筑形体高大雄伟，立面细部精致典雅（图 11-011，图 11-012）。

(7) 双柱

海派建筑双柱立面指仿文艺复兴、新古典主义，将两个柱子并在一起的造型手法，通常应用于门廊、柱廊、门头及窗

图 11-007 招商银行
图 11-008 罗斯福公馆
图 11-009 金门大酒店
图 11-010 外滩源 1 号
图 11-011 外滩华尔道夫酒店
图 11-012 工商银行
图 11-013 西摩会堂
图 11-014 花园饭店
图 11-015 招商局大楼
图 11-016 上海邮政局

洞等立面部位。双柱在立面构图上具有富于韵律感的效果（图 11-013，图 11-014，图 11-015）。

(8) 叠柱

海派建筑的叠柱式立面将柱子按层设置的构图形式。叠柱的构图强调了竖向挺拔的效果（图 11-016）。

参考资料

[1]凤凰空间，华南编辑部.室内设计风格详解－欧式[M].南京：江苏凤凰科学技术出版社，2017.

[2] 李国豪. 土木建筑工程词典[M]. 上海：上海辞书出版社，1991.

[3] 同[2]

1

2

3

4

5

6

7

8

9

10

11

图1、13 友邦大厦 | 原字林西报大楼 | 中山东一路 17 号 | 石材

图2 天津银行 | 原中南银行 | 汉口路 110 号 | 石材

图3 历史博物馆 | 原跑马总会 | 南京西路 325 号 | 石材

图4 金门大酒店 | 原华安人寿保险公司 | 南京西路 104 号 | 石材

图5 历史博物馆 | 原跑马总会 | 南京西路 325 号 | 混凝土

图6 外滩华尔道夫酒店 | 原上海总会 | 中山东一路 2 号 | 混凝土

图7 外滩华尔道夫酒店 | 原上海总会 | 中山东一路 2 号 | 石材

图8 瑞金宾馆 | 原瑞金二路住宅 | 瑞金二路 18 号 | 混凝土

图9 亚细亚大楼 | 中山东一路 1 号 | 石材

图10 外滩 18 号 | 原麦加利银行 | 中山东一路 18 号 | 石材

图11、18 罗斯福大楼 | 原怡和洋行 | 中山东一路 27 号 | 石材

图12 瑞金宾馆 | 原瑞金二路住宅 | 瑞金二路 18 号 | 石材

图14 中国外汇交易中心 | 原华俄道胜银行 | 中山东一路 15 号 | 石材

图15 花园饭店 | 原法国总会 | 茂名南路 58 号 | 石材

图16 中一大楼 | 原中一信托公司 | 北京东路 270 号 | 石材

图17、19 浦东发展银行 | 原汇丰银行大楼 | 中山东一路 10 号 | 石材

1

2

3

4

5

6

7

8

9

10

11

12

13

14

15

16

17

18

19

20

21

22

23

24

25

26

27

图1 金门大酒店 | 原华安人寿保险公司 | 南京西路 104 号 | 石材

图2 上海银行 | 原四行储蓄会大楼 | 四川中路 261 号 | 石材

图3 辞书出版社 | 原何东住宅 | 陕西北路 457 号 | 混凝土

图4 亚细亚大楼 | 中山东一路 1 号 | 石材

图5 光大银行 | 原东方汇理银行 | 中山东一路 29 号 | 木

图6 华联商厦 | 原永安公司 | 南京东路 627-635 号 | 混凝土

图7 爱建公司 | 原银行公会大楼 | 香港路 59 号 | 石材

图8 上海信托投资公司 | 原大陆银行 | 九江路 111 号 | 石材

图9、10 招商银行 | 原台湾银行 | 中山东一路 16 号 | 石材

图11 徐家汇天主堂 | 徐家汇浦西路 158 号 | 石材

图12 体育大厦 | 原西桥青年会 | 南京西路 150 号 | 混凝土

图13 历史博物馆 | 原跑马总会 | 南京西路 325 号 | 混凝土

图14 外滩华尔道夫酒店 | 原上海总会 | 中山东一路 2 号 | 混凝土

图15、22、26 历史博物馆 | 原跑马总会 | 南京西路 325 号 | 混凝土、石材

图16 锦江宾馆 | 原华懋公寓 | 长乐路 109 号 | 混凝土

图17 花园饭店 | 原法国总会 | 茂名南路 58 号 | 混凝土、石材

图18 历史博物馆 | 原跑马总会 | 南京西路 325 号 | 木

图19 和平饭店北楼 | 原沙逊大厦 | 中山东一路 20 号 | 混凝土

图20 上海市医学会 | 原共济会堂 | 北京西路 1623 号 | 混凝土

图21 罗斯福大楼 | 原怡和洋行 | 中山东一路 27 号 | 木

图23 和平饭店南楼 | 原汇中饭店 | 中山东一路 19 号 | 混凝土、石膏

图24、27 外滩华尔道夫酒店 | 原上海总会 | 中山东一路 2 号 | 混凝土、石膏

图25 圣三一基督教堂 | 九江路 201 号 | 砖、混凝土

图1 百乐门舞厅｜愚园路 218 号｜石材

图2 中国银行｜中山东一路 23 号｜石材

图3 都城饭店｜江西中路 180 号｜石材

图4 亚细亚大楼｜中山东一路 1 号｜石材

图5 花园饭店｜原法国总会｜茂名南路 58 号｜石材

图6 科学会堂｜原老法国总会｜南昌路 47 号｜石膏

图7 科学会堂｜原老法国总会｜南昌路 47 号｜木、混凝土

图8 历史博物馆｜原跑马总会｜南京西路 325 号｜混凝土

图9 上海工艺美术博物馆｜原法租界公董局总董官邸｜汾阳路 79 号｜混凝土

图10 中国外汇交易中心｜原华俄道胜银行｜中山东一路 15 号｜石材

图11 安培洋行｜圆明园路 97 号｜石材

图12 交通银行｜原金城银行｜江西中路 200 号｜石材

图13 金门大酒店｜原华安人寿保险公司｜南京西路 104 号｜石材

图14 圣三一基督教堂｜九江路 201 号｜石材

图15 瑞金宾馆｜原瑞金二路住宅｜瑞金二路 18 号｜砖、混凝土

图16 徐家汇天主堂｜徐家汇浦西路 158 号｜石材

图17 和平饭店南楼｜原汇中饭店｜中山东一路 19 号｜木

12

第十二章

卫生间

1775 年，具有现代意义的抽水马桶专利由英国人亚历山大・卡明斯发明。经过其后的不断改进，抽水马桶变得方便而便宜。1845 年，在英国召开的第一届世博会上，约有 80 万人耐心排队领略了坐抽水马桶的经历。从此，抽水马桶风靡英国，几年后仅伦敦就有了将近 20 万个抽水马桶的使用量，抽水马桶很快地走入了平常市民家中。但当时经由抽水马桶物排出的排泄物，未加处理全部排到了泰晤士河内，而泰晤士河是伦敦市民饮用水源，河水因此被污染引起了霍乱的流行，人们产生了恐慌。直到 19 世纪后期，人们才意识到病菌与饮用水之间的联系。英国人开始将排污管线布置在饮用水管线下游，抽水马桶被这些看不见的管线连接起来，形成了城市一体化的排污系统，使得抽水马桶真正有了革命性的意义，成为西方现代文明的象征。1910 年以后，抽水马桶无论外观还是构造原理趋于成熟[1]。

19 世纪末，西方的抽水马桶传入上海，最早接受它的是华洋杂处的上海富商家庭。建于 1903 年的礼查饭店是上海第一家近代化的西式旅馆[2]，所有客房均设有独立的卫生间，卫生间内西式抽水马桶、洗脸盆、浴缸三件套的洁具设备一应俱全，这样的布置成为上海早期饭店客房的标配。从此之后，在上海新建的诸如写字楼、银行、商场、影剧院及旅馆饭店等公共建筑都配置了现代化的卫生间设施。从现有的历史资料来看，这些建筑中的卫生间无论是平面布局还是室内空间装饰都达到了那个年代最好的水准。在相当一段时间内，可以说海派建筑卫生间一直保持着功能完善、设备先进、布局合理及装饰时尚的总体特色。

1. 卫生间空间宽敞

早年的上海，有一定规模的饭店建筑其客房开间都达到了 4m 左右，进深也不小于 8m，客房面积比较大，卫生间的布置空间条件好，通常参照欧美饭店建筑的设计，强调每个独立的单元。20 世纪 20 年代之后陆续开始建造的独立式别墅、花园洋房、高级公寓、新式里弄石库门住宅以及各类公共建筑等均配有宽敞的卫生间设施。较大的卫生间面积，为高标准卫生设备选型提供了有利条件，卫生设备的布置更加灵活、使用也更加合理（图 12-001，图 12-002，图 12-003）。

2. 卫生间有细节有品质

卫生间是与人近距离接触的场所，适宜的细节设计能传达对客人体贴入微的关怀，为客人带来舒适和愉悦。从防水防滑的地面设计到周全的置物搁架，到恭桶边有置物台，有的还设有杂志架。洗面台配有面盆、精美镜子、化妆盒。此外，良好的通风条件保持卫生间空气新鲜，以及毛巾和艺术香皂的摆放等细节设置，也整体凸显海派建筑卫生间的高雅品质（图 12-004，图 12-005，图 12-006）。

3. 卫生间装饰考究

海派建筑卫生间在充分满足设计标准和使用功能的前提下，其设备选型及细部装饰始终追求并讲究精致精美的精品效

12-001

12-002

12-003

图 12-001 孙科别墅
图 12-002 凯文公寓
图 12-003 瑞金宾馆
图 12-004 原大清银行
图 12-005 宋家老宅
图 12-006 建业里嘉佩乐酒店
图 12-007 衡山宾馆
图 12-008 外滩华尔道夫酒店
图 12-009 马勒别墅

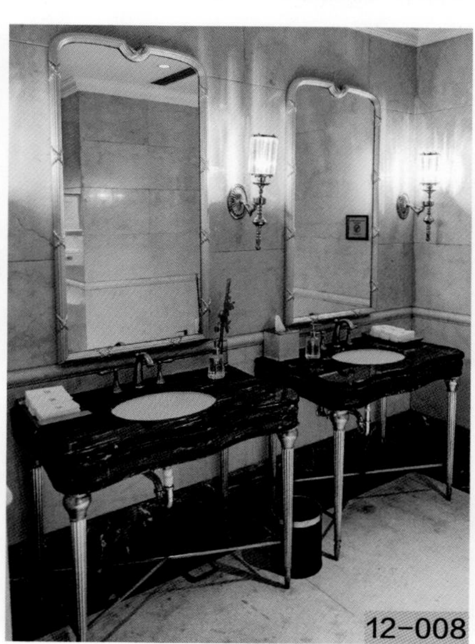

果。就材料选用而言，石材是接受度最高的材料，各式瓷砖也在卫生间的装修中频繁应用。注重材料的色彩、肌理和质感的巧妙搭配，营造出各种可能性，使得石材、陶瓷、木材等具有优雅质感的朴素材质创造出自然优雅的品位（图 12-007，图 12-008，图 12-009）。

参考资料

［1］ 抽水马桶的发明［EB/OL］. http: // www.jieju.cn // news/2014-09-17.

［2］ 顾金山．都市遗韵：上海市优秀历史建筑保护修缮实录［M］．上海：上海大学出版社，2017.

1

2

3

4

5

6

7

8

9

10

11

12

13

14

15

16

17

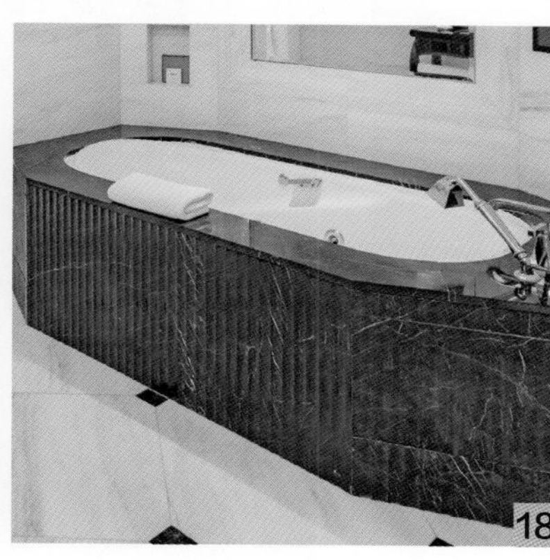
18

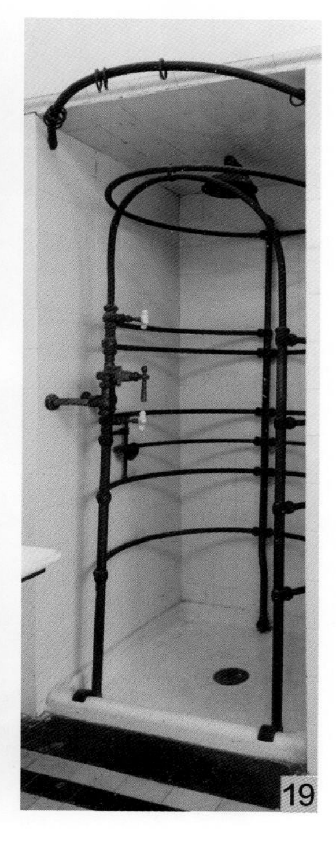
19

图1 上影集团 | 原布哈德住宅 | 永福路 52 号 | 卫生间

图2 外滩 3 号 | 原有利银行 | 中山东一路 4 号 | 卫生间

图3 上海养云安缦酒店 | 元江路 6161 号 | 石材、木、镜子

图4 邬达克纪念馆 | 原邬达克住宅 | 番禺路 135 号 | 石材、木、镜子

图5 上海工艺美术博物馆 | 原法租界公董局总董官邸 | 汾阳路 79 号 | 抽水马桶

图6 浦东洲际酒店 | 原中国酒精厂 | 世博村 A 地块 | 陶瓷、木

图7 中国银行 | 原大清银行 | 汉口路 50 号 | 陶瓷、镜子

图8 和平饭店北楼 | 原沙逊大厦 | 中山东一路 20 号 | 石材、金属、镜子

图9 上海工艺美术博物馆 | 原法租界公董局总董官邸 | 汾阳路 79 号 | 陶瓷、镜子

图10 PRADA 展示中心 | 原荣氏花园住宅 | 陕西北路 186 号 | 陶瓷、金属

图11 宋家老宅 | 陕西北路 369 号 | 陶瓷、金属

图12 邬达克纪念馆 | 原邬达克住宅 | 番禺路 135 号 | 陶瓷、金属

图13 马勒别墅酒店 | 原马勒住宅 | 陕西南路 30 号 | 陶瓷、石材、金属

图14 凯文公寓 | 衡山路 525 号 | 陶瓷、金属

图15 马勒别墅酒店 | 原马勒住宅 | 陕西南路 30 号 | 陶瓷、石材、金属

图16 和平饭店北楼 | 原沙逊大厦 | 中山东一路 20 号 | 陶瓷、金属

图17 上海养云安缦酒店 | 元江路 6161 号 | 石材、金属

图18 和平饭店北楼 | 原沙逊大厦 | 中山东一路 20 号 | 陶瓷、石材、金属

图19 上海工艺美术博物馆 | 原法租界公董局总董官邸 | 汾阳路 79 号 | 淋浴棚

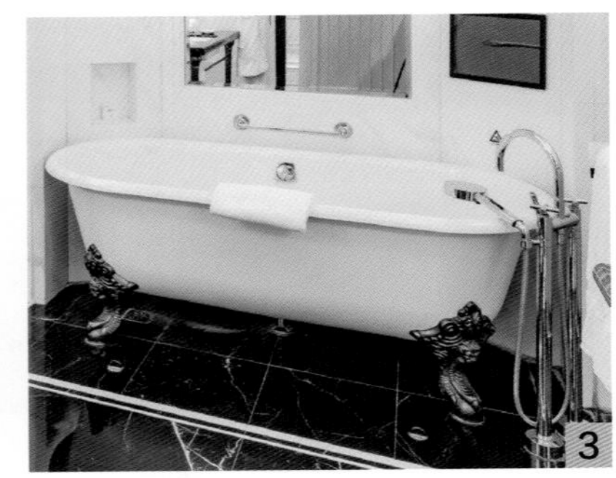

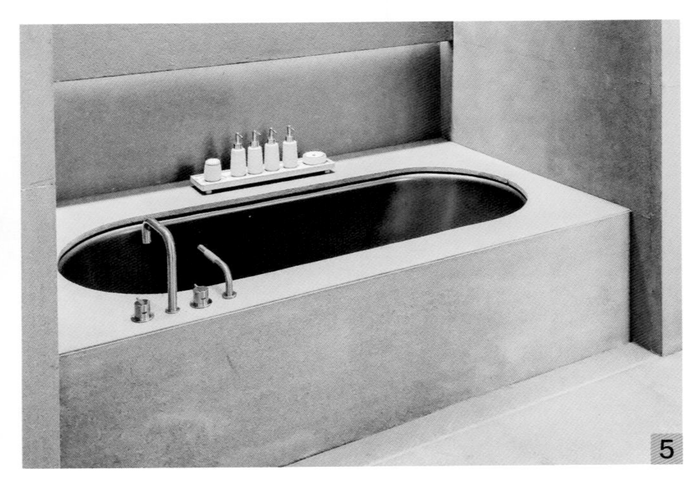

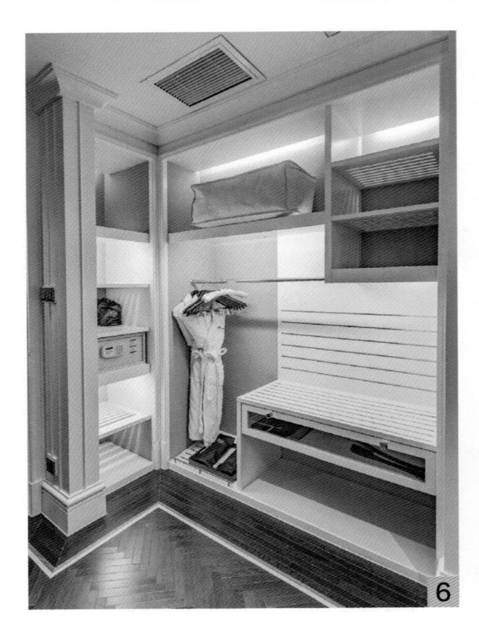

图 1 瑞金宾馆 | 原瑞金二路住宅 | 瑞金二路 18 号 | 陶瓷、金属

图 2 建业里嘉佩乐酒店 | 原建业里 | 建国西路 440 弄 | 陶瓷、石材、金属

图 3 和平饭店北楼 | 原沙逊大厦 | 中山东一路 20 号 | 陶瓷、金属

图 4 浦东洲际酒店 | 原中国酒精厂 | 世博村 A 地块 | 陶瓷、石材、金属

图 5 上海养云安缦酒店 | 元江路 6161 号 | 石材、金属

图 6 和平饭店北楼 | 原逊大厦 | 中山东一路 20 号 | 木

图 7 外滩华尔道夫酒店 | 原上海总会 | 中山东一路 2 号 | 木

图 8 和平饭店北楼 | 原沙逊大厦 | 中山东一路 20 号 | 石材、木、镜子

13

第十三章

标识牌

在商业时代，标识牌随处可见，且在人类生活中发挥着重要作用。标识牌具备标示、引导、装饰、推广、告知、宣传等功能。标识本质上是一个社会性用语，它可以命名一项项人类活动，且借助标识往往可以辨识活动主体。通过标识，建筑业主或使用者可以向读者传递信息，建筑内外部的人也可以利用它进行信息传递。标识牌可以显示出某企业、商店或公司的运营人。标识牌是一种识别标志，能反映建筑业主或使用者的品位与个性，也常常能反映一个街区的地景构成、街区特征以及街区发生的社会与商业活动[1]。

13-001

任一悬挂门外或置于屋顶或位于店面上方或穿过墙壁或置于墙面的标识牌都可以将制作者的信息传递给标识牌的观看者。在所标出的名称、地址、营业时间、经营产品等诸多信息中蕴含有个性、价值观与信仰。

13-002

1. 欧美标识牌[2]

18 世纪前，欧美最早的商业标志是包括标示商品或工匠手艺的符号。有的符号标志安装在电线杆上，有的悬挂在建筑物上，也有的绘制在悬挂的木板上。在一个几乎没人识字而依靠语言标记来传递信息的社会，这类符号标记很有存在的必要性。羊代表裁缝，大啤酒杯代表酒馆。红白条纹杆标志着理发店，当铺外的三个金球作为当铺的标牌，且这种当铺标牌至今在街上还仍能看到。

13-003

到 18 世纪末期，悬挂标牌已经没落。而另一方面，扁平的或嵌装式标识牌的应用也慢慢成了一种趋势。然而，与符号型标牌一样，横越式标识牌的使用传统一直延续到了现在。

安装在楣梁或店面与二楼之间的水平带上的标牌，是 19 世纪最常见的标识牌样式。楣梁通常称为“广告板”，由此可见，楣梁一直以来都是用于放置标识牌的好地方。然而，由于楣梁很窄，因而对招牌制作者提出了严格的要求，这类标识牌提供的信息往往比较少，也许只是企业名称或街道号码。与楣梁相类似的标识牌是位于建筑外立面并平行于窗口的标牌。这类标识牌通常安装在水平板上或粉刷在建筑表面。标识牌上的文字信息通过“行”来区分，如企业名称与简短描述。从上到下阅读标识牌信息，有时可以发现一些与建筑相关的故事。

其他涂漆标识牌大多介绍的是任务、产品或场景。这类标识牌通常是竖直方向的，较少采用水平方向。不论其内容主要是文字还是图像，标识牌都会成为建筑的主要特征，而这也正是标识牌制作者想要达到的效果。建筑物本身往往会成为标识牌的背景。

19 世纪许多建筑使用的是匾额、盾牌、椭圆形状的标识牌。这类标识牌的优势是，当租户变化时标识牌也很容易更换。另外，以图像或文字作为标牌内容也比较容易制作。

文字型与符号型的悬挂式或横越式标识牌也常见于 19 世纪，只是现在已越来越少见。横越式标识牌通常会成对出现，两块标识牌成 45° 角固定，这样可以提升标识牌的可见度。有时标识牌还会从建筑延伸出一小段、横跨在人行道上方，并借助街道上的撑杆加以支撑。

金箔饰面标识牌以及那些涂刷或蚀刻在窗子、门与气窗玻璃上的方式也很常见。

19 世纪的租户在寻找广告位置时有了一些意外的发现。他们借助入口台阶的各个位置设置标识牌——扶手、楼梯竖板、踢脚板、栏杆柱，这样位于建筑上层的广告宣传即可吸引人们的注意力。

图 13-001 至图 13-003 浦发银行标识牌
图 13-004 友邦大厦标识牌
图 13-005 联合大楼标识牌

19 世纪下半叶，屋顶标识牌的使用比以往更为频繁。早期的屋顶标识牌往往相对简单——只是普通水平标识牌的放大版。19 世纪后期，标识牌变得更为华丽，数量种类也更多。后来的屋顶标识牌主要出现在酒店、剧院、银行及其他大型建筑中。

随着时间的推移，标识牌的尺寸与规模都扩大了。悬挂在高楼层的贴壁式标牌在 19 世纪下半叶并不鲜见。这类贴壁式标牌的大量使用反映了随着 19 世纪接近尾声，城市生活也在慢慢发生改变，城市正经历着人口的快速增长，各种高楼迭起，高架火车与电力动车加快了城市生活的节奏。由于市民出行时移动速度越来越快，标识牌也相应变得越来越大，只有这样人们才能看得到标识牌。

从 19 世纪后半叶到 20 世纪中叶期间，搪瓷标识牌大受欢迎。由石材或木材雕刻而成的标识牌也常常出现，尤其是在机构建筑上。彩绘百叶窗甚至窗帘都提供了更多的广告空间。

伴随着 20 世纪的到来，电的出现使标识牌从此有了光照，甚至到后来实现了标识牌的移动。尽管在电出现之前，发光的标识牌并不令人陌生，如 1700 年左右的广告采用夜间用蜡烛点亮的标牌，而在 1840 年，马戏团大都使用天然气照明的标识牌。但相比于蜡烛、煤油与天然气，用电更安全，成本也更低。电的广泛使用使标识牌成为一道亮丽的风景线，直到现在依然如此：发光的标识牌成了夜间街道的主宰。

利用电力把光线照在标识牌上，实现了标识牌的发光，但是标识牌的真正革新发生在电灯出现以后，利用电灯，标识牌上可以形成影像与文字。闪烁的灯泡吸引了更多行人的注意，灯泡连续闪烁营造了律动感。从此，欧美城市的街道发生了巨大的变化。

工艺美术及新艺术运动同样影响了 20 世纪的标识牌。特别是装饰派艺术及现代流线风格不仅仅对建筑造成了重大影响，还影响了建筑上的标识牌。这类学派的建筑师常常将标牌与建筑物整合成一体进行设计，尤其是店面与标识牌经常会被整体设计。使用了彩色建筑玻璃与搪瓷后，就可以将文字与图像蚀刻在玻璃或搪瓷上，或制成不同色彩、不同花样的文字与图形，从而与建筑形成整体。这类店面在 20 世纪 20 年代至 40 年代很流行。

第二次世界大战后的几十年间，标识牌因“塑料”的出现而发生了翻天覆地的改变。相比于木材、金属及其他传统的标识牌制作材料，塑料具备一些优势。正如其名，“塑料”几乎可以被塑造成任意形状，而且可以被制成各种颜色；塑料本身是半透明的，当阳光照射时，它就像发光一样；另外，塑料相对其他材料来说更为耐用；最重要的一点是，它价格相对低廉，可大量生产。基于以上原因，塑料迅速发展成为一种主要的标识牌制作材料。

随着时间的推移，出现了很多不同类型的标识牌。20 世纪 50 年代的标识牌中出现了尾翼、繁星，以及其他反映人们对外太空幻想与迷恋的形象。

20 世纪 60 年代后，对标牌产生深远影响的还有另外一个因素，该因素并非技术上的突破或设计方面的发展，而是商业发展趋势——连锁店与加盟店的兴起。许多地方性企业被全国性企业所代替，标准的企业标识牌也取代了地方性商标而逐渐兴盛，使用材质也趋向于多元化。大众文化的兴起标志着标准化的崛起，这也意味着区域差异与本土特色的消失。

2. 海派标识牌特色

(1) 材料选用

海派标识牌材料选择对于其耐久性、安全性及易维护性

图 13-006 外滩源 1 号
图 13-007 马勒别墅
图 13-008 上海邮币卡交易中心
图 13-010 国际饭店
图 13-009 贝轩大公馆
图 13-011 都城饭店
图 13-012 锦江宾馆

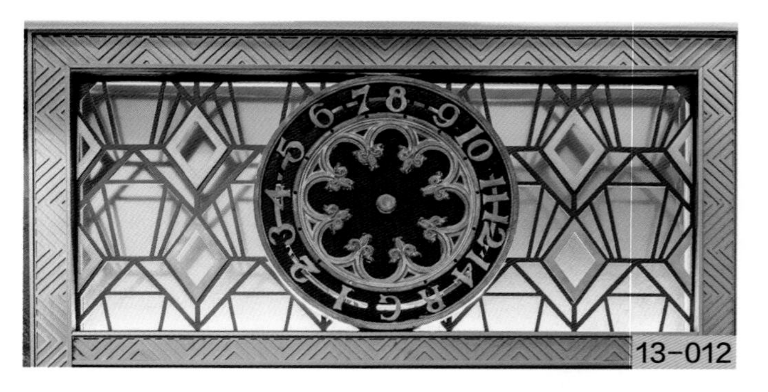

的考虑比较周全，也非常讲究，用材标准比较高。通常选用的是铜质、木质或石质材料。凸显标识牌用材个性化的同时，强调与建筑本体形象相协调（图 13-001，图 13-002，图 13-003，图 13-004，图 13-005）。

(2) 版式设计

版式设计的主要功能是向读者传达信息的视觉桥梁，出色的版面设计有利于吸引读者的视线，海派标识牌的版式设计布局清新，疏密有致，大多使人耳目一新（图 13-006，图 13-007）。版式有横向编排形式，也有竖向编排形式。

(3) 文字设计

海派标识牌的文字设计比较讲究，更多是采用的宋体或魏碑，也有隶书，文字样式间架方正、明确，文字结构清晰有力，有文化韵味，具有很强的视觉冲击力，文字中都附有英文，充分表达了上海作为国际化大都市的习惯做派（图 13-008，图 13-009）。

(4) 形式设计

海派标识牌在很大程度上受到了欧美同期标识牌形式设计的影响。19 世纪末 20 世纪初工艺美术及新艺术运动特别是装饰派艺术及现代流线型风格较多地影响了上海当时建筑上的标识牌设计和制作。造型总体比较低调，细部设计讲究精巧精致精美，在强调传达视觉信息载体的同时，彰显海派文化的特质（图 13-010，图 13-011，图 13-012）。

参考资料

［1］孔寿山，金石欣，杨大钧. 技术美学［M］. 上海：上海科学技术出版社，1992.

［2］U.S.department of the interior.preserving historic architecture. the offical guidelines［M］. New York：Skyhorse Publishing.2004.

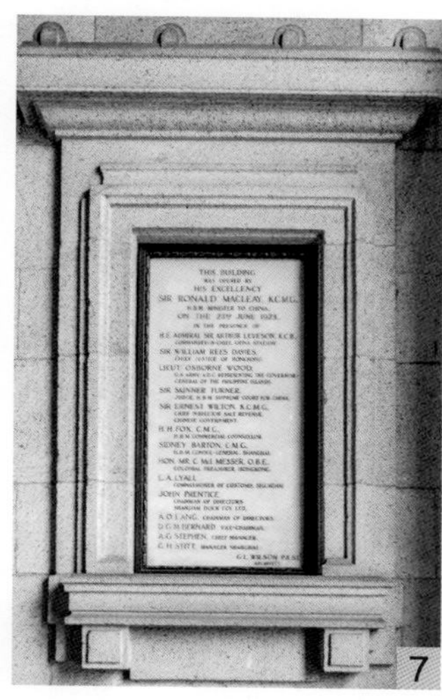

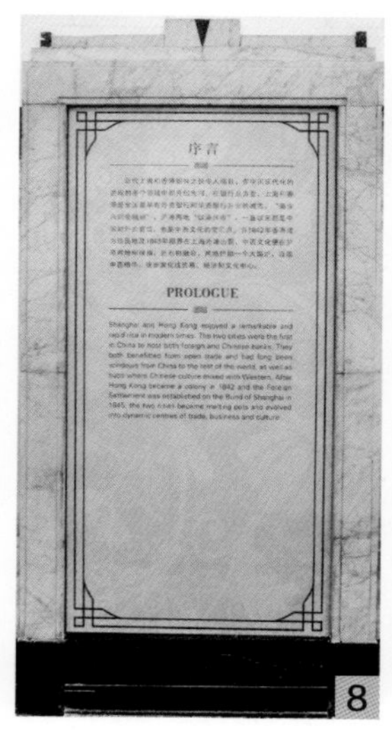

图1 罗斯福大楼 | 原怡和洋行 | 中山东一路 27 号 | 铜、木

图2 外滩华尔道夫酒店 | 原上海总会 | 中山东一路 2 号 | 不锈钢、塑胶

图3 和平饭店南楼 | 原汇中饭店 | 中山东一路 19 号 | 铜、石材、木

图4 华业大楼 | 原华业公寓 | 陕西北路 175 号 | 石膏、石材

图5 上海老相机制造博物馆 | 原花园住宅 | 安福路 300 号 | 石膏

图6 罗斯福大楼 | 原怡和洋行 | 中山东一路 27 号 | 石材、铜、木

图7 浦东发展银行 | 原汇丰银行大楼 | 中山东一路 10-12 号 | 石材、木、玻璃

图8 东亚银行 | 原东亚大楼 | 四川中路 299 号 | 石材

图9 外滩华尔道夫酒店 | 原上海总会 | 中山东一路 2 号 | 石材、木、玻璃

图10 上海信托投资公司 | 原大陆银行 | 九江路 111 号 | 铜、石材

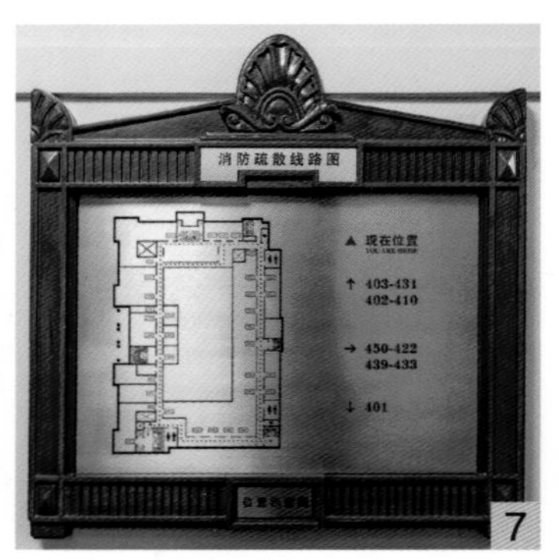

图1–3 锦江宾馆 | 原华懋公寓 | 长乐路 109 号 | 铜、木

图4–5 外滩华尔道夫酒店 | 原上海总会 | 中山东一路 2 号 | 木、石材

图6 汉源汇书店 | 陕西南路 374 号 | 金属

图7 浦东发展银行 | 原汇丰银行 | 中山东一路 12 号 | 木、铜

图8 外滩华尔道夫酒店 | 原上海总会 | 中山东一路 2 号 | 铜

图9 百乐门舞厅 | 愚园路 218 号 | 石材、铜、木、玻璃

图10 贝轩大公馆 | 原贝宅 | 北京西路 1301 号 | 铜

图11 衡山宾馆 | 原毕卡迪公寓 | 衡山路 534 号 | 铜、木

图12 浦东发展银行 | 原汇丰银行 | 中山东一路 10 号 | 石膏

14

第十四章

雕塑

建筑雕塑属于雕塑艺术的一个类别。通常是指固定的配合或装饰建筑群、建筑物、建筑局部的雕塑总称，是建筑的组成部分，也是建筑师整体设计的内容之一[1]。建筑雕塑艺术通过在建筑形体上或者空间中通过雕、刻、塑的手法，在一些硬性材料和可塑材料上面进行艺术的创作，借以反映建筑建造当时的社会生活，表达人们的审美感受、审美情趣和审美理想。

雕塑与建筑的融合具有悠久的历史，人类的建筑活动始终伴随着雕塑的创作而发展，建筑雕塑艺术也以不同的“身份”演绎着自己不同的角色。雕塑与建筑的关系基本上分为两种：一种是雕塑与建筑完全融合，不分彼此，甚至互相之间不能完全独立存在；另一种则是雕塑和建筑互相独立存在，建筑一般作为雕塑的背景及置放空间，雕塑则给建筑带来艺术灵动性甚至起到画龙点睛的作用。

建筑的形体语言多表现为抽象和几何化，现代建筑在外形上的雕塑化也是受现代雕塑艺术的发展所影响[2]。当雕塑参与其中，雕塑就凝练了建筑的精神。建筑雕塑具有鲜明的寓意性，能够更加灵活、直接、生动地表达出建筑想要表达的语汇。建筑中的装饰构件，比如柱头、门楣、内墙壁、外墙壁、基座等都有许多精美的浮雕；建筑室内外的公共活动空间，经常成为安放独立式雕塑的位置。浮雕的内容与建筑所表达的主题相呼应，置于建筑空间中的独立雕塑与建筑风格相适应，其雕塑内容与所在的空间环境互动，传导雕塑的内在意义，加强建筑空间感、美化建筑整体和突出建筑的文化主题。

古典建筑中的雕塑更多作为叙事性和装饰性的元素出现。在历史的不同时期，建筑和其中的雕塑追求的都是内容和精神上的整体统一，是各个时期艺术风格、社会文化和审美价值的集中体现，在很大程度上也代表了当时人们在文化思想上的理想与追求。

在中国古代，众多的宫殿、寺庙、塔、住宅上面的造型装饰多以图腾纹样为主，具有一定的宗教意义。包括动物纹样，植物纹样和人物故事纹样，如大象、狮子、莲花、宝相花、牡丹、菊花等。通常以浮雕、镂空雕作为主要的表达形式，通过抽象或具象的创作手法来塑造建筑的装饰性雕塑，其使用材料往往因地制宜。如墙上的砖雕、门窗上的木雕、台基栏杆上的石雕等装饰，布局巧妙、雕琢精致，赋予了建筑材料以灵动的生命。这些装饰性雕塑不再只是建筑表面的点缀，而是与建筑融为一体，以一种立体形式、物化形态，代表了当时社会的文化、理想、道德和追求。它是社会物质与精神互相作用的产物。作为历史的见证者，它们是凝固的，是对历史的再现和追忆，是形式美、历史美和人文美延续的象征。

在西方，雕塑出现在古埃及时期，多作为当时建筑的重要构件，到了希腊和罗马时期，雕塑成了建筑的重要组成部分。众多不同形态的雕塑，不再只是神殿或是凯旋门上的装饰与点缀，而是与建筑的形体和精神融为了一体，传达出不同时代的思想追求。希腊神殿的人像柱，人像雕塑兼具了美化建筑与承重构件的双重作用，是雕塑艺术与建筑艺术的一次完美结合，使神庙建筑表现得更加神秘、高贵、和谐，达到了建筑艺术与雕塑艺术的相互融合，建筑因雕塑精彩，雕塑为建筑生辉的难以企及的艺术高度。

建筑空间不仅是一个遮风避雨的空间，而且是一个满足人们物质和精神生活的场所。建筑除了具有实体空间以外，

14-001

14-002

14-003

图 14-001 中国外汇交易中心
图 14-002 工商银行
图 14-003 友邦大厦
图 14-004 至图 14-007 徐家汇天主堂
图 14-008 瑞金宾馆
图 14-009 上海邮政局
图 14-010 浦发银行
图 14-011 花园饭店

14-004

14-005

14-006

14-007

14-008

14-009

14-010

14-011

还具有虚空间，而这种虚空间就是人们通过对与周围事物的感知而形成的。建筑与其中的雕塑，应该具有一致的精神诉求，构成一个统一的整体，才能给人构造出一个良好的“虚空间”。在一些海派建筑中，通常在柱头、门楣、内墙壁、外墙壁、基座等部位设有许多精美的浮雕，在建筑室内外合适的空间安放立体雕像，通过这些具体的雕塑来满足建筑建造阶段所处的社会阶段和历史时期的精神寄托。

1. 浮雕

海派建筑浮雕的装饰特性，强调在浮雕上追求建筑感，对背景进行平面的几何化处理，并将建筑的构成因素运用于浮雕，注重雕塑的动态节奏和起伏变化，而且能很好地适应建筑墙面的整体，突破了古典浮雕稳定而又显死板的格式，使浮雕在有限的空间中具有无限的活力与生机。整体线条流畅、结构匀称、形态逼真，达到形神兼备。简洁、概括、方直的塑造手法和风格面貌，形成了海派建筑浮雕语言精致细腻、飘逸灵动的独特性（图 14-001，图 14-002，图 14-003，图 14-004）。

2. 雕像

海派建筑中的雕像雕塑有很多不同的主题，雕塑手法与形式也多种多样，有写实性的与装饰性的，也有具体的与抽象的，形体概括洗练，凸显厚实的分量感，对于户内与户外雕塑的形式、尺度、体量、风格等所受到的诸多建筑空间环境影响因素，进行深入严谨的推敲，从而达到了一种对情感、质感、三维空间以及外形气势的表现（图 14-005，图 14-006，图 14-007，图 14-008，图 14-009，图 14-010，图 14-011）。

参考资料

［1］张景然，王伯扬，周鑫. 世界室外装饰设计资料集（4）［M］. 北京，香港：中国建筑工业出版社，香港书画出版社，1992.

［2］温洋. 雕塑与建筑——雕塑艺术中的建筑联系［D］. 大连：大连理工大学，2005.

图1 徐家汇天主堂 | 徐家汇浦西路 158 号 | 木雕

图2、10、17 徐家汇天主堂 | 徐家汇浦西路 158 号 | 汉白玉

图3 徐家汇天主堂 | 徐家汇浦西路 158 号 | 泥塑

图4 徐家汇天主堂 | 徐家汇浦西路 158 号 | 木浮雕

图5 瑞金宾馆 | 原瑞金二路住宅 | 瑞金二路 18 号 | 玉石

图6 上海邮政总局 | 北苏州河路 250 号 | 石膏

图7 徐家汇天主堂 | 徐家汇浦西路 158 号 | 石膏

图8 徐家汇天主堂 | 徐家汇浦西路 158 号 | 石材

图9 上海交响乐博物馆 | 原花园别墅 | 宝庆路 3 号 | 石材

图11 马勒别墅酒店 | 原马勒住宅 | 陕西南路 30 号 | 铜

图12 友邦大厦 | 原字林西报大楼 | 中山东一路 17 号 | 石材

图13 中国外汇交易中心 | 原华俄道胜银行 | 中山东一路 15 号 | 石材

图14、15 瑞金宾馆 | 原瑞金二路住宅 | 瑞金二路 18 号 | 石材

图16 贝轩大公馆 | 原贝宅 | 北京西路 1301 号 | 石材

图18 圣三一基督教堂 | 九江路 201 号 | 玉石

图19 国际饭店 | 原四行储蓄会大楼 | 南京西路 170 号 | 石材

图20 历史博物馆 | 原跑马总会 | 南京西路 325 号 | 铜

图21 九江路邮电局 | 原中华邮政储金汇业局 | 九江路 36 号 | 铜

图1 马勒别墅酒店 | 原马勒住宅 | 陕西南路 30 号 | 石材

图2 瑞金宾馆 | 原瑞金二路住宅 | 瑞金二路 18 号 | 石材

图3 马勒别墅酒店 | 原马勒住宅 | 陕西南路 30 号 | 铜

图4 衡山宾馆 | 原毕卡迪公寓 | 衡山路 534 号 | 金属

图5 上海银行 | 福州路 106 号 | 石材

图6 招商银行 | 原台湾银行 | 中山东一路 16 号 | 铜

图7 爱乐乐团 | 原潘家花园 | 武定西路 1498 弄 | 石材

图8 瑞金宾馆 | 原潘家花园 | 瑞金二路 18 号 | 石材

图9 中国造币厂 | 原上海造币厂 | 光复西路 17 号 | 铜

图10、11 中国银行 | 中山东一路 23 号 | 石材

15

第十五章

五金配件

五金指金、银、铜、铁、锡，早先泛指金属。今常用为金属或铜铁等制品的统称。建筑五金是指建筑工程中使用的既有实用功能又有装饰功能的固定配件，如门窗附件、家具附件、卫生洁具配件及灯具配件等[1]。

建筑五金起始于打铁铺、铜匠店及锡匠店等手工作坊。中国在唐代就有了制钉的作坊，由手工打制钉、门闩、锁、门环等。中国古代建筑多采用木结构营造，建筑五金在过去几千年中发展缓慢。1840年以后，随着国门被迫打开，西方文化和技术的影响，人们的生活方式、建筑的营造技术发生了深刻的变化，金属材料的使用面不断扩大，建筑五金得以迅速发展，出现了许多生产钢钉、合页、插销、窗钩、水嘴阀件、金属丝编织窗纱等的小厂或作坊。以后又逐渐采用机械加工设备来代替手工制作，形成了许多专业化的工厂。随着技术与工艺水平的不断提高，现代的建筑五金产品已从单一品种向系列化发展，对其美观、装饰效果的要求也越来越高，配件配角的地位不断提升。

15-001

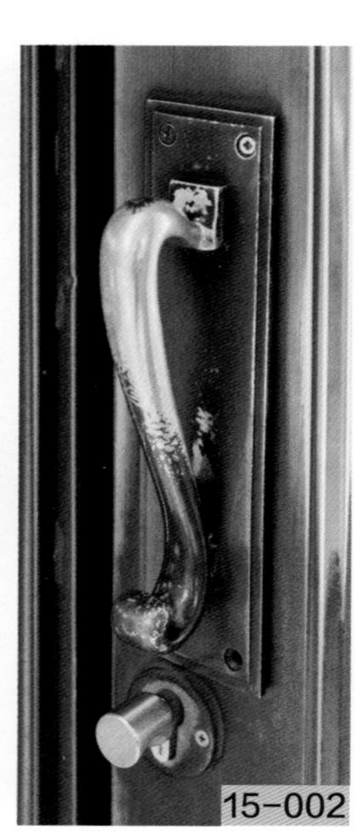
15-002

欧洲文艺复兴前期，建筑五件配件如门窗铰链、门锁、门执手及窗钩等形式比较单一，细节比较粗糙，材质也多为锻铁。直到巴洛克后期，由于技术的进步，已能制造出比较复杂的金属制品，普遍使用了铜质材料，建筑五金的面貌有所改变，但造型表现为华丽烦琐。随着17世纪中后期工业革命的到来，建筑五金配件设计及制造能力得到了质的飞跃，造型精巧、细节精美、装饰丰富的配件被大量用于建筑门窗、家具、灯具的加工制作。18世纪至19世纪末期，建筑五金配件有如工艺品般地伴随着时代的脚步，造型及纹样变化跟着主流审美的情趣而变化，浮雕纹样、几何图案的装饰铸造件及雕镂工艺比较流行，五金配件的加工精度得到了很大的提升。在工艺美术运动和新艺术运动时期，有机曲线及风格化的植物形式的引入，镶嵌工艺的应用，五金配件造型更趋向于唯美主义。20世纪20年代掀起的装饰艺术主义运动，又一次改变了建筑五金的造型设计，不同风格的或自然或抽象或几何纹样非常流行。在现代主义建筑运动年代，简洁明快、现代高雅造型的五金件被普遍使用[2]。

初期的海派建筑五金件大多为舶来品，直接由欧美国家引进，形式多样，反映了欧美国家当时流行的样式。其中一部分

15-003

15-004

15-005

15-006

15-007

15-008

15-009

15-010

15-011

图 15-001 外滩华尔道夫酒店
图 15-002-004 和平饭店
图 15-005 罗斯福公馆
图 15-006 外滩 18 号
图 15-007 中国银行
图 15-008 锦江宾馆
图 15-009 花园饭店
图 15-010 罗斯福公馆
图 15-011 罗斯福公馆

是新艺术运动及装饰艺术派风格形式，也有一部分是复古主义风格形式（图 15-001，图 15-002，图 15-003，图 15-004，图 15-005，图 15-006）。

20 世纪 30 年代，建筑五金件由现代主义建筑风格逐步替代了装饰艺术派及复古形式，如球形门锁、优雅的方形带锁门把手、铜质管状杠杆式门把手、配套的曲线形钢窗铜执手及撑挡牵筋等被广泛地运用于各类建筑中（图 15-007，图 15-008，图 15-009，图 15-010，图 15-011）。

20 世纪末到近几年，海派建筑选用五金件标准定位于造型精致、材质上乘、功能完善、触感细腻、格调高级，不仅具有静态美的表现力，而且具有个性可识别性，综合呈现建筑的整体品质。

参考资料

［1］ 建筑五金［EB/OL］. https://bike.so.com/doc/6247240-6460649. html. 2017-11-10.

［2］闫中华. 家具设计中五金配件的研究及应用［D］. 沈阳：沈阳建筑大学，2012.

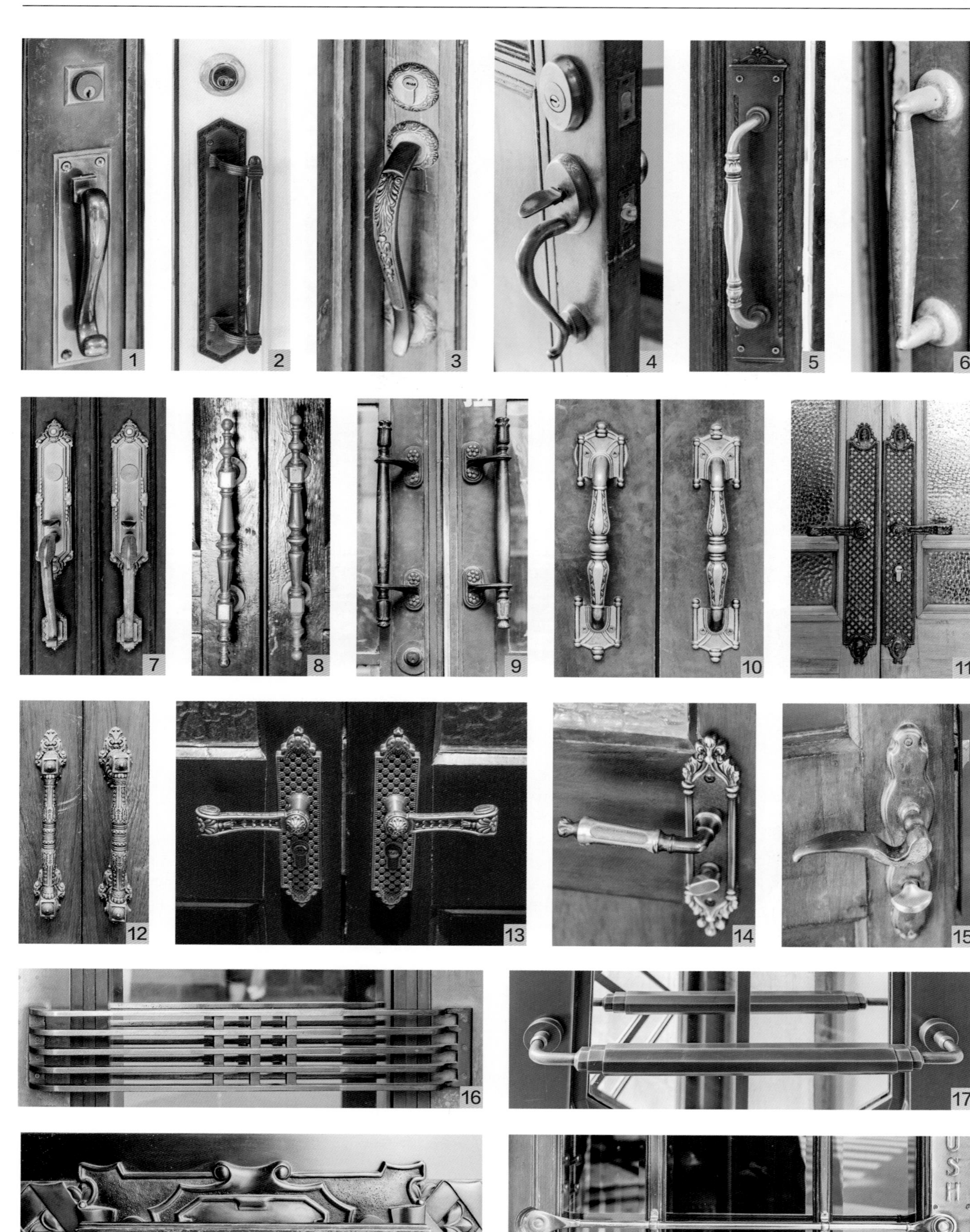
1
2
3
4
5
6
7
8
9
10
11
12
13
14
15
16
17
18
19

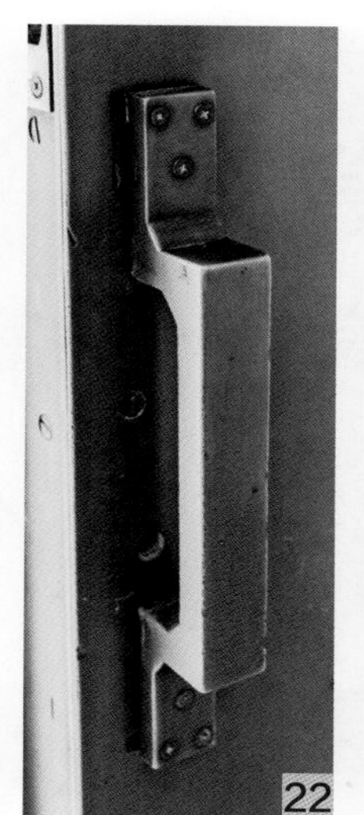

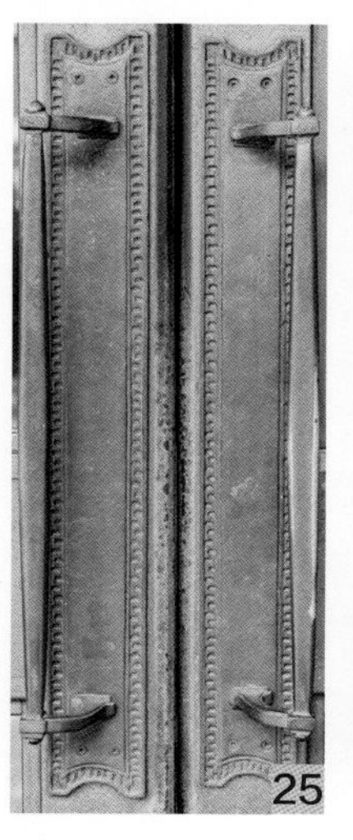

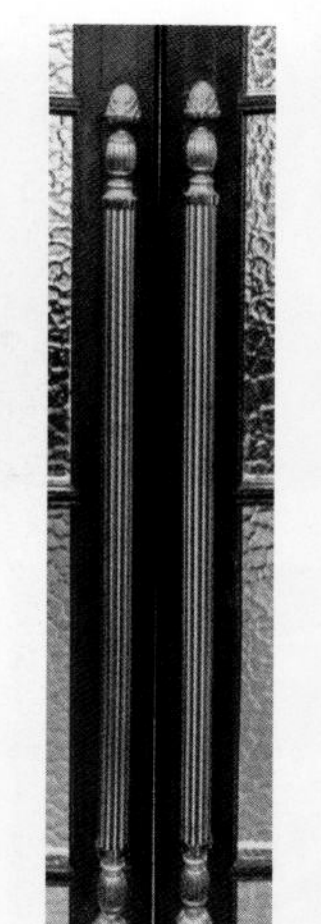
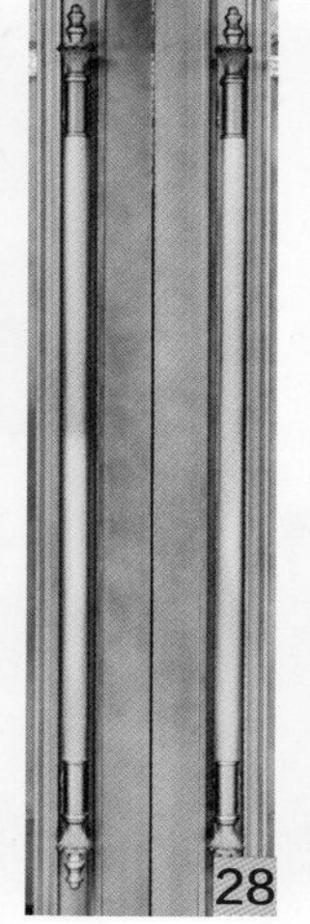

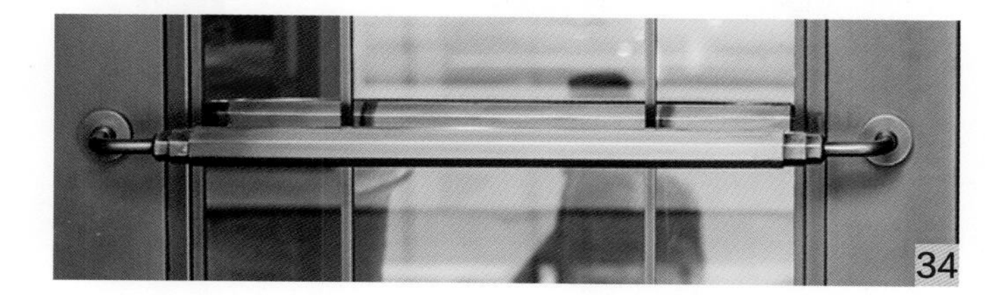

图 1、2 和平饭店北楼 | 原沙逊大厦 | 中山东一路 20 号 | 铜

图 3、4 邬达克纪念馆堂 | 原邬达克住宅 | 番禺路 135 号 | 铜

图 5 外滩 18 号 | 原麦加利银行 | 中山东一路 18 号 | 铜

图 6、20 锦江宾馆 | 原华懋公寓 | 长乐路 109 号 | 铜

图 7、21 市三女中 | 原中西女中 | 江苏路 155 号 | 铜

图 8 友邦大厦 | 原字林西报大楼 | 中山东一路 17 号 | 铜

图 9 和平饭店北楼 | 原沙逊大厦 | 中山东一路 20 号 | 铜

图 10 贝轩大公馆 | 原贝宅 | 北京西路 1301 号 | 铜

图 11、12 罗斯福大楼 | 原怡和洋行 | 中山东一路 27 号 | 铜

图 13、14、23、27 科学会堂 | 原老法国总会 | 南昌路 47 号 | 铜

图 15 PRADA 展示中心 | 原荣氏花园住宅 | 陕西北路 186 号 | 铜

图 16 中垦大楼 | 原中国垦业银行 | 北京东路 239 号 | 铜

图 17、22 上海信托投资公司 | 原大陆银行 | 九江路 111 号 | 铜

图 18、19 和平饭店南楼 | 原汇中饭店 | 江中山东一路 19 号 | 铜

图 24 外滩华尔道夫酒店 | 原上海总会 | 中山东一路 2 号 | 铜、大理石

图 25 兰心大戏院 | 茂名南路 57 号 | 铜

图 26 瑞金宾馆 | 原瑞金二路住宅 | 瑞金二路 18 号 | 铜

图 28 百乐门舞厅 | 愚园路 218 号 | 铜

图 29 招商银行 | 原台湾银行 | 中山东一路 16 号 | 铜

图 30 中国银行 | 中山东一路 23 号 | 铜

图 31 益丰外滩源 | 原益丰洋行 | 北京东路 31-91 号 | 铜

图 32、33 浦东发展银行 | 原汇丰银行 | 中山东一路 10 号 | 铜

图 34 上海信托投资公司 | 原大陆银行 | 九江路 111 号 | 铜

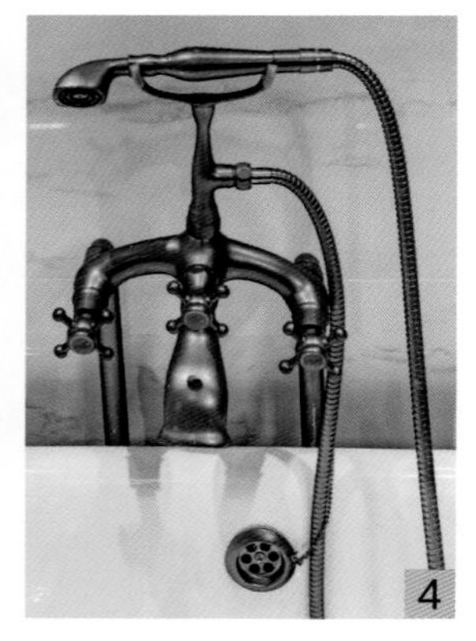

图1　兰心大戏院 | 茂名南路 57 号 | 铜

图2　瑞金宾馆 | 原瑞金二路住宅 | 瑞金二路 18 号 | 铜

图3、13、14、19　科学会堂 | 原老法国总会 | 南昌路 47 号 | 铜

图4、8、15　邬达克纪念馆 | 原邬达克住宅 | 番禺路 135 号 | 铜

图5　上海市医学会 | 原共济会堂 | 北京西路 1623 号 | 铜

图6　和平饭店南楼 | 原汇中饭店 | 中山东一路 19 号 | 铜

图7　张爱玲旧居 | 康定东路 85 号 | 铜

图9　上海交响乐博物馆 | 原花园别墅 | 宝庆路 3 号 | 铜

图10　PRADA 展示中心 | 原荣氏花园住宅 | 陕西北路 186 号 | 铜

图11　和平饭店南楼 | 原汇中饭店 | 中山东一路 19 号 | 不锈钢

图12、18　外滩 18 号 | 原麦加利银行 | 中山东一路 18 号 | 铜

图16、17　罗斯福大楼 | 原怡和洋行 | 中山东一路 27 号 | 铜

参考文献

［1］ 张绮曼．室内设计的风格样式与流派（第二版）［M］．北京：中国建筑工业出版社，2006.

［2］ 陈镌，莫天伟．建筑细部设计［M］．上海：同济大学出版社，2002.

［3］ 郑时龄．上海近代建筑风格［M］．上海：上海教育出版社，1999.

［4］ 陈从周，章明．上海近代建筑史稿［M］．上海：上海三联书店，1988.

［5］ 伍江．上海百年建筑史［M］．上海：同济大学出版社，2008.

［6］ 罗小未．上海建筑指南［M］．上海：上海人民美术出版社，1996.

［7］ 吉晓辉，张广生．外滩 12 号［M］．上海：上海锦绣文章出版社，2007.

［8］ 国家文物局．中国文物地图集－上海分册［M］．北京：中国地图出版社，中华地图学社，2017.

［9］ 芮乙轩．楼梯文化［M］．上海：文汇出版社，2010.

［10］ 顾金山，等．都市遗韵：上海市优秀历史建筑保护修缮实录［M］．上海：上海大学出版社，2017.

［11］ 凤凰空间，华南编辑部．室内设计风格详解－欧式［M］．南京：江苏凤凰科学技术出版社，2017.

［12］ 史蒂芬 · 科罗维．世界建筑细部风格（上、下）［M］．香港：香港国际文化出版有限公司，2006.